机械工程测试技术

（第2版）

主　编　吴松林　杨　军　赵　松

参　编　赵　冲　王　宁　尹　睿

　　　　宋　宇　段金英

主　审　王引卫　仝崇楼

北京理工大学出版社

BEIJING INSTITUTE OF TECHNOLOGY PRESS

内 容 简 介

本书主要介绍了与机械工程相关的测试技术的基本概念、基础理论和应用方法。全书围绕测试系统的组成，介绍了常用传感器的原理与应用、测试信号分析与处理、机械工程中常见量的测试等内容。

全书共9章：第1章为绪论，第2章为工程测试信号分析方法，第3章为测试系统基本特性，第4章为能量型传感器，第5章为物性型传感器，第6章为智能传感器及智能测试系统，第7章为工程测试仪器、仪表，第8章为测试系统及其设计，第9章为教学案例。

本书以培养应用型本科人才为主要目标，力求应用性、实用性、强化工程实际应用，突出对学生能力的培养，注意反映测试技术发展的新成果和新动向，是机械、自动化、测试仪器仪表等专业的必修课教材。本书可作为4年制本科高等教育及3年制高职高专的专业基础课教材，也可供其他专业（如力学、化工机械等）及相关工程技术人员参考。

图书在版编目（C I P）数据

机械工程测试技术 / 吴松林，杨军，赵松主编. --
2版. --北京：北京理工大学出版社，2023.8
ISBN 978-7-5763-2833-2

Ⅰ. ①机… Ⅱ. ①吴… ②杨… ③赵… Ⅲ. ①机械工程–测试技术　Ⅳ. ①TG806

中国国家版本馆 CIP 数据核字（2023）第 164605 号

责任编辑： 陆世立　　**文案编辑：** 李　硕
责任校对： 刘亚男　　**责任印制：** 李志强

出版发行 / 北京理工大学出版社有限责任公司
社　　址 / 北京市丰台区四合庄路6号
邮　　编 / 100070
电　　话 / （010）68914026（教材售后服务热线）
　　　　　　（010）68944437（课件资源服务热线）
网　　址 / http://www.bitpress.com.cn

版 印 次 / 2023 年 8 月第 2 版第 1 次印刷
印　　刷 / 三河市天利华印刷装订有限公司
开　　本 / 787 mm×1092 mm　1/16
印　　张 / 14.75
字　　数 / 346 千字
定　　价 / 75.00 元

主编简介

吴松林，江苏涟水人，1985 年获西安交通大学工学硕士学位；2003—2005 年赴捷克奥斯特拉发（Ostrava）技术大学访问；1988—2008 年在中国人民解放军空军工程大学任讲师、副教授（1996）、硕士研究生导师；2008 年 4 月至今在西京学院任专职教师；校级教学名师；省级优秀教学团队——"机械设计制造及其自动化课程群教学团队"带头人；国家级特色专业建设点负责人；主讲研究生"机械故障诊断学"、本科"机械工程测试技术"等课程；国内外发表学术论文 50 余篇，获国家专利授权 40 余项；主编出版教材 4 部，主持完成教育部产学研协同育人项目 3 项、全国工程硕士教指委教改项目 1 项及省级重点教改项目 1 项，主要研究方向为精密机械制造及测试技术。

前言
Preface

机械工程测试技术作为机械类专业的一门专业基础课程，是创新型技术人才培育的重要环节，其课时适中，影响较大，对本科生树立正确的职业规划和价值观有着潜移默化的作用。本书针对机械工程测试工作中的共性问题展开讨论，以测试技术涵盖的经典内容为重点，在融入课程思政元素的同时，适当介绍了新技术及其在生产实际中的应用，致力于培养学生"努力建设制造强国、强国有我"的信念，在知识学习、应用案例分析过程中树立强烈的技术报国使命感和责任感。

编者在长期的教学实践中，在精品课程、课程思政、教材和实验室建设等方面积累了一定的经验。近年来，为进一步培养高技能人才，编者对相关课程体系进行了改革，更新了教学内容及教学大纲，本书就是在此基础上编写的。本书以应用型本科教育为目的，强化工程实际应用，突出学生工程实践能力的培养，注意反映测试技术发展的新成果和新动向，可作为4年制本科机械、自动化、测试仪器仪表等专业及3年制高职高专的专业基础课教材，也可供其他专业（如力学、化工机械等）选用。

本书主要介绍了与机械工程测试技术相关的基本概念、基础理论和应用技术。围绕测试系统的组成，介绍了常用传感器的原理与应用、测试信号的分析与处理，以及机械工程中常见量的测试等内容，并列举了较为实用的教学案例。

本书由西京学院的吴松林、杨军、赵松担任主编；吴松林、赵松编写第1章；杨军、吴松林编写第2章；赵冲、吴松林、杨军编写第3章和第4章；王宁、赵松、段金英编写第5章；尹睿编写第6章和第7章；宋宇编写第8章；吴松林、赵松、杨军编写第9章；张涛（陕西威尔机电科技有限公司）提供技术素材；全书由西京学院的王引卫教授及仝崇楼副教授担任主审，吴松林、赵松负责总纂定稿。

本书在编写过程中得到"教育部-百科荣创产学合作协同育人-机械工程测试技术教学内容与课程体系改革项目"的资助，得到西京学院本科精品课程建设项目"机械工程测试技术"、西京学院研究生精品课程建设项目"机械故障诊断学"的资助，同时得到西京学院机械工程学院院长张毅教授等人的大力支持和帮助，在此一并表示感谢。

编　者
2023 年 5 月

目 录
Contents

第 1 章
绪论

内容提要 ▶▶ ▶

本章是机械工程测试技术课程概述，内容贯穿全课程，包括测试技术相关知识、测试系统的结构及测量误差与测量标准。内容虽不多，但都是应用型人才培养的重点。

教学提示。机械工程测试技术及相关课程是机械类专业的一门专业基础课，涉及机械、电子、信息、控制等多学科领域，应用广泛，内容包括机械工程测试信号分析、测试系统基本特性及工业生产中常用传感器的基本原理、特性及其应用。不同的新理论、新技术、新材料、新工艺及新的市场信息，都将使设计结论发生变化。学习本课程时，要及时明确课程的性质和特点，掌握一定的学习方法，尽快适应本课程学习。

教学要求。了解课程的性质、目标、主要内容及学习方法，了解测试系统的基本特性，理解测试技术、测量和误差及其相关的概念，学会分析和处理不同类型的测量误差，并理解传感器的作用及组成，掌握机械工程测试技术的一般原理及其应用方法。

1.1 测试技术基础

1.1.1 基本概念

测量、计量和测试是密切相关的技术术语。测量是以确定被测对象的量值为目的的全部操作。若测量的目的是实现测量单位统一和量值准确传递，则这种测量被称为计量。因此，研究测量、保证测量统一和准确的学科被称为计量学。具体来讲，计量的内容包括计量理论、计量技术与计量管理，这些内容主要体现在计量单位、计量基础（标准）、量值传递和计量工作的保障、组织协调等方面。测试则是具有试验性质的测量，或者可以理解为测量和试验的综合。由于测试和测量密切相关，因此在实际使用中往往并不严格区分测试与测量。一个完整的测试过程必定涉及被测对象、计量单位、测量方法和测量误差。

1. 测量的概念

测量是将被测量与同种性质的标准量进行比较，从而获得被测量大小的过程。因此，测量也就是以确定被测量的大小或取得测量结果为目的的一系列操作过程。它可表示为

$$\begin{cases} y = mx \\ m = \dfrac{y}{x} \end{cases} \tag{1-1}$$

式中，x——被测量；

$\qquad y$——标准量，即测量单位；

$\qquad m$——比值（纯数），含有测量误差。

2. 测量方法

能够实现被测量与标准量相比较而获得比值的方法称为测量方法。

（1）根据获得测量值的方法不同，测量方法可分为直接测量、间接测量和组合测量。

①直接测量是指在使用仪表或传感器进行测量时，测量值直接与标准量进行比较，不需要经过任何运算，直接得到被测量数值的测量方法。例如，电压表测量某一元件的电压就属于直接测量。直接测量的优点是测量过程简单而快速，缺点是测量精度一般不是很高。

②间接测量是指在使用仪表或传感器进行测量时，先对与被测量有确定函数关系的几个量进行直接测量，然后将直接测得的数值代入函数关系式，经过计算得到所需结果的测量方法。例如，要测量一个三角形的面积，必须先测量出一条边长，再测量出对应的高，然后利用公式计算出三角形的面积。显然，间接测量比较复杂，花费时间较长，一般用在直接测量不方便，或者缺乏直接测量手段的场合。其测量精度一般要比直接测量的精度高。

③组合测量是指在一个测量过程中同时采用直接测量和间接测量两种方法进行测量的测量方法。组合测量是特殊的精密测量方法，测量过程长且复杂，适用于科学试验或某些特殊的场合。

（2）根据测量方式不同，测量方法可分为偏差式测量、零位式测量与微差式测量。

①偏差式测量是指用仪表指针的位移（即偏差）决定测量值的测量方法。偏差式测量过程简单、迅速，但测量结果的精度较低。

②零位式测量是指用指零仪表的零位反映测量系统的平衡状态，在测量系统平衡时，用已知的标准量决定测量值的测量方法。例如，用天平测量物体的质量、用电位（又称电势）差计测量电压等都属于零位式测量。零位式测量的优点是可以获得比较高的测量精度，但是测量过程长且复杂，不适用于测量快速变化的信号。

③微差式测量是综合了偏差式测量与零位式测量优点的测量方法。它是将被测量与已知的标准量进行比较得到差值后，再用偏差法测得该差值。用这种方法测量时，不需要调整标准量，只需要测量两者的差值。并且由于标准量误差很小，因此总的测量精度仍然很

高。微差式测量的主要优点是反应快、测量精度高，特别适用于在线控制参数的测量。

（3）根据测量条件不同，测量方法可分为等精度测量与不等精度测量。

①等精度测量是指在整个测量过程中，影响和决定误差大小的全部因素（条件）始终保持不变。例如，由同一测量者，用同一台仪器，在同样的测量方法和环境条件下，对同一被测量进行多次重复测量的测量方法。当然，在实际中极难做到影响和决定误差大小的全部因素（条件）始终保持不变，因此一般情况下只能近似认为是等精度测量。

②不等精度测量是指在科学研究或高精度测量中，往往在不同的测量条件下，用不同精度的仪表、不同的测量方法、不同的测量次数，以及不同的测量者进行测量和对比的测量方法。

（4）根据被测量与时间关系的不同，测量方法可分为静态测量与动态测量。

①静态测量是指被测量在测量过程中不随时间变化或变化缓慢，静态测量不需要考虑时间因素对测量结果的影响。

②动态测量是指被测量在测量过程中随时间变化。

另外，根据测量敏感元件是否与被测物体接触，测量方法可分为接触式测量与非接触式测量；根据测量系统是否向被测对象施加能量，测量方法可分为主动式测量与被动式测量。

3. 计量

计量是为了保证量值统一和准确一致的一种测量。计量工作主要是将未知量通过准确、恰当的方法，与经国家计量部门认可的标准相比较，也就是通过建立基准、标准进行量值的传递。

计量的3个主要特征：统一性、准确性和法制性。

计量的国际单位制（SI）：国际单位制分为基本单位和导出单位两类。基本单位是7个具有严格定义的，在量纲上彼此独立的单位，其是国际单位制的基础。这7个基本单位为米（m）、千克（kg）、秒（s）、安［培］（A）、开［尔文］（K）、摩［尔］（mol）与坎［德拉］（cd）。导出单位是由基本单位按照选定的代数式组合起来的单位。

4. 测试与检测

测试是具有试验性质的测量，即测量和试验的综合。测试手段是仪器、仪表。

测试的基本任务是获取有用的信息，其过程：首先通过专门的仪器、仪表和合理的试验方法获得数据，然后进行必要的信号分析与数据处理，以取得与被测对象有关的信息，最后显示结果或将结果提供给（输入）其他信息处理装置、控制系统。

在信息社会的一切活动领域中，从日常生活、生产活动到科学试验，时时处处都离不开检测。现代化的检测手段在很大程度上决定了生产、科学技术的发展水平，而科学技术的发展又为检测技术提供了新的理论基础，同时对检测技术提出了更高的要求。

检测是对系统中各被测对象的信息进行提取、转换及处理，即利用各种物理效应，将物质世界的有关信息通过检查与测量的方法赋予定性或定量结果的过程。能够自动地完成整个检测处理过程的技术称为自动检测与转换技术。

1.1.2　测试技术的作用

人类从事的社会生产、经济交往和科学研究等活动总是与测试技术息息相关的。测试是人类认识客观世界的手段之一，是科学研究的基本方法。科学的基本目的在于客观描述自然界，科学定律是定量的定律，科学探索离不开测试技术，用定量关系和数学语言来表达科学规律和理论也需要测试技术，验证科学理论和规律的正确性同样需要测试技术。事实上，在科学技术领域内，许多新的科学发现与技术发明往往是以测试技术的发展为基础的，也可以认为，测试技术的水平在很大程度上决定了科学技术发展的水平。

测试也是工程技术领域中的一项重要技术。例如，工程研究、产品开发、生产监督、质量控制和性能试验等都离不开测试技术。

在广泛应用的自动控制中，测试装置已成为控制系统的重要组成部分。在各种现代化装备系统的设计制造与运行工作中，测试工作内容已嵌入系统的各部分，并占据关键地位。

1.2　测试系统

1.2.1　测试工作的基本内容

从广义的角度来讲，测试工作涉及试验设计、模型理论、传感器、信号的加工与处理（传输、调理、分析、处理）、误差理论、控制工程、系统辨识、参数估计等内容。从狭义的角度来讲，测试工作是指在选定的激励方式下检测信号，并进行信号的调试和分析，以便显示、记录数据或输出信号。

1.2.2　测试系统的组成

测试系统是指由相关的器件、仪器和测试装置有机结合而成的，能获取某种信息的整体，包括信号的检测和转换，信号的调理、分析与处理，结果的显示和记录等。传统测试系统组成如图1-1所示。为了准确地获得被测对象的信息，要求测试系统中每一个环节的输出量与输入量之间必须具有一一对应关系，而且其输出的变化能够准确反映其输入的变化。

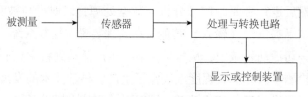

图1-1　传统测试系统组成

传感器是将外界的信息按一定规律转换成检测信号的装置。它是实现自动检测和自动控制的重要环节，更是测试系统的核心。

目前，在测试系统中除传统结构型传感器外，大多采用物性型传感器。传统结构型传感器是以物体的变形或位移来检测被测量的；物性型传感器则是利用材料固有特性来实现对外界信息的检测，它常采用半导体、陶瓷类、光纤及其他新型材料制作。

处理与转换电路即信号处理装置，是用来对测量信号进行处理、运算、分析，对动态测试结果作频谱分析、相关分析，并发出有关信号的装置。目前，这些工作大多采用计算机技术完成。

显示或控制装置目前有模拟显示、数字显示、图像显示与记录仪。因为模拟量是连续变化量，所以模拟显示是利用指针对标尺的相对位置来表示读数。例如，动圈式仪表、电子电位差计等。数字显示多采用发光二极管（LED）和液晶屏等器件，以数字的形式来显示读数。前者亮度高，后者耗电少。图像显示是用阴极射线显像管（CRT）或点阵式的LED来显示读数或被测参数的变化曲线。记录仪主要用来记录被测参数的动态变化过程。常用的记录仪有笔式记录仪、绘图仪、数字存储示波器、磁带记录仪等。

1.2.3 传感器基础知识

1. 传感器的定义

传感器是获取信息的装置，可以把物理量或化学量变换成可以利用的（电）信号的转换器件。传感器的一般定义：能够感受规定的被测量，并按一定规律和精度将其转换成可用输出信号的器件或装置。《传感器通用术语》（GB/T 7665—2005）对传感器的定义：传感器是包括转换部件和转换电路的敏感器件。传感器是借助检测元件接收某种形式的信息，并按一定规律将其获取的信息转换为另一种信息的装置。总之，传感器是检测系统的前置器件，它能将输入量或被检测量变换为可测量的信号。

传感器的输出信号有多种形式，如电压、电流、频率和脉冲等，输出信号的形式由传感器的原理确定，一般传感器转换输出的大多是电信号。因此，传感器也可定义为把外界输入的非电量转换为电信号的装置。所以，传感器也称为变换器、检测器或探测器等。

2. 传感器的组成

传感器一般由敏感元件、转换元件与测量电路等部分组成，如图 1-2 所示。敏感元件和转换元件是传感器的核心。敏感元件是指传感器中直接感受被测量的部分；转换元件是指能将敏感元件的输出转换为适于传输和测量的电信号的部分；测量电路是将传感器输出的电参量转换成电能量的部分。应注意，并不是所有的传感器都能明显区分敏感元件与转换元件这两个部分，有的是二者合为一体的。例如，气体和湿度传感器等都是将其感受的被测量直接转化为电信号，没有中间转换环节。在一般情况下，传感器的输出信号微弱，需要有信号调节与转换电路将其放大或变换为容易传输、处理、记录和显示的形式。随着半导体器件与集成技术在传感器中的应用，传感器的信号调节与转换可以安装在传感器的壳体里，或与敏感元件一起集成在同一芯片上，因此信号调节与转换电路及其所需电源都可以成为传感器的组成部分。

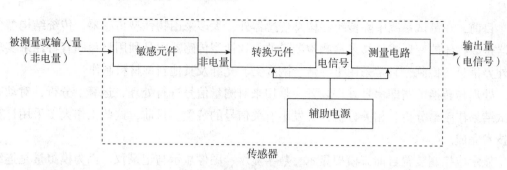

图1-2 传感器及其组成部分

信号调节与转换电路有放大器、电桥、振荡器和电荷放大器等，它们分别与相应的传感器配合使用。

3. 传感器的分类

传感器与测试技术是知识密集、技术密集的领域，它与许多学科密切相关。有的传感器可以同时测量多种物理量，同一种物理量也可以由多种不同类型的传感器测量。因此，传感器的分类方法很多且不统一，见表1-1。

表1-1 传感器的分类

分类方法	传感器类型	说明
按输入量分类	位移传感器、速度传感器、压力传感器、温度传感器等	传感器以被测物理量命名
按工作原理分类	机械式传感器、电气式传感器、辐射式传感器、流体式传感器等	以传感器工作原理命名
按物理现象分类	结构型传感器	结构参数变化为信息变换原理
	物性型传感器	物理特性变化为传感器的信息变换原理
按能量关系分类	能量转换型传感器	直接将被测量转换为输出量
	能量控制型传感器	被测量控制传感器的输出量
按输出信号分类	模拟式传感器	输出量为模拟量
	数字式传感器	输出量为数字量

4. 传感器的作用与地位

人们的社会活动主要依靠对信息资源的开发、获取、传输与处理。传感器处于研究对象与检测系统的接口位置，即检测与控制系统之首。传感器成为感知、获取与检测信息的窗口，科学研究与自动化生产过程需要的信息都要通过传感器获取，通过它转换为容易传输与处理的信号，因此传感器的作用与地位都非常重要。科学技术的发展和自动化系统的建设，都离不开传感器技术的应用。

1.2.4 测试技术的发展趋势

在测试系统中，若没有传感器对原始信息进行精确、可靠的捕获和转换，则一切测量和控制都是不可能实现的。近年来，随着计算机技术的发展和新材料的研发，新型或具有特殊功能的传感器不断涌现，检测装置也向着小型化、固化和智能化方向发展。测试技术的发展趋势主要体现在以下几个方面。

1. 探索新原理、开发新型传感器

为适应各行各业测量的需要，研发人员正致力于探索新原理、开发新型物性型传感器。近代物理学的进展，如激光、红外、超声、微波、光纤、放射性同位素等新的研究成果都为检测技术开发提供了更多的依据。例如，利用光子滞后效应，出现了响应速度极快的红外传感器；利用约瑟夫逊效应的热噪声温度传感器，可测量 10^{-6} K 的超低温。陶瓷材料、高分子材料对新型传感器的研究和开发起到了很大的推动作用，而硅材料及其派生物是目前最成熟和开发应用最广泛的材料，如许多微型传感器都是用硅材料制作的。

2. 高精度、小型化和集成化

高精度、小型化和集成化是传感器技术的重要发展方向。传感器的集成化分为两种情况，一种是具有同样功能的传感器集成化，即将同一类型的单个传感元件用集成工艺在同一平面上排列起来，形成一维的线性传感器，从而使对一个点的测量变成对一个面和空间的测量。例如，人们将排列成阵列的成千上万个光敏元件及扫描放大电路集成在一块芯片上，制成电荷耦合器件（CCD）摄像机。另一种是不同功能的传感器集成化，即将具有不同功能的传感器一体化，组装成一个器件，从而使一个传感器可以同时测量不同种类的多个参数。

3. 智能化、仿生技术

传感器与微处理器集成在同一芯片上组成的智能仪表不仅具有信号检测、转换功能，而且具有记忆、存储、解析、统计处理、自诊断、自校准和自适应等功能，如美国费希尔-罗斯蒙特公司的智能差压变送器。与此同时，人类在将机器人应用于现代工业方面，已取得了一定成果。尽管传感器的开发比较缓慢，使机器人的使用受到限制，但仿生检测技术仍是当前发展的方向之一。

除此之外，随着微电子技术与计算机技术的飞速发展，检测技术与计算机的深层次结合正在引起检测仪器领域的一场新革命，一种全新的仪器结构概念使得新一代的虚拟仪器出现并走向实用化。

4. 传感器的网络化

随着现场总线技术在测控领域的广泛应用和测控网与信息网融合的强烈需求，传感器的网络化正在快速发展。这主要表现在两个方面：一方面，为了解决现场总线的多样性问题，IEEE 1451.2 工作组建立了智能传感器接口模块（STIM）标准，该标准描述了传感器网络适配器和微处理器之间的硬件和软件接口，为传感器和各种网络连接提供了条件和方便；另一方面，以 IEEE 802.15.4（ZigBee）为基础的无线传感器网络技术正在迅速发展，它具有以数据为中心、功耗极低、组网方式灵活、成本低等诸多优点，在军事侦测、环境监测、智能家居、医疗健康、科学研究等众多领域具有广泛的应用前景，是目前技术研究的热点。

1.3 测量误差与测量标准

1.3.1 测量误差

1. 测量的基本概念

测量是借助工具或技术方法，通过试验，以比较的手段，取得被测量数值的过程。测量的目的是获取表征被测对象特征的某些参数的定量信息。

（1）等精度测量。在一定条件下重复测量称为等精度测量。

（2）不等精度测量。在多次测量中，对测量有影响的一切条件不能完全维持不变的测量称为不等精度测量。

（3）真值。被测量本身所具有的真正值称为真值。真值是一个理想的概念，一般是难以求得的。但在某些特定情况下，真值又是可知的，如一个整圆周角为360°等。

（4）实际值。测量误差理论指出，在排除系统误差的前提下，对于等精度测量，当测量次数无限多时，测量结果的算术平均值逼近于真值，可将它视为被测量的真值。因为测量次数是有限的，所以按有限测量次数得到的算术平均值只是统计平均值的近似值。由于系统误差不可能完全被排除，故通常只能把精度更高一级的标准仪器所测得的值作为真值。为了强调这一数值并非真正的真值，故把它称为实际值或约定真值。

（5）示值。示值又称标真值，是由测量仪器读数装置所指示出来的被测量数值。

（6）测量误差。用仪器进行测量时，所测量出来的数值与被测量实际值之间的差值。

任何测试系统的测量结果都有一定的误差，即精度。一般来说，不存在没有误差的测量结果，也不存在没有精度要求的测试系统。精度（误差）是一项重要的技术指标。

2. 误差的类型

（1）按表示方法分类。

①绝对误差。绝对误差是示值与被测量真值之间的差值。被测量的真值为 A_0，仪器的标称值或示值为 x，则绝对误差 Δx 为

$$\Delta x = x - A_0 \tag{1-2}$$

由于存在误差，无法取得真值 A_0，在实际应用中常用精度等级高的标准仪器的示值（作为实际值）A 代替真值 A_0。但 A 并不等于 A_0，一般来说，A 总比 x 更接近于 A_0。

所以，示值 x 与 A 之差称为仪器的示值误差。记为

$$\Delta x = x - A \tag{1-3}$$

通常以此值来代表绝对误差。

绝对误差一般只适用于标准仪器的校准。

与绝对误差 Δx 数值相等但符号相反的值称为修正值，常用 C 表示，即

$$C = -\Delta x = A - x \tag{1-4}$$

可以由上一级标准给出测试系统的修正值。利用修正值，可求出测试系统的实际值为

$$A = x + C \qquad (1-5)$$

修正值不一定是具体的数值，也可以是一条曲线或公式。在某些测试系统中，为了提高测量精度，将修正值预先储存于仪器中，使所得测量结果自动对误差进行修正。

②相对误差。相对误差是绝对误差 Δx 与被测量的真值之比，它较绝对误差更能确切地说明测量精度。

在实际中，相对误差有下列表示形式。

实际相对误差：实际相对误差 γ_A 是用绝对误差 Δx 与被测量的实际值 A 的百分比值来表示的相对误差。记为

$$\gamma_A = \frac{\Delta x}{A} \times 100\% \qquad (1-6)$$

示值相对误差：示值相对误差 γ_x 是用绝对误差 Δx 与仪器的示值 x 的百分比值来表示的相对误差。记为

$$\gamma_x = \frac{\Delta x}{x} \times 100\% \qquad (1-7)$$

满度（引用）相对误差：满度相对误差 γ_m 又称满度误差，是用绝对误差 Δx 与仪器的满度值 x_m 的百分比值来表示的相对误差。记为

$$\gamma_m = \frac{\Delta x}{x_m} \times 100\% \qquad (1-8)$$

③容许误差。容许误差是根据技术条件的要求，规定某一类仪器误差不应超过的最大范围。

（2）按误差出现的规律分类。

①系统误差。系统误差的变化规律服从某种已知函数，其主要由以下几方面因素引起：材料、零部件及工艺缺陷；环境温度、湿度、压力的变化，以及其他外界干扰等。

系统误差表明测量结果偏离真值或实际值的程度。系统误差越小，测量结果就越正确，因此常用正确度来代替系统误差。

②随机误差。随机误差又称偶然误差，是由很多复杂因素的微小变化的总和所引起的。随机误差具有随机变量的特点，服从统计规律，可以用统计规律来描述。

随机误差表现了测量结果的分散性。在误差理论中，常用精密度来表征随机误差的大小。随机误差越小，精密度越高。若测量结果的随机误差和系统误差均很小，则表明测量既精密又正确，简称精确。

③粗大误差。粗大误差简称粗差，是指在一定条件下测量结果显著偏离其实际值所对应的误差。

在测量及数据处理中，如发现结果所对应的误差特别大或特别小，则应认真判断该误差是否属于粗大误差，如属粗大误差，应舍去不用。

（3）按误差来源分类。

①工具误差。工具误差是指由测量工具本身不完善引起的误差，其包括读数误差和内

部噪声引起的误差等。

读数误差：测试系统在定标时，用标准仪器对其指定的某些定标点进行定标时所产生的误差，或测试系统分辨率不高引起的误差。

内部噪声引起的误差：内部噪声包括各种电子器件产生的热噪声、散粒噪声、电流噪声，以及因开关或插接件接触不良、继电器动作、电动机转动、电源不稳等引起的噪声。

另外，还有器件老化引起的误差，测试系统工作条件变化引起的误差等。

②方法误差。方法误差是指测量时方法不完善、所依据的理论不严密，以及对被测量定义不明确等因素所产生的误差，有时也称为理论误差。

（4）按被测量随时间变化的速度分类。

①静态误差。静态误差是指在测量过程中，被测量随时间变化很缓慢或基本不变的误差。

②动态误差。动态误差是指在被测量随时间变化很快的过程中，进行测量所产生的附加误差。动态误差是由于有惯性、有纯滞后，因而不能让输入信号的所有成分全部通过；或者输入信号中不同频率成分通过时受到不同程度衰减而引起的。动态误差是在动态测量时产生的。

（5）按使用条件分类。

①基本误差。基本误差是指测试系统在规定的标准条件下使用时所产生的误差。所谓标准条件，一般是测试系统在试验室标定刻度时所保持的工作条件，如电源电压为 (220 ± 5)V，温度为 (20 ± 5)℃，湿度小于80%，电源频率50 Hz等。

基本误差是测试系统在额定条件下工作时所具有的误差，测试系统的精确度是由基本误差决定的。

②附加误差。当使用条件偏离规定的标准条件时，除基本误差外，还会产生附加误差。例如，由温度超过标准引起的温度附加误差，以及使用电压不标准而引起的电源附加误差等。这些附加误差使用时会叠加到基本误差中。

（6）按误差与被测量的关系分类。

①定值误差。定值误差对被测量来说是一个定值，不随被测量变化。这类误差可以是系统误差，如直流测量回路中存在热电动势等；也可以是随机误差，如测试系统中启动电动机引起的电压误差等。

②累积误差。在整个测试系统量程内，误差值 Δx 与被测量 x 成比例地变化，即

$$\Delta x = \gamma_{S} x \qquad\qquad (1-9)$$

式中，γ_{S}——比例常数。

由式（1-9）可见，Δx 随 x 的增大而逐步累积，因此也称为累积误差。

1.3.2 测量标准

1. 测量标准的含义

在我国，测量标准按其用途不同，可分为计量基准和计量标准。测量标准经常作为参

考对象，用于为其他同类量确定量值。通过其他测量标准、测量仪器或测量系统实现对其进行校准，确立其计量溯源性。这里所用的"实现"是按照一般意义说的，"实现"有3种方式：一是根据定义，用物理实现测量单位，这是严格意义上的"实现"；二是基于物理现象建立可高度复现的测量标准，它不是根据定义实现测量单位，所以称"复现"，如使用稳频激光器建立米的测量标准，利用约瑟夫逊效应建立伏特测量标准或利用霍尔效应建立欧姆测量标准；三是采用实物量具作为测量标准，如1 kg的质量测量标准。

2. 测试系统中误差的类型及其原因

在检测过程中，除随机误差及粗大误差外，还常常出现系统误差（以下简称系差）。系差是按一定规律变化的误差。

按系差的特点不同，可将其分为恒定系差和变化系差。

（1）恒定系差。恒定系差是指误差大小和符号恒定不变的误差。例如，校验工业仪表时，标准表的误差会引起被校表的恒定系差；仪表零点偏高或偏低，观察者读数时的角度不正确（对模拟式仪表而言）等所引起的误差也是恒定系差。恒定系差又可分为恒正系差和恒负系差。

恒定系差利用前述的随机误差的处理方法是难以发现的。无恒定系差时，某测量列 x_1，x_2，$\cdots$，x_n，其算术平均值 $\bar{x} = \dfrac{1}{n} \sum\limits_{i=1}^{n} x_i$，残差 $v_i = x_i - \bar{x}$；存在恒定系差 ε 时，$x_1' = x_1 + \varepsilon$，$x_2' = x_2 + \varepsilon$，$\cdots$，$x_n' = x_n + \varepsilon$，故 $\bar{x}' = \dfrac{1}{n} \sum\limits_{i=1}^{n} (x_i + \varepsilon) = \bar{x} + \varepsilon$，$v_i' = x_i - \bar{x} = (x_i + \varepsilon) - (\bar{x} + \varepsilon)$ $= v_i$。由此可见，两种情况下的残差无任何区别，因此从残差 v_i 及标准偏差 σ 的数据中难以发现恒定系差 ε 的存在。这一点是需要特别引起注意的。

（2）变化系差。变化系差是按照一定规律变化的系差。根据变化特点不同，变化系差又可分为累积系差、周期性系差和复杂变化系差。

①累积系差是在测量过程中，随着时间的增长逐渐加大或减少的系差。它可以随时间作线性变化（称线性系差）或非线性变化。其往往是元件老化、磨损，以及工作电池电压或电流随使用时间的增长而缓慢降低等引起的。

②周期性系差是指在测量过程中误差大小和符号均按一定周期发生变化的系差。例如，秒表指针的回转中心偏离刻度盘中心时会产生周期性系差；冷端为室温的热电偶温度计会因室温的周期性变化而产生系差。

③复杂变化系差是一种变化规律仍未被掌握的系差。在某些条件下，它向随机误差转化，可按随机误差处理。

系差产生的原因是较复杂的，它可以是由某个原因引起的，也可以是几个因素综合影响的结果。其产生原因主要有两个方面：一是测量仪器和系统，以及测量方法本身不够完善，如仪表本身的质量问题，测量方法不正确，导致传感器的输入信号与被测信号有一定的差值，形成仪表示值的系差；二是仪表使用不当，如由检测仪表的安装、布置及调整不当而引起的系差，或者因测量时环境条件（如温度、湿度、电源等）偏离仪表规定的工作条件而引起的系差，或者因仪表操作人员的经验及技术水平的限制而产生的系差等。

1.3.3 系统误差的消除方法

为了进行正确的测量，以取得可靠的数据，在测量前或测量过程中，必须尽力消除产生系差的来源。首先，应检查测量仪器本身的性能是否符合要求。例如，仪器是否有检定合格证书；经过长途运输或长期未使用的仪器，在使用前应全面进行外观与内部质量的检查，查看能否正常工作，必要时送计量部门检定，并给出修正曲线或数表；测量前应仔细检查仪表是否处于正常工作条件，如环境条件及安装位置等是否符合技术要求的规定，是否经过正确的调整，指针的零位是否正确。另外，还应检查测量系统和测量方法本身是否正确等。

下面主要介绍在测量过程中，为了减少和消除系差常采用的一些方法。

（1）交换法。在测量过程中，将引起系差的某些条件（如被测物的位置）相互交换，而其他条件保持不变，使产生系差的因素对测量结果起相反作用，从而抵消系差。

（2）上、下读数法或换向法。仪表测量机构的空程或间隙等的影响会造成系差，取上行读数和下行读数的平均值，可以消除这部分系差。

（3）校准法。如前所述，恒定系差用随机误差的处理方法难以判断和消除。若测量仪器本身存在恒定系差，则一般只能用标准表进行现场检验或送检的办法解决。经过检定的仪表可以得到不同示值下的修正曲线或数值表格。

（4）补偿法。在测量过程中，某个条件的变化或仪器某个环节的非线性特性等会引入变化的系差，一般在测量系统中采取补偿措施，以便在测量过程中自动消除系差。例如，用热电偶测量温度时，其参比端温度的变化会引起变化系差，减弱或消除的较好办法是在测量系统中加冷端补偿器，则可起到自动补偿的作用。

1.3.4 系统误差的估计方法

1. 恒定系差的估计

设测量值为 x_i，其算术平均值为 $\bar{x}$，真值为 x_0，则测量误差为

$$\delta_i = x_i - x_0 = (x_i - \bar{x}) + (\bar{x} - x_0) = v_i + \varepsilon \tag{1-10}$$

式中，v_i——测量值的残余误差；

ε——测量过程的恒定系差，$\varepsilon = \delta_i - v_i$。

则有

$$\varepsilon = \frac{1}{n}\sum_{i=1}^{n}\delta_i - \frac{1}{n}\sum_{i=1}^{n}v_i = \frac{1}{n}\sum_{i=1}^{n}\delta_i = \bar{\delta} \tag{1-11}$$

式（1-11）表明，测量误差的平均值 $\bar{\delta}$ 就是测量过程中的恒定系差，其修正值为 $C = -\varepsilon = -\bar{\delta}$。

例如，在仪表的校验过程中，标准表的读数被看作是真值 x_{0i}，被校仪表的读数是测量值 x_i，每次测量可得到一个测量误差 $\delta_i = x_i - x_{0i}$，最后求取 δ_i 的算术平均值 $\bar{\delta}$，就可得到被

校仪表的修正值。

2. 变化系差的估计

为了较精确地估计变化系差的影响，常常需要采用解析法或试验法，找出变化系差的变化规律，并以函数关系式或试验公式描述此规律。然而，在很多情况下，往往难以找出某些复杂变化的数学模型。另外，在测量精度要求不高的情况下，也没有必要找到其精确的关系式。在这种情况下，常常估计出变化系差的下限值 a 和上限值 b 即可。

设 $a<b$，则可将变化系差分为两部分，即

$$\varepsilon' = \frac{(a+b)}{2}; \quad e = \frac{(b-a)}{2}$$

式中，ε'——变化系差的恒定部分；

e——变化系差的变化部分，用来估计系差的变化范围。

1.3.5 测量数据的线性化与变换

检测系统获得的模拟信号需经过适当的处理后才能使用，其主要包括输入数据的有效性检查、数字滤波、非线性校正（非线性补偿）、标度变换（工程量变换）、上下限检查和其他必要的运算处理等。

1. 非线性校正

在利用仪表显示数据时，希望仪表盘能够有均匀的刻度，这样读起数来就非常清楚、方便。这要求系统的输入和输出为线性关系，但是许多传感器的特性是非线性的。例如，用热电偶测量温度，热电动势与温度关系不成比例。

传感器的非线性特性是产生系差的主要原因之一。因此，要经过线性化处理，才能恢复其工程量值。

对系统的非线性校正可以采用硬件方法，也可以采用软件方法。智能仪表和微机检测系统中一般采用软件方法进行校正。采用软件进行非线性校正的方法（回归分析法）主要有查表法和曲线拟合法，曲线拟合法中使用较多的主要有插值法和最小二乘法。

（1）查表法。查表法就是根据变量 x，在预先设定好的表格中查找与之对应的 y。具体说来，就是利用"标定"试验获得的 n 对数据 x_i、y_i（$i=1$，2，$\cdots$，n）建立一张 I/O（输入/输出）数据表，根据输入数据 x，通过相关数据表查得 y，并将查得的 y 作为经过修正的被测量值（显示数据）。其具体步骤如下：

①通过试验确定 x 和被测量 y 之间的关系；

②建立校正数据表；

③通过 x 查出对应的 y 值，即为修正过的被测量值；

④若实际测量值 x 介于 x_i 和 x_{i+1} 两个标准点之间，可以采用内插技术。

查表法的优点是无须计算，或只需要进行简单的计算；缺点是需要在测量范围内，通过试验测得很多测试数据。数据表中数据个数越多，其精确度越高。

查表法是广泛应用的一种计算和转换方法，可大幅度缩短程序长度，提高运算速度。

（2）插值法。插值法是从标定或校准试验的 n 对测量数据 x_i、y_i（$i=1$，2，…，n）中求得一个函数 $g(x)$ 作为 x 与被测真值 y 的函数关系 $y=f(x)$ 的近似表达式。满足这个条件的函数 $g(x)$ 就称为 $f(x)$ 的插值函数，x_i 称为插值节点。在插值法中，$g(x)$ 有各种选择方法。由于多项式容易计算，一般选择 $g(n)$ 为 n 次多项式，记为 $P_n(x)$，这种插值方法称为代数插值法或多项式插值法，即

$$P_n(x) = a_n x^n + a_{n-1}x^{n-1} + \cdots + a_1 x + a_0 \tag{1-12}$$

用式（1-12）去逼近 $f(x)$，使 $P_n(x)$ 在节点 x_i 处满足 $P_n(x_i) = f(x_i) = y_i$（$i=0$，1，2，…，n）。多项式 $P_n(x)$ 中的 $n+1$ 个未定系数 a_0，a_1，…，a_n 应满足的方程组为

$$\begin{cases} a_n x_0^n + a_{n-1}x_0^{n-1} + \cdots + a_1 x_0 + a_0 = y_0 \\ a_n x_1^n + a_{n-1}x_1^{n-1} + \cdots + a_1 x_1 + a_0 = y_1 \\ \qquad\qquad\vdots \\ a_n x_n^n + a_{n-1}x_n^{n-1} + \cdots + a_1 x_n + a_0 = y_n \end{cases} \tag{1-13}$$

这是一个含有 $n+1$ 个未知数 a_0，a_1，…，a_n 的线性方程组。只要根据已知的 x_i、y_i（$i=1$，2，…，n）求解方程式（1-13），就可以求出 a_0，a_1，…，a_n，从而得到 $P_n(x)$。

常用的多项式插值法是线性插值法和抛物线（二次型）插值法。

①线性插值法。线性插值法是在一组数据 x_i、y_i（$i=1$，2，…，n）中选取两个有代表性的点（x_0，y_0）和（x_1，y_1），然后根据插值原理求出线性方程，即

$$P_1(x) = \frac{x-x_1}{x_0-x_1}y_0 + \frac{x-x_0}{x_1-x_0}y_1 = a_1 x + a_0 \tag{1-14}$$

$$\begin{cases} a_1 = \dfrac{y_1-y_0}{x_1-x_0} \\ a_0 = y_0 - a_1 x_0 \end{cases} \tag{1-15}$$

②抛物线插值法。若测量精度要求比较高，则可考虑采用抛物线插值法。抛物线插值法是在数据中选取 3 点（x_0，y_0），（x_1，y_1）和（x_2，y_2），然后根据插值原理求抛物线方程，其相应的插值方程为

$$\begin{aligned} P_2(x) &= \frac{(x-x_1)(x-x_2)}{(x_0-x_1)(x_0-x_2)}y_0 + \frac{(x-x_0)(x-x_2)}{(x_1-x_0)(x_1-x_2)}y_1 + \frac{(x-x_0)(x-x_1)}{(x_2-x_0)(x_2-x_1)}y_2 \\ &= a_2 x^2 + a_1 x + a_0 \end{aligned} \tag{1-16}$$

$$\begin{cases} a_2 = \dfrac{(y_1-y_0)(x_2-x_0) - (y_2-y_0)(x_1^1-x_0)}{(x_0-x_1)(x_0-x_2)(x_1-x_2)} \\[2mm] a_1 = \dfrac{(y_1-y_2)x_0^2 + (y_0+y_2)x_1^2 - (y_0+y_1)x_2^2}{(x_0-x_1)(x_0-x_2)(x_1-x_2)} \\[2mm] a_0 = \dfrac{(x_1-x_2)x_1 x_2 y_0 - (x_0-x_2)x_0 x_2 y_1 + x_0 x_1(x_0-x_1)y_2}{(x_0-x_1)(x_0-x_2)(x_1-x_2)} \end{cases} \tag{1-17}$$

（3）最小二乘法。运用 n 次多项式或 n 个直线方程（代数插值法）对非线性特性曲线进行逼近，可以保证在 $n+1$ 个节点上的误差为 0，即逼近曲线恰好经过这些节点。但

是，对于含有随机误差的试验数据拟合，通常选择"误差平方和为最小"这一标准来衡量逼近结果，使逼近模型比较符合实际关系，函数形式也比较简单。设被逼近函数为 $f(x_i)$，逼近函数为 $g(x)$，x_i 为 x 的离散点，逼近误差 $V(x_i)$ 为

$$\begin{cases} V(x_i) = |f(x_i) - g(x_i)| \\ Q = \sum_{i=1}^{n} V^2(x_i) \end{cases} \tag{1-18}$$

令 Q 取最小值，即在最小二乘意义上使 $V(x_i)$ 最小化，这就是最小二乘法的原理。最小二乘法是回归分析法中最基本的方法。通常，选择的逼近函数 $g(x)$ 为多项式。

①直线拟合。设有一组试验数据，现在要求出一条最接近于这些数据点（最佳）的直线。设这组试验数据的最佳拟合直线方程为 $g(x) = a_1x + a_0$，其中，a_1、a_0 为回归系数。

②曲线拟合。选取 n 个试验数据，对 x_i、y_i（$i = 1, 2, \cdots, n$），选用 n 次多项式作为描述这些数据的近似函数（回归方程），即

$$y = a_n x^n + a_{n-1} x^{n-1} + \cdots + a_1 x + a_0 = \sum_{i=1}^{n} a_i x^0 \tag{1-19}$$

式中，a_0，a_1，$\cdots$，a_n——回归参数。

如果把 n 个数据 x_i、y_i（$i = 1, 2, \cdots, n$）代入多项式（1-19），就可得到 n 个方程。根据最小二乘法原理，按"误差平方和为最小"的目标解该方程组，即可求得 $n+1$ 个回归系数 a_i 的最佳估计值。

2. 标度变换

工业过程的各种被测量都有着不同的量纲，其数值变化范围差别也很大。所有这些参数都需经过传感器或变换器转换，才能进入计算机进行处理。为能反映被测量真实的数值和量纲，便于生产过程的监视和管理，还必须把数字量转换成相应的不同量纲的物理量。这种测量结果的数字变换就是标度变换。

若被测参数值得到变换结果为线性关系，则可以采用线性变换，即

$$A_x = (A_m - A_0) \frac{N_x - N_0}{N_m - N_0} + A_0 \tag{1-20}$$

式中，A_x——实际测量值（工程量）；

A_0——测量下限；

A_m——测量上限；

N_x——实际测量值所对应的数字量；

N_0——测量下限所对应的数字量；

N_m——测量上限所对应的数字量。

一般情况下，A_m、A_0、N_m 和 N_0 都是已知的，因而可以把式（1-20）写为

$$A_x = a_1 N_x + a_0 \tag{1-21}$$

式中，a_1——比例系数；

a_0——取决于零点值，$a_0 = A_0 - \dfrac{A_m - A_0}{N_m - N_0} N_0$。

复习思考题

1-1　留意观察自己身边的事物，试举出至少 3 个传感器应用的例子，并指出这些传感器在其中起什么作用，它们有哪些共同特点。

1-2　什么是系统误差？系统误差可以采用哪些方法发现和消除？

1-3　某台测量压力的仪器，测量范围为 $0 \sim 10$ MPa，压力 p 与仪表输出电压 $U_\circ$ 之间的关系为

$$U_\circ = a_0 + a_1 p + a_2 p^2$$

式中，$a_0 = 1$ V；$a_1 = 0.6$ V/MPa；$a_2 = -0.02$ V/MPa^2。试：

（1）求该仪器的输出特性方程；

（2）画出输出特性曲线（各坐标需标出单位）；

（3）求出灵敏度表达式，并画出灵敏度变化曲线；

（4）求 $p_1 = 2$ MPa 和 $p_2 = 8$ MPa 时的灵敏度 k_1、k_2；$k_1 \neq k_2$ 说明什么？

第 2 章
工程测试信号分析方法

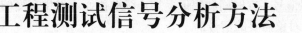

内容提要 ▶▶ ▶

本章介绍工程测试信号处理的基本方法，包括信号处理的基本知识、数字信号处理的基本原理及主要方法，如时域及频域分析方法等。

> **教学提示。**主要知识点有信号与测试系统，信号的定义及类型，数字信号处理的基本方法，如信号的采样过程及采样定律、信号的幅值特征参数分析、时域分析及频域分析方法等。
>
> **教学要求。**了解测试信号分析的相关概念，理解信号的定义、类型及采样定律。掌握数字信号时域分析方法，包括随机信号的数字特征、自相关函数及互相关函数的基本特性，并了解频域分析的基本思路和方法。

2.1 信号与测试系统

信号分析的方法有多种，其中最基本、最常用的方法是时域法和频域法。时域法用于研究信号的时域特性，如波形的变化、幅度的大小、上升时间、下降时间、持续时间、有无周期性及波形的分解等。频域法用于研究信号的频域特性，如含有哪些频率成分、各频率成分的相对大小、信号所占的频率范围及频带宽度等，数学工具主要是傅里叶变换。

测试系统分析研究的是系统的性质以及信号的处理方法，信号的处理方法分为时域法和频域法。时域法的数学工具主要有幅值概率密度函数、自相关函数及互相关函数。频域法的数学工具主要是以傅里叶变换为基础的功率谱分析。

2.1.1 信号的定义

信息的交换是人类社会生活中最基本的活动。信息是抽象的，它隐含在消息、数据之中，通过消息及数据传递出来。人们从接收到的消息，掌握了新的情况和新的知识，也就是获得了信息。消息的表现形式常常是语言、图像与文字等，非常不便于远距离传输。为了能远距离传输消息，需要按某种约定，用适当的设备把消息转化为信号。在各种各样的信号中，电信号是最容易产生、控制和远距离传输的，也最容易实现与其他物理量的互相转换，因而应用最为广泛。

2.1.2　信号的类型

在测试系统中，常用的信号有 3 种类型。

（1）模拟信号：在时间和幅值上均连续取值而不发生突变的信号，一般用十进制数表示。这是控制对象需要的信号。

（2）离散模拟信号：在时间上不连续，而在幅值上连续取值的信号。这是在信号变换过程中需要的中间信号。

（3）数字（离散）信号：在时间和幅值上均不连续取值的信号，通常用二进制代码形式表示。这是由计算机组成的测试系统所需要的信号。

2.2　数字信号处理

2.2.1　信号的分类与基本描述

幅值不随时间变化的信号称为静态信号。实际上，幅值随时间变化很缓慢的信号也可以称为静态信号或准静态信号。工程中遇到的信号多为动态信号，其幅值随时间变化，动态信号可以分为用确定的时间函数来描述的确定性信号和不能用时间函数来描述的随机信号，具体分类如下。

（1）确定性信号。

确定性信号可以用函数表示，比较明确，包括周期振动信号和非周期振动信号。周期振动信号可分为简谐振动（单正弦波）信号和复杂周期振动信号（正弦波叠加）。

非周期振动信号可分为准周期振动信号（经处理可转为周期振动）和瞬时振动信号（单发的一次性）。

（2）随机信号。

随机信号是大量脉冲信号的叠加，其幅值、波形、峰值出现的时刻均是随机的。随机信号又分为平稳随机信号（各态历经及非各态历经）和非平稳随机信号（瞬时信号等）。

平稳随机信号有统计规律，且统计规律与时间无关。

各态历经信号是指用单次测试数据能代表其总体特性的信号，可分为如下两种：窄频带信号，即受频带限制的随机信号；宽频带信号，即白噪声信号。

非各态历经信号是指不能用单次测试数据代表其总体特性的振动信号。

2.2.2　信号的获得

机械工程测试系统在监测所需的各种物理量（如振幅、温度、压力、噪声）时，通常用相应的传感器将这些物理量转换成电信号以便分析处理。信号分为模拟信号和数字信号两大类：模拟信号是随时间连续变化的，通常从传感器获得的信号都是模拟信号；数字信号是由离散的数字组成的，定期观察值或模拟信号经过模/数（A/D）转换得到的一串数字都是数字信号。

信号的获得及处理过程如图 2-1 所示，从监测对象上安装的传感器取得模拟信号，经过放大器放大后，可以有图中的几种处理方式。其中，第 a、c 种为在线处理方式，第 b 种为离线处理方式。

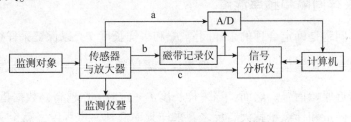

图 2-1　信号的获得及处理过程

2.2.3　采样过程

为了便于计算机快速计算，需将得到的连续信号离散为数字信号，这个过程称为采样。采样过程包括取样和量化两个步骤。

取样是将一连续信号 $x(t)$ 按确定的时间间隔 Δt 逐点取其瞬时值，即将一个模拟信号 $x(t)$ 和一个等间隔的脉冲序列函数 $g(t)$（称为采样脉冲序列）相乘：

$$g(t) = \sum_{-\infty}^{+\infty} \delta(t - kT_s) \tag{2-1}$$

式中，T_s——采样间隔。

如果 δ 函数与某一连续信号 $x(t)$ 相乘，则乘积仅在 $t=0$ 处得到 $x(0)\delta(0)$，其他各点 $(t \neq 0)$ 之积均为零，于是

$$\int_{-\infty}^{+\infty} \delta(t)x(t)\mathrm{d}t = \int_{-\infty}^{+\infty} \delta(t)x(0)\mathrm{d}t = x(0)\int_{-\infty}^{+\infty} \delta(t)\mathrm{d}t = x(0) \tag{2-2}$$

同理，对于有延迟 t_0 的 δ 函数 $\delta(t - t_0)$，只有在 $t = t_0$ 时刻才不等于零。因此

$$\int_{-\infty}^{+\infty} \delta(t - t_0)x(t)\mathrm{d}t = \int_{-\infty}^{+\infty} \delta(t - t_0)x(t_0)\mathrm{d}t = x(t_0) \tag{2-3}$$

式（2-2）、式（2-3）表示 δ 函数的筛选性质。

由于 δ 函数的筛选性质，因此采样以后只有在 $t = kT_s$ 处有值，即 $x(kT_s)$。若将开始观察的时刻记作 $t = 0$，在 $t < 0$ 时视为零，则采样以后得到的一系列时间上为离散的信号序列为 $x(kT_s)$，略写为 $x(k)$，$k = 0, 1, 2, \cdots$。

量化是将取样值 $x(k)$ 变为二进制数字编码，量化有若干等级，其中最小单位称为量化单位，量化就是将取样值表示为量化单位的整数倍。因此量化过程会引进误差，其误差的大小与转换位数有关，假设信号的最高幅值约为 ±10 V，转换器为 8 位。由于第一位用于表示正、负，故实际数字字长为 7 位。因此量化的电平数为

$$m = 2^7 = 128$$

则量化单位 $E_0 = \dfrac{U}{m} = (10 \times 1\,000)/128 \text{ mV} \approx 80 \text{ mV}$。

考虑到有舍入，最大误差是量化单位的一半，即 40 mV，故实际全量程的相对误差应为 0.4%。同理可以推算出 10 位转换器相对误差为 0.1%。

由此可见，取样是对连续信号在时间上进行离散化，而量化是在取值上进行离散化，最后连续信号 $x(t)$ 就变成了数字信号 $D_i(\Delta t)$。

目前，采样过程是通过专门的芯片，即模/数转换器件来实现的。

2.2.4 采样间隔和频率混淆

采样的基本问题是确定合理的采样间隔 T_s 和采样长度 T，以保证采样得到的数字信号能真实地代表原来的连续信号 $x(t)$。一般来说，采样频率 $f_s = \dfrac{1}{T_s}$ 越高，采样越密集，得到的数字信号越逼近原始信号。然而，当采样长度 T 一定时，f_s 越高，数据量 $N = T/T_s$ 越大，所需的计算机存储量和计算量就大。反之，采样频率低到一定程度，就会丢失或歪曲原来信号的信息。信号的频率混淆现象如图 2-2 所示，如果只有采样点 1、2、3 的采样值，就分不清曲线 A、B、C 的差异。

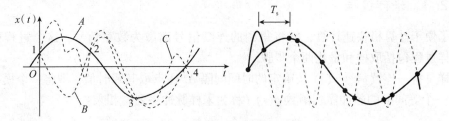

图 2-2　信号的频率混淆现象

从频率角度来看，间距为 T_s 的采样脉冲序列的傅里叶变换也是脉冲序列。因为 $g(t)$ 是周期函数，所以可以把它表示为傅里叶级数的复指数函数的形式：

$$g(t) = \sum_{n-\infty}^{+\infty} C_n \mathrm{e}^{\mathrm{j}2\pi n f_s t} \tag{2-4}$$

式中，系数 C_n 为

$$C_n = \frac{1}{T_s}\int_{-T_s/2}^{T_s/2} g(t)\mathrm{e}^{-\mathrm{j}2\pi n f_s t}\mathrm{d}t = \frac{1}{T_s}\int_{-T_s/2}^{T_s/2} \delta(t)\mathrm{e}^{-\mathrm{j}2\pi n f_s t}\mathrm{d}t =$$

$$\frac{1}{T_s}\int_{-T_s/2}^{T_s/2} \delta(t)\mathrm{e}^{0}\mathrm{d}t = \frac{1}{T_s} \times 1 = \frac{1}{T_s} \tag{2-5}$$

则

$$g(t) = \frac{1}{T_s}\sum_{n=-\infty}^{+\infty} \mathrm{e}^{\mathrm{j}2\pi n f_s t} \tag{2-6}$$

对式（2-6）进行傅里叶变换（利用 δ 函数的变换对应的频移变换），得其频谱，即

$$G(f) = \frac{1}{T_s}\sum_{n=-\infty}^{+\infty} \delta(f - n f_s) = \frac{1}{T_s}\sum_{n=-\infty}^{+\infty} \delta\left(f - \frac{n}{T_s}\right) \tag{2-7}$$

由频域卷积定理可知，两个时域函数的乘积对应于该函数傅里叶变换的卷积，即

$$x(t)g(t) \leftrightarrow X(f) * G(f) \tag{2-8}$$

考虑到 δ 函数与其他函数卷积的结果，就是简单地将 $x(t)$ 在发生脉冲函数的坐标位置上重新构图，则式（2-8）可以写成

$$X(f) * G(f) = X(f) * \frac{1}{T_s}\sum_{n=-\infty}^{+\infty} \delta(f - T_s) = \frac{1}{T_s}\sum_{n=-\infty}^{+\infty} X\left(f - \frac{n}{T_s}\right) \tag{2-9}$$

式（2-9）表示 $x(t)$ 经过间隔为 T_s 的采样之后形成的采样信号频谱，从时域和频域看采样过程如图 2-3 所示。

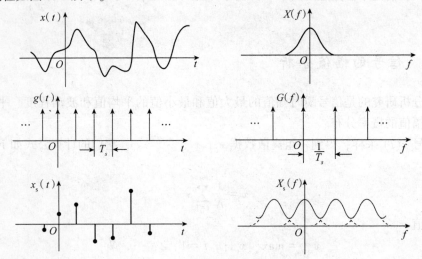

图 2-3 从时域和频域看采样过程

由图 2-3 可见，如果采样间隔 T_s 太大，即采样频率 f_s 太低，平移距离 $1/T_s$ 过小，那么移至各采样脉冲所在处的频谱 $X(f)$ 就会有一部分相互交叠，合成的 $X(f) * G(f)$ 图形与原来的 $X(f)$ 图形不一致，这种现象称为混叠。发生混叠以后，原来频谱的部分幅值将改变，这样就不可能从离散的采样信号 $x(t)g(t)$ 准确地恢复原来的时域信号 $x(t)$。

如果 $x(t)$ 是一个限带信号（最高频率 f_c 为有限值），采样频率 $f_s = \dfrac{1}{T_s} > 2f_c$，那么采样后的频谱 $X(f) * G(f)$ 就不会发生混叠。

由此可见，采样频率 f_s 必须大于两倍的最高频率，即 $f_s > 2f_c$，这就是采样定理。综上所述，解决频率混叠的方法如下。

提高采样频率以满足采样定理，$f_s = 2f_c$ 是最低限度，一般取

$$f_s = (2.56 \sim 4)f_c \tag{2-10}$$

用低通滤波器滤去不需要的高频成分，以防止频率混叠。此时的低通滤波器也称为抗频率混叠滤波器。例如，滤波器的截止频率为 f_{cut}，则取

$$f_{cut} = f_s/(2.56 \sim 4) \tag{2-11}$$

对于带通信号，即信号中的频率成分 f 满足 $f_1 \leqslant f \leqslant f_2$，当带宽 $f_B = f_2 - f_1$ 比频率上限 f_2 低很多时，采样频率又可大大降低，通常可以取带宽的 $2 \sim 4$ 倍。

如前所述，在采样间隔 T_s 一定时，T 越长，采样点数 N 越多。为了减少计算量，T 不宜过长。但是采样长度过短又不能反映信号的全貌，在进行傅里叶分析时，频率分辨率 Δf 与数据长度 T 成反比，即

$$\Delta f = 1/T = 1/(NT_s) \tag{2-12}$$

因此要综合考虑采样频率和采样长度的问题。一般在信号分析仪中，采样点数 N 是固定的，它可为 512、1 024 及 2 084。各分析频率范围取

$$f_c = f_s/2.56 = 1/(2.56T_s) \tag{2-13}$$

于是频率分辨率为

$$\Delta f = 1/NT_s = 2.56f_c/N \tag{2-14}$$

可见，在满足采样定理的要求下，应尽可能取较低的采样频率，以保证足够高的频率分辨率。

2.3 信号的幅值分析

幅值分析研究的是信号瞬时幅值的最大值和最小值的平均值和波动程度、平均能量，以及波形幅值的概率分布。

对信号 $x(t)$ 采样，得到一组离散数据 x_1，x_2，$\cdots$，x_N，它们的计算公式如下。

均值

$$\bar{x} = \frac{1}{N} \sum_{i=1}^{N} x_i \tag{2-15}$$

最大值

$$x_{\max} = \max\{|x_i|\}, \quad i = 1, 2, \cdots, N \tag{2-16}$$

最小值

$$x_{\min} = \min\{|x_i|\}, \quad i = 1, 2, \cdots, N \tag{2-17}$$

均方根

$$x_{\mathrm{rms}} = \sqrt{\frac{1}{N-1} \sum_{i=1}^{N} x_i^2} \tag{2-18}$$

方差

$$D_x = \frac{1}{N-1} \sum_{i=1}^{N} (x_i - \bar{x})^2 \tag{2-19}$$

方差表示数据 $\{x_i\}$ 的离散程度。均方根反映信号的能量大小，相当于电学中的有效值。方差和均方根的关系为

$$D_x = x_{\mathrm{rms}}^2 - (\bar{x})^2 \tag{2-20}$$

简单的振动测试仪器常使用均方根值 x_{rms}，峰值 $x_p = \max\{|x_i|\}$，或峰-峰值 $x_{\mathrm{p-p}}$。但它们通常并不十分敏感。必须指出，各种幅值域参数本质上是取决于随机信号的概率密度函数的。

2.3.1 随机信号的幅值概率密度函数

图 2-4 所示为概率密度函数的随机信号，其幅值取值的概率是有规律性的，即在同一过程的多次观测中，信号中的各种幅值出现的频次将趋向于确定的数值。

在图上作一组与横坐标平行，距离为 Δx 的直线，则 $x(t)$ 值落在 x 到 $x + \Delta x$ 之间的频次可用 T_x/T 的比值确定，其中 T_x 是在总观测时间 T 中幅值 $x(t)$ 位于 $(x, x + \Delta t)$ 区间内的时间。例如，图中 $T_x = \Delta t_1 + \Delta t_2 + \Delta t_3 + \Delta t_4$，当 T 趋向于无穷大时，该比值就趋于 $x(t)$ 值落在 x 和 $x + \Delta x$ 区间内的概率，可表示为

$$P\{x < x(t) \leqslant x + \Delta x\} = \lim_{T \to \infty} \frac{T_x}{T} \tag{2-21}$$

当 Δx 趋于零时，就得到

$$p(x) = \lim_{\Delta x \to 0} \frac{P_r\{x < x(t) \leqslant x + \Delta x\}}{\Delta x} = \lim_{\Delta x \to 0} \frac{1}{\Delta x}\left(\lim_{T \to \infty} \frac{T_x}{T}\right) \tag{2-22}$$

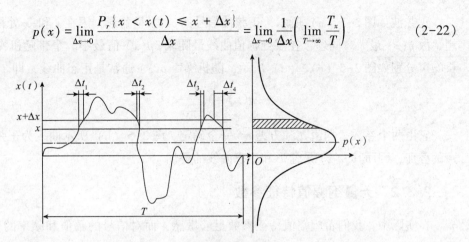

图 2-4 概率密度函数的随机信号

可见，$p(x)$ 表示幅值落在小区间 $(x, x + \Delta x)$ 上的概率与区间长度之比，因此称为幅值概率密度函数。

概率密度函数提供了随机信号沿幅值域分布的信息，是随机信号的重要特征参数之一，不同的随机信号有不同的概率密度函数图形，因此可以将它作为故障诊断的依据。图 2-5 所示为常见的 4 种随机信号（这里均假设信号的均值为零）的波形和概率密度函数图。

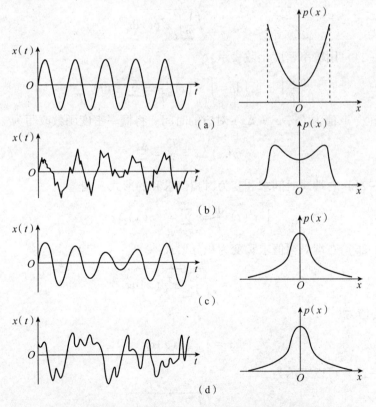

图 2-5 常见的 4 种随机信号的波形和概率密度函数图

（a）正弦波；（b）正弦波加随机噪声；（c）窄带随机噪声；（d）宽带随机噪声

正弦波如图2-5（a）所示，正弦波信号的 $p(x)$ 呈盆形，因在 x 和 $-x$ 处幅值曲线最平坦，故 $p(x)$ 最大。同理，在零处幅值曲线最陡峭，$p(x)$ 值最小。窄带随机噪声和宽带随机噪声分别如图2-5（c）、（d）所示，随机噪声 $p(x)$ 通常是正态曲线，即

$$p(x) = \frac{1}{\sqrt{2\pi}\sigma} e^{-\frac{1}{2}(\frac{x-\mu}{\sigma})^2} \tag{2-23}$$

它由两个参数，均值 μ 和方差 σ^2 完全确定。图2-5（b）所示曲线为正弦波和随机噪声的叠加，因而其 $p(x)$ 是盆形和正态曲线的叠加。

2.3.2 无量纲幅值特征参数

在实际中，我们希望幅值特征参数足够敏感，而对信号的幅值和频率的变化不敏感，即和机器的工作条件关系不大。为此，引入无量纲幅值特征参数，它们只取决于概率密度函数 $p(x)$ 的形状。常用的参数有波形指标、峰值指标、脉冲指标、裕度指标、峭度指标。

（1）波形指标

$$S_f = \frac{x_{\text{rms}}}{|\bar{x}|} \tag{2-24}$$

其中

$$x_{\text{rms}} = \sqrt{\frac{1}{T}\int_0^T x^2(t)\,dt}$$

将式（2-24）用概率密度函数表示：

$$\frac{1}{T}\int_0^T x^2(t)\,dt = \int_0^T x^2(t)\,\frac{dt}{T} \Rightarrow \sum_{t=0}^T x^2(t)\,\frac{\Delta t}{T} \tag{2-25}$$

式中，Δt 为 $x(t)$ 取值为 $(x,\ x + \Delta x)$ 对应的时间。将概率密度函数改写为

$$p(x)\Delta x = \frac{T_x}{T} = \frac{\Delta t}{T}$$

将式（2-25）右端对时间求和变为对幅值求和的形式，则

$$\int_0^T x^2(t)\,\frac{dt}{T} \Rightarrow \sum_{x=-\infty}^{+\infty} x^2(p(x)\Delta x) \tag{2-26}$$

将式（2-26）右端对幅值求和变为积分形式：

$$x_{\text{rms}} = \sqrt{\int_{-\infty}^{+\infty} x^2 p(x)\,dx}$$

同理，均值为

$$\bar{x} = \int_{-\infty}^{+\infty} x p(x)\,dx$$

则式（2-24）可以表示为

$$S_f = \frac{\sqrt{\int_{-\infty}^{+\infty} x^2 p(x)\,dx}}{\left|\int_{-\infty}^{+\infty} x p(x)\,dx\right|}$$

（2）峰值指标

$$C_f = \frac{x_{max}}{x_{rms}}$$

（3）脉冲指标

$$I_f = \frac{x_{max}}{|\bar{x}|} \tag{2-27}$$

（4）裕度指标

$$CL_f = \frac{x_{max}}{x_r} \tag{2-28}$$

式中，x_r——方根幅值，$x_r = \left(\int_{-\infty}^{+\infty} \sqrt{|x|} p(x) \mathrm{d}x \right)^2$

（5）峭度指标

$$K_v = \frac{\beta}{x_{rms}^2} \tag{2-29}$$

式中，β——峭度，$\beta = \frac{1}{T} \int_0^T x^4(t) \mathrm{d}t = \int_{-\infty}^{+\infty} x^4 p(x) \mathrm{d}x$。它对大幅值敏感，这样对探测信号中含有脉冲的故障有效。几种典型信号的无量纲幅值特征参数如表 2-1 所示。

表 2-1　几种典型信号的无量纲幅值特征参数

信号类型	S_f	C_f	I_f	CL_f	K_v
正弦波	1.11	1.41	1.57	1.73	1.50
三角波	1.56	1.73	2.00	2.25	1.80

对于正弦波和三角波，不管幅值和概率为多大，这些参数是不变的。因为对这类信号而言，频率不会改变其幅值概率密度函数，振幅的变化对这些参数计算式中分子和分母的影响相同，因而可以相互抵消。

正态随机信号的无量纲幅值特征参数如表 2-2 所示。

表 2-2　正态随机信号的无量纲幅值特征参数

正态随机信号峰值概率	S_f	C_f	I_f	CL_f	K_v
32%	—	1	1.25	1.45	
4.55%	1.45	2	2.51	2.89	3
0.27%	—	3	3.76	4.33	
6×10^{-7}%		5	6.27	7.23	

对于正态随机信号，波形指标和峭度指标为定值（理由同上），而对其他几个指标则随峰值概率减少而上升，这是因为在公式中分母会随着峰值概率减小而减小。

2.4　信号的时域分析

一般来说，得到的原始数据都是时域波形，时域波形直观，易于理解。时域分析最重要的特点是信号的时序，即数据产生的先后顺序。在前面的幅域分析中，尽管均值、方差及各种幅值参数都可用样本时间波形来计算，但是在计算中顺序是不起任何作用的，将数据次序任意排列，所得结果是一样的。

在时域中抽取信号特征的主要方法有相关分析和时序建模分析，本节介绍相关分析，包括相关系数、自相关函数、互相关函数等内容。

2.4.1　相关及相关系数

下面讨论两个变量 x 和 y 之间的关系。若它们都是确定性的变量，则为函数关系，图 2-6（a）所示为 $y=kx$ 的直线关系。若它们是随机变量，则为相关关系。将它们对应的变量对画在坐标平面上，将得到某种散布图。在图 2-6（b）中可看到，随机变量 x 和 y 之间没有什么相关关系或依赖关系，当 x 值较大时，y 值可大可小，反之亦然。在图 2-6（c）中可看到某种相关关系，当 x 值较大时，y 值亦较大。

相关这个概念用在研究信号的性质时，也可简单认为是两个或两个以上信号之间的相似程度。如果两个信号的时域波形形状完全相似，即随时间变化对应相同，仅两者的幅值大小不同，如图 2-7（a）、（b）所示，就称这两个信号是完全相关的。反之，如图 2-7（b）、（c）所示的两个波形没有任何相似之处，则它们是完全不相关的。如果有两个信号，其波形虽不完全相似，但又有点相像，则认为它们存在一定的相关程度。为了说明这种相关程度的大小，引出了相关系数的概念。

对两个变量 x 和 y 之间的相关程度，通常用相关系数 ρ_{xy} 表示，有

$$\rho_{xy} = \frac{E[(x-\mu_x)(y-\mu_y)]}{\sigma_x \sigma_y} \tag{2-30}$$

式中，E ——数学期望（也称为均值）；

　　　μ_x ——随机变量 x 的均值，$\mu_x = E(x)$；

　　　μ_y ——随机变量 y 的均值，$\mu_y = E(y)$；

　　　σ_x、σ_y ——随机变量 x、y 的标准差。

因为

$$\sigma_x^2 = E[(x-\mu_x)^2]$$

$$\sigma_y^2 = E[(y-\mu_y)^2]$$

利用柯西-施瓦茨不等式可得

$$E^2[(x-\mu_x)(y-\mu_y)] \leqslant E[(x-\mu_x)^2(y-\mu_y)^2]$$

即

$$\sigma_{xy}^2 \leqslant \sigma_x^2 \sigma_y^2$$

故可知 $|\rho_{xy}| \leqslant 1$，当 $\rho_{xy} = 1$ 时，所有的点都落在 $y-\mu_y = m(x-\mu_x)$ 的直线上。说明 x、y 两变量呈理想的线性相关。$\rho_{xy} = -1$ 时，x、y 也呈理想的线性相关，只是直线的斜率为负。$\rho_{xy} = 0$ 表示 x、y 两变量之间完全不相关，如图 2-6（b）所示。由此可见，相关性是从概率分布的角度反映两个随机变量之间的依赖关系。

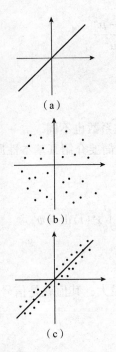

（a）

（b）

（c）

图 2-6　两个变量的关系

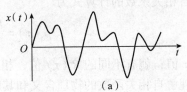

（a）

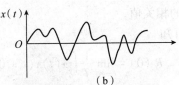

（b）

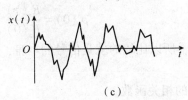

（c）

图 2-7　相关的含义

2.4.2　自相关函数

对于某个随机过程取得的随机数据，可以用自相关函数来描述一个时刻与另一个时刻间的依赖关系。这就相当于研究 t 时刻和 $t+\tau$ 时刻的两个随机变量（两个信号）$x(t)$ 和 $x(t+\tau)$ 之间的相关性，自相关函数的关系如图 2-8 所示。假如把 $\rho_{x(t)x(t+\tau)}$ 简写为 $\rho_x(\tau)$，那么由相关系数可得

$$\rho_x(\tau) = \frac{\lim\limits_{T\to\infty}\dfrac{1}{2T}\displaystyle\int_{-T}^{T}[x(t)-\mu_x][x(t+\tau)-\mu_x]\,\mathrm{d}t}{\sigma_x^2} = \frac{\lim\limits_{T\to\infty}\dfrac{1}{2T}\displaystyle\int_{-T}^{T}x(t)x(t+\tau)\,\mathrm{d}t-\mu_x^2}{\sigma_x^2}$$

图 2-8　自相关函数的关系

用 $R_x(\tau)$ 表示自相关函数，其定义为

$$R_x(\tau) = \lim_{T\to\infty}\frac{1}{2T}\int_{-T}^{T}x(t)x(t+\tau)\,\mathrm{d}t \tag{2-31}$$

自相关系数可写为

$$\rho_x(\tau) = \frac{R_x(\tau) - \mu_x^2}{\sigma_x^2} = \frac{R_x(\tau) - \mu_x^2}{\psi_x^2 - \mu_x^2} \qquad (2-32)$$

由此可得自相关系数的计算式为

$$\rho_x(\tau) = \frac{R_x(\tau)}{\sigma_x^2}$$

取不同的 τ 值，就有不同的 $R_x(\tau)$ 值，相应的自相关系数也不同。

为了帮助理解自相关函数的物理含义和其应用，下面简要介绍其基本性质。

（1）$\tau = 0$ 的相关值。

由定义式可知

$$R_x(0) = \lim_{T \to \infty} \frac{1}{T} \int_0^T x(t) x(t + 0) \, dt = \lim_{T \to \infty} \frac{1}{T} \int_0^T x^2(t) \, dt = \psi_x^2$$

$$\rho_x(0) = \frac{R_x(\tau)}{R_x(0)} = \frac{R_x(0)}{R_x(0)} = 1 \qquad (2-33)$$

因为 $\tau = 0$，所以比较的就是信号的本身，其相关值最大，其值就是信号的平均功率，相关系数为 1。

（2）$\tau = \infty$ 的相关函数。

由定义式可知

$$R_x(\infty) = \lim_{\tau \to \infty} E[x(t) x(t + \infty)] = \lim_{\tau \to \infty} E[x(t + \tau)] \cdot E[x(\tau)] = \mu_x^2$$

当 $\tau = \infty$ 时，信号 $x(t)$ 和 $x(t + \infty)$ 将变得毫不相关，$R_x(\tau)$ 的数学期望值趋近于 μ_x^2。当 $\mu_x^2 = 0$ 时，$R_x(\infty) = 0$，说明当 τ 增大时，自相关函数曲线总是收敛于水平线 μ_x^2 或零线，如图 2-9 中的虚线所示。

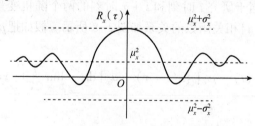

图 2-9 自相关函数的变化规律

（3）$R_x(\tau)$ 的极值范围。

由式（2-32）可知

$$\rho_x(\tau) = \frac{R_x(\tau) - \mu_x^2}{\psi_x^2 - \mu_x^2} = \frac{R_x(\tau) - \mu_x^2}{R_x(0) - \mu_x^2}$$

因为

$$R_x(\tau) \leqslant R_x(0)$$

所以存在

$$-1 \leqslant R_x(\tau) \leqslant 1$$

$$-1 \leqslant \frac{R_x(\tau) - \mu_x^2}{\sigma_x^2} \leqslant 1$$

当 $\rho_x(\tau) \geqslant -1$ 时，有

$$R_x(\tau) \geqslant \mu_x^2 - \sigma_x^2 \qquad (2-34)$$

当 $\rho_x(\tau) \leqslant 1$ 时，有

$$R_x(\tau) \leqslant \mu_x^2 + \sigma_x^2 \qquad (2-35)$$

显然，$R_x(\tau)$ 的极值范围为

$$\mu_x^2 - \sigma_x^2 \leqslant R_x(\tau) \leqslant \mu_x^2 + \sigma_x^2 \qquad (2-36)$$

这个结论也如图 2-9 中的虚线所示。

（4）自相关函数是偶函数。

此时有

$$R_x(\tau) = R_x(-\tau) \qquad (2-37)$$

因此，自相关函数曲线关于纵轴对称。

2.4.3　互相关函数

互相关函数研究两个信号的相关性。若两个信号分别为 $x(t)$ 和 $y(t)$，其中一个信号 $x(t)$ 不变，而 $y(t)$ 延迟一个时刻 τ，求它们的相关程度，称为互相关分析。这种互相关程度也随 τ 的取值不同而变化，是 τ 的函数，称为互相关函数，其定义为

$$R_{xy}(\tau) = \lim_{T \to \infty} \frac{1}{2T} \int_{-T}^{T} x(t) y(t+\tau) \mathrm{d}t \qquad (2-38)$$

互相关函数的物理意义可由图 2-10 来说明。图 2-10（a）所示为信号 $x(t)$ 的波形；图 2-10（b）所示为信号 $y(t)$ 的波形；图 2-10（c）所示为信号 $y(t)$ 延迟一个时刻 τ_1 的波形；图 2-10（d）所示为 $x(t)$ 和 $y(t+\tau_1)$ 对应时刻瞬时值的乘积 $x(t)y(t+\tau_1)$ 的波形；图 2-10（e）所示为 $x(t)y(t+\tau_1)$ 积分平均后所得 $R_{xy}(\tau_1)$ 的值，当 $\tau \to \infty$ 时，它将趋近一个稳定值；图 2-10（f）所示为互相关函数的图形，即 $R_{xy}(\tau)$ 随 τ 变化而变化的函数图形，$R_{xy}(\tau_1)$ 只是图中对应于 τ_1 时刻的互相关函数值。

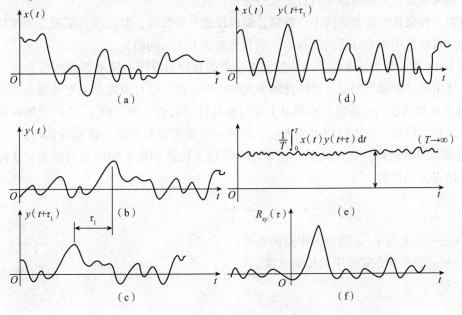

图 2-10　互相关函数的计算过程

为了进一步帮助读者理解互相关函数的物理含义，下面介绍它的某些基本特征。

（1）两个相互独立的随机信号的相关值。

两个相互独立的平稳的随机信号必须满足

$$R_{xy}(\tau) = E[x(t)y(t+\tau)] = E[x(t)]E[y(t+\tau)] = \mu_x\mu_y \qquad (2-39)$$

这说明两个信号互不相关时，其互相关函数将停留在水平线 $\mu_x\mu_y$ 上。对于 $\mu_x = \mu_y = 0$ 的两个随机信号，其互相关函数将收敛于 τ 轴上。

（2）$\tau = 0$ 时的互相关函数。

前面讲过，对于自相关函数，当 $\tau = 0$ 时，$R_x(\tau)$ 具有最大值，但是对于两个信号的互相关函数，由于 $\tau = 0$ 时，波形并不会一样，因而不一定具有最大值，最大值可能在某个其他时刻 τ_2，如图 2-10（f）所示。

（3）互相关函数的极值范围。

由前面相关系数的定义，对两个各态历经随机过程，有

$$\rho_{xy}(\tau) = \frac{\lim\limits_{T\to\infty}\dfrac{1}{2T}\displaystyle\int_{2T}^{T}[x(t)-\mu_x][y(t+\tau)-\mu_x]\mathrm{d}t}{\sigma_x\sigma_y}$$

$$= \frac{\lim\limits_{T\to\infty}\dfrac{1}{2T}\displaystyle\int_{-T}^{T}x(t)y(t+\tau)\mathrm{d}t - \mu_x\mu_y}{\sigma_x\sigma_y}$$

$$= \frac{R_{xy}(\tau)-\mu_x\mu_y}{\sigma_x\sigma_y} \qquad (2-40)$$

因为 $|\rho_{xy}(\tau)| \leqslant 1$，故互相关函数的变化范围为

$$\mu_x\mu_y - \sigma_x\sigma_y \leqslant R_{xy}(\tau) \leqslant \mu_x\mu_y + \sigma_x\sigma_y$$

互相关函数在工程实践中有着重要的应用价值。

例如，在很长的输液管线上，特别是铺设在地下的管线，要发现其漏损之处往往是很困难的。目前采用相关分析的新技术，顺利地解决了这一问题。

图 2-11 所示为利用互相关函数检测破裂点的原理示意图。输液管道在点 K 有一漏液处，液体由此处泄漏时发出一种特殊频率的啸叫声，这一信号波由管道壁传输出去。现在 1、2 两点设置两相同传感器，检测出上述漏液处传出的信号波。将 1、2 两点所检测到的信号送入相关仪器，在进行相关处理后，得到一个相关函数曲线，该曲线的峰值点 τ_m 是 1、2 处两信号的时移，它反映了同信号源在管壁上传递到两个传感器的时差。这样就可以计算出点 K 的位置：

$$s = \frac{1}{2}v\tau_m$$

式中，s——点 K 与 1、2 两点的中点的距离；

v——弹性波在管道中的传播速度。

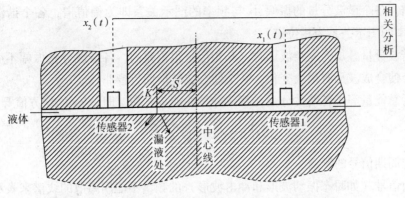

图2-11 利用互相关函数检测破裂点的原理示意图

2.5 信号的频域分析

频域分析是应用最广泛的信号处理方法之一，因为故障的发生、发展往往会引起信号频率结构的变化。频域分析的基础是频谱分析方法，即利用某种变换将复杂的信号分解为简单信号的叠加。使用最普遍的变换是傅里叶变换，它将复杂信号分解为有限或无限个频率的简谐分量。将动态信号的各频率成分的幅值、相位、功率、能量与频率的关系用频谱表达出来。频谱图形有离散谱（谱线图）与连续谱之分，前者与周期性及准周期信号相对应，后者与非周期信号及随机信号相对应。对于连续谱，所用的是谱密度这一概念。

频域分析还研究系统的传递特性、系统输入与输出的关系等，这可以帮助我们了解系统的固有特性，以及故障源的信息变化是如何传递的。

2.5.1 频谱分析的基本概念

(1) 周期信号的频谱。

对周期信号，有 $x(t) = x(t + kT)$ 的性质，其中 T 为周期，k 为正整数。它可以展开成傅里叶级数，即

$$x(t) = A_0 + \sum_{k=1}^{\infty} A_k \cos(2\pi k f_0 t + \varphi_k) \tag{2-41}$$

式中，A_0——直流分量；

$A_k \cos(2\pi k f_0 t + \varphi_k)$ ——谐波分量；

A_k ——振幅；

φ_k ——相角；

f_0 ——基频，$f_0 = 1/T$。

各谐波分量的频率均为基频的整数倍。

式 (2-41) 表明周期信号可以分解为无数多个频率为基频整数倍的谐波分量之和。当周期信号只包括有限个谐波分量时，则只有对应系数 A_k 不为零，其他均为零。为了形象地表示周期信号的谐波成分的组成（频率结构），常采用谱图的形式，最基本的是幅值

谱和相位谱。各个谐波分量的振幅 A_k 与频率的图示关系即为幅值谱，各个谐波分量的相位 φ_k 与频率的图示关系为相位谱。

各个谐波分量叠加为复杂波形时，其相位是很重要的。各谐波分量振幅不变时，仅改变相位角会使合成波形有很大变化，甚至使合成波形面目皆非。

信号的总能量等于各谐波分量与直流分量的能量之和，即 $x(t)$ 的均方值等于

$$x_{\mathrm{rms}}^2 = A_0^2 + \frac{1}{2}\sum_{k=1}^{\infty} A_k^2 \tag{2-42}$$

（2）非周期信号的频谱。

非周期信号（如瞬态振动波形和冲击波形）的频谱不能用离散的线谱来表示，必须用连续谱表示。简单说明如下：将非周期信号看成周期为无穷大的周期信号，其基频就趋向于零，因此其谐波分量的间隔将无穷小，频谱也就成连续的了。

由于信号的总能量有限，组成它的频率成分有无穷多个，因此每个分量的能量只可能为无穷小。这样就不能用幅值谱这一概念了，要用幅值谱密度这一概念。幅值谱密度表示单位频率区间上的幅值，将幅值谱密度 $|X(f)|$ 曲线分成许多窄带，每个窄带的宽度为 Δf，如某一窄带中心频率为 f_i，则窄带的面积为 $X(f_i)\Delta f$，将它近似看成频率为 f_i 的谐波分量的幅值 A_i，即 $A_i \approx X(f_i)\Delta f$，于是 $|X(f_i)| \approx A_i/\Delta f$，令 $\Delta f \to 0$，则得 $|X(f)| \approx \lim\limits_{\Delta f \to 0} A_i/\Delta f$，因此 $X(f)$ 称为幅值谱密度。

非周期信号 $x(t)$ 的幅值谱密度和相位谱可以通过傅里叶变换得到，其定义为

$$X(f) = \int_{-\infty}^{+\infty} x(t)\,\mathrm{e}^{-\mathrm{j}2\pi ft}\,\mathrm{d}t \tag{2-43}$$

式中，j——虚数单位。

尽管 $x(t)$ 是实数，但其傅里叶变换 $X(f)$ 一般为复数，其模 $|X(f)|$ 为幅值谱密度，其幅角 $\varphi(f) = \arg X(f)$ 即为相位谱。

$X(f)$ 的逆傅里叶变换为

$$x(t) = \int_{-\infty}^{+\infty} X(f)\,\mathrm{e}^{\mathrm{j}2\pi ft}\,\mathrm{d}f \tag{2-44}$$

式（2-44）为 $x(t)$ 按频率分解的表达式。如将 $X(f)$ 表示为复数 $|X(f)|\mathrm{e}^{\mathrm{j}\varphi(f)}$，则

$$x(t) = \int_{-\infty}^{+\infty} |X(f)|\,\mathrm{e}^{\mathrm{j}[2\pi ft + \varphi(f)]}\,\mathrm{d}f \tag{2-45}$$

因 $\mathrm{e}^{\mathrm{j}[2\pi ft + \varphi(t)]} = \cos[2\pi ft + \varphi(f)] + \mathrm{j}\sin[2\pi ft + \varphi(f)]$，积分后有实部、虚部两部分，而 $x(t)$ 为实数，所以式（2-45）右边积分的虚部应为零，得

$$x(t) = \int_{-\infty}^{+\infty} |X(f)\cos[2\pi ft + \varphi(f)]|\,\mathrm{d}f \tag{2-46}$$

对比周期信号的傅里叶级数表达式

$$x(t) = A_0 + \sum_{k=1}^{\infty} A_k\cos(2\pi kf_0 t + \varphi_k) \tag{2-47}$$

可见它们是相似的，区别仅在于在式（2-46）中频率是连续的，$|X(f)|$ 代表幅值谱密度，而式（2-47）中频率是离散的，为基频 f_0 的整数倍，A_k 代表幅值。

在 $x(t)$ 和 $X(f)$ 之间，还存在帕塞瓦尔等式，即

$$\int_{-\infty}^{+\infty} x^2(t)\,\mathrm{d}t = \int_{-\infty}^{+\infty} |X(f)|^2\,\mathrm{d}f \qquad (2-48)$$

上式左边表示 $x(t)$ 在 $(-\infty, +\infty)$ 上的总能量，而右边的被积式 $|X(f)|^2$ 相应地称为 $x(t)$ 的能谱密度，积分后也为 $x(t)$ 的总能量。因此，式（2-48）又称为 $x(t)$ 总能量的频谱表达式。但是有许多时间函数总能量是无限的，正弦函数就是一例，但其功率是有限的，因此转而去研究 $x(t)$ 在 $(-\infty, +\infty)$ 上的平均功率，即

$$\lim_{T\to\infty} \frac{1}{2T} \int_{-T}^{T} x_T^2(t)\,\mathrm{d}t$$

其中，$x_T(t)$ 为 $x(t)$ 的截尾函数，即

$$x_T(t) = \begin{cases} x(t), & |t| \leq T \\ 0, & t > T \end{cases} \qquad (2-49)$$

$x_T(t)$ 的傅里叶变换为

$$X(f, T) = \int_{-T}^{T} x_T(t)\,\mathrm{e}^{-\mathrm{j}2\pi ft}\,\mathrm{d}t \qquad (2-50)$$

它的帕塞瓦尔等式为

$$\int_{-\infty}^{+\infty} x_T^2(t)\,\mathrm{d}t = \int_{-\infty}^{+\infty} |X(f, T)|^2\,\mathrm{d}f \qquad (2-51)$$

可得到

$$\lim_{T\to\infty} \frac{1}{2T} \int_{-T}^{T} x^2(t)\,\mathrm{d}t = \int_{-\infty}^{+\infty} \lim_{T\to\infty} \frac{1}{2T} |X(f, T)|^2\,\mathrm{d}f \qquad (2-52)$$

式（2-52）等号左边为 $x(t)$ 在 $(-\infty, +\infty)$ 上的平均功率，而右边的被积式为平均功率谱密度，简称功率谱密度，记为

$$S_x(f) = \lim_{T\to\infty} \frac{1}{2T} |X(f, T)|^2 \qquad (2-53)$$

（3）平稳随机信号的频谱。

平稳随机过程的样本曲线波形不是周期信号，因此其频谱应为连续谱。因其样本曲线波形各不相同，所以幅值谱没有意义。平稳随机过程的总能量是无限的，而且能谱密度也不存在，故平稳随机过程的频谱总是指功率密度。与上面非周期信号的功率密度表达式不同的是，$X(f, T)$ 是取决于随机样本的，带有随机性，要用它的平均值来计算 $S_x(f)$，因此

$$S_x(f) = \lim_{T\to\infty} \frac{1}{2T} [\,|X(f, T)|^2\,] \qquad (2-54)$$

式中，$S_x(f)$ 表示平稳随机过程的平均功率的分布。

$S_x(f)$ 的性质如下。

① $S_x(f)$ 是 f 的实的、非负的偶函数。$|X(f, T)|^2 = X(f, T)X(-f, T)$，是实的非负的偶函数。

② $S_x(f)$ 是自相关函数 $R_x(\tau)$ 的傅里叶变换，$R_x(\tau)$ 是 $S_x(f)$ 的逆傅里叶变换，只要 $R_x(\tau)$ 是绝对可积的（$\int_{-\infty}^{+\infty} R_x(\tau)|\,\mathrm{d}\tau < +\infty$），就有以下关系

$$S_x(f) = \int_{-\infty}^{+\infty} R_x(\tau)^{-j2\pi ft} d\tau \tag{2-55}$$

$$R_x(\tau) = \int_{-\infty}^{+\infty} S_x(f)^{j2\pi ft} df \tag{2-56}$$

对于工程中很有用的白噪声和正弦波，它们不存在通常意义下的傅里叶变换和逆傅里叶变换，如果引入一种特殊函数（即 δ 函数），就可得到它们的傅里叶变换，δ 函数的定义为

$$\begin{cases} \delta(t) = \begin{cases} +\infty, & t = 0 \\ 0, & t \neq 0 \end{cases} \\ \int_{-\infty}^{+\infty} \delta(t) dt = 1 \end{cases} \tag{2-57}$$

并有

$$\int_{-\infty}^{+\infty} \delta(t) f(t) dt = f(0) \tag{2-58}$$

据此，可以得到 δ 函数的傅里叶变换为

$$\int_{-\infty}^{+\infty} \delta(t) e^{-j2\pi ft} dt = 1 \tag{2-59}$$

以及常数的逆傅里叶变换为

$$\int_{-\infty}^{+\infty} 1 \times e^{-j2\pi ft} dt = \delta(f) \tag{2-60}$$

式（2-59）和式（2-60）表明：若在时域中 $x(t)$ 的自相关函数为 δ 函数，则 $x(t)$ 在频域中的功率谱密度为常数，即 $x(t)$ 为白噪声；若在时域中 $x(t)$ 的自相关函数为常数，则在频域中的功率谱密度为 δ 函数。

其次，正弦型自相关函数 $R_x(\tau) = A\cos 2\pi f_0 \tau$ 的功率谱密度为

$$S_x(f) = A\delta(f - f_0)$$

可见，在相关函数为常数或正弦型函数的平稳过程中，其谱密度都是离散的。

2.5.2 傅里叶变换的基本性质

由上面的分析可见，傅里叶变换在频谱中起到了关键作用。为了便于深入了解以后的内容，下面对傅里叶变换的基本性质加以讨论。目前，实际上计算傅里叶变换是用计算机对时域信号 $x(t)$ 的离散数据进行的，因此这里重点讨论离散傅里叶变换的性质，并介绍快速傅里叶变换的概念。

（1）傅里叶变换的基本性质。

用符号表示傅里叶变换对，若有

$$X(f) = \int_{-\infty}^{+\infty} x(t) e^{-j2\pi ft} dt$$

$$x(t) = \int_{-\infty}^{+\infty} X(f) e^{j2\pi ft} df$$

则称 $x(t)$ 与 $X(f)$ 为一个傅里叶变换对，记为

$$x(t) \leftrightarrow X(f) \qquad (2-61)$$

上式表示 $X(f)$ 为 $x(t)$ 的傅里叶变换，$x(t)$ 为 $X(f)$ 的逆傅里叶变换。

① 线性叠加定理。

若 $x_1(t)$ 和 $x_2(t)$ 分别有傅里叶变换 $X_1(f)$ 和 $X_2(f)$，则它们的和 $x_1(t) + x_2(t)$ 的傅里叶变换为 $X_1(f) + X_2(f)$，此即线性叠加定理。

证明如下：

$$\int_{-\infty}^{+\infty} [x_1(t) + x_2(t)] e^{-j2\pi ft} dt = \int_{-\infty}^{+\infty} x_1(t) e^{-j2\pi ft} dt + \int_{-\infty}^{+\infty} x_2(t) e^{-j2\pi ft} dt = X_1(f) + X_2(f)$$

可记为

$$x_1(t) + x_2(t) \leftrightarrow X_1(f) + X_2(f) \qquad (2-62)$$

更为一般的有

$$c_1 x_1(t) + c_2 x_2(t) \leftrightarrow c_1 X_1(f) + c_2 X_2(f) \qquad (2-63)$$

式中，c_1、c_2——常数。

② 对称性。

若 $x(t) \leftrightarrow X(f)$，则有

$$X(\pm t) \leftrightarrow x(\mp f) \qquad (2-64)$$

也就是说，若 $X(f)$ 是信号 $x(t)$ 的谱，则 $X(\pm t)$ 的谱就是 $x(\mp f)$。

③ 尺度变换。

若 $x(t) \leftrightarrow X(f)$，令 $t' = kt$，其中 k 为大于零的实常数，则有

$$x(kt) \leftrightarrow \frac{1}{k} X\left(\frac{f}{k}\right) \qquad (2-65)$$

因为

$$\int_{-\infty}^{+\infty} x(kt) e^{-j2\pi ft} dt = \int_{-\infty}^{+\infty} x(t') e^{-j2\pi(f/k)t'} d(t'/k) = \frac{1}{k} X\left(\frac{f}{k}\right)$$

上式称为时间的尺度变换，可以看到时间尺度扩展为原来的 k 倍（或压缩为原来的 $1/k$），相应的频率尺度压缩为原来的 $1/k$（或扩大为原来的 k 倍），这样在频谱曲线下面积保持不变。

同样有频率尺度变换，即

$$\frac{1}{k} x\left(\frac{t}{k}\right) \leftrightarrow X(kf) \qquad (2-66)$$

④ 时移定理。

若 $x(t) \leftrightarrow X(f)$，则有

$$x(t - t_0) \leftrightarrow X(f) e^{-j2\pi ft_0} \qquad (2-67)$$

因为

$$\int_{-\infty}^{+\infty} x(t - t_0) e^{-j2\pi ft} dt = \int_{-\infty}^{+\infty} x(s) e^{-j2\pi f(s+t_0)} ds = e^{-j2\pi ft_0} \int_{-\infty}^{+\infty} x(s)^{-j2\pi fs} ds = e^{-j2\pi ft_0} X(f)$$

式中，$s = t - t_0$，此即时移定理的表达式。

式（2-67）表明时间位移引起相角 $\varphi(f)$ 的变化，但不改变傅里叶变换的幅值大小。

⑤ 频移定理。

频移定理的表达式为

$$x(t)\,e^{j2\pi f_0 t} \leftrightarrow X(f - f_0) \tag{2-68}$$

式（2-68）表明，若 $X(f)$ 的自变量移动一个常量 f_0，则它的逆傅里叶变换 $x(t)$ 要乘以 $e^{j2\pi f_0 t}$，这相当于调制现象。

⑥卷积及乘积。

信号 $x_1(t)$ 与 $x_2(t)$ 的卷积记为

$$x_1(t) * x_2(t) = \int_{-\infty}^{+\infty} x_1(\tau) x_2(t - \tau)\,d\tau \tag{2-69}$$

若

$$x_1(t) \leftrightarrow X_1(f), \quad x_2(t) \leftrightarrow X_2(f)$$

则有

$$x_1(t) * x_2(t) \leftrightarrow X_1(f) X_2(f) \tag{2-70}$$

即 $x_1(t)$ 和 $x_2(t)$ 卷积的傅里叶变换等于它们各自的傅里叶变换的乘积。

反之，则有

$$x_1(t) x_2(t) \leftrightarrow X_1(f) * X_2(f) \tag{2-71}$$

即 $x_1(t)$ 和 $x_2(t)$ 乘积的傅里叶变换等于它们各自的傅里叶变换的卷积。

现以时域积为例，证明如下：

$$
\begin{aligned}
F([x_1(t) * x_2(t)]) &= \int_{-\infty}^{+\infty} \left[\int_{-\infty}^{+\infty} x_1(\tau) x_2(t - \tau)\,d\tau \right] e^{-j2\pi f t}\,dt \\
&= \int_{-\infty}^{+\infty} x_1(\tau) \left[\int_{-\infty}^{+\infty} x_2(t - \tau) e^{-j2\pi f t}\,dt \right] d\tau \\
&= \int_{-\infty}^{+\infty} x_1(\tau) X_2(f) e^{-j2\pi f \tau}\,d\tau = X_1(f) X_2(f)
\end{aligned}
$$

下面将傅里叶变换的基本性质列于表 2-3 中。

表 2-3　傅里叶变换的基本性质

性质	时域	频域
互为变换对	$x(t)$	$X(f)$
线性叠加	$c_1 x_1(t) + c_2 x_2(t)$	$c_1 X_1(f) + c_2 X_2(f)$
翻转	$x(-t)$	$X(-f)$
对称	$X(t)$	$x(-f)$
尺寸变换	$x(ct)$	$\dfrac{1}{c} X\left(\dfrac{f}{c}\right)$
延迟	$x(t - t_0)$	$e^{-j2\pi f t_0} X(f)$
调制	$e^{j2\pi f_0} x(t)$	$X(f - f_0)$
卷积	$x_1(t) * x_2(t)$	$X_1(f) X_2(f)$

性质	时域	频域
乘积	$x_1(t)x_2(t)$	$X_1(f) * X_2(f)$
微分	$\dfrac{\mathrm{d}^n}{\mathrm{d}t^n}x(t)$	$(\mathrm{j}2\pi f)^n X_2(f)$
积分	$\displaystyle\int_{-\infty}^{t} x(\tau)\,\mathrm{d}t$	$\dfrac{1}{\mathrm{j}2\pi f}X(f) + \pi X(0)\delta(f)$
单位脉冲	$\delta(t)$	1
单位阶跃	$u(t)$	$\pi\delta(f) + \dfrac{1}{\mathrm{j}2\pi f}$
余弦	$\cos 2\pi f_0 t$	$\dfrac{1}{2}\big[\delta(f-f_0) + \delta(f+f_0)\big]$

（2）离散傅里叶变换。

① 离散傅里叶变换的性质。

现代信号处理都是用计算机来处理傅里叶变换的，下面介绍其基本原理。

设连续信号 $x(t)$ 的傅里叶变换为 $X(f)$，如图 2-12（a）所示。对连续的 $x(t)$ 进行采样，以得到离散的数字信号，如图 2-12（c）所示，采样间隔为 Δt。这相当于将图 2-12（b）所示的采样函数 $\Delta_0(t)$ 与 $x(t)$ 相乘，采样函数的傅里叶变换为 $\Delta_0(f)$。根据傅里叶变换的性质，$x(t)$ 与 $\Delta_0(t)$ 乘积的傅里叶变换等于 $X(f)$ 与 $\Delta_0(f)$ 的卷积。比较图 2-12（a）、（c）发现，其结果是在频域中产生了频率混叠现象。若采样频率（$f_\mathrm{s} = 1/\Delta t$）高于信号 $x(t)$ 所包含的最高频率的两倍，就不会产生频率混叠现象。

由于计算时只能用有限个数，因此必须将采样值 $x(t)\Delta_0(t)$ 加以截断。如果用图 2-12（d）所示的矩形函数 $\omega(t)$ 与 $x(t)\Delta_0(t)$ 相乘，就得到有限个采样值 $x(t)\Delta_0(t)\omega(t)$，其结果是出现邹波，信号处理中称为频率泄露。矩形窗函数的长度 T_0 越长，$W(f)$ 就越窄而陡峭，并且越接近于 δ 函数 $\delta(f)$，邹波（或误差）也越小。

在图 2-12（e）中，时域信号是离散的，但相应的频域的函数仍然是连续的。为了使计算机只计算有限个函数值，用图 2-12（f）中的频率采样函数 $\Delta_1(f)$ 去离散采样频域函数，频率采样间隔为 $1/T_0$，最终结果如图 2-12（g）所示，所采集的时域信号 $x(t)$ 为 N 个采样值近似，对应的频域函数 $X(f)$ 也为 N 个采样值近似。这样，两组 N 个数据就构成了离散的傅里叶变换对。

对比图 2-12（a）、（g），可发现通过上述处理，原来连续的时域信号和对应的频域函数都变成了离散的周期信号。$x(i\Delta t)$ 和 $X(n\Delta f)$（$i = 0, 1, 2, \cdots, N-1$）周期都是 N，$N = T_0/\Delta t$，这是离散傅里叶变换的重要特点。在 2.2.2 节信号的获得中曾讨论过采样频率、采样长度和频率分辨率的问题，在这里可进一步加深理解。

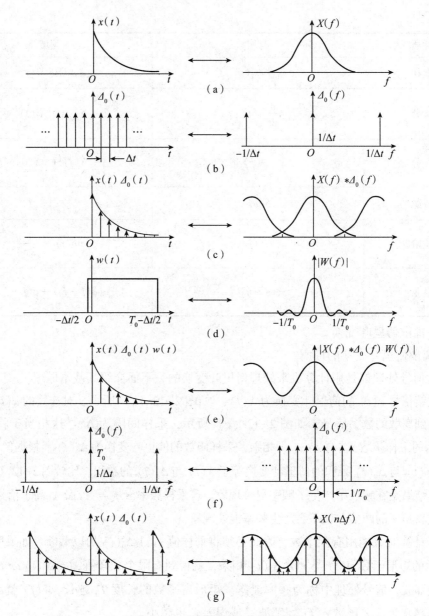

图 2-12　离散傅里叶变换过程

采样频率要高于信号最高频率的两倍，即 $f_s \geqslant 2f_{max}$，以避免频率混淆，$f_s = 1/\Delta t$。

采样长度 $T_0 = N\Delta t$ 要足够长，以减少频率泄露，并提高频率分辨率。频率分辨率 $\Delta f = 1/T_0$。

② 离散傅里叶变换的算法。

离散傅里叶变换的表达式为

$$X(n\Delta f) = \frac{1}{N}\sum_{k=0}^{N-1} x(kT_s)\,\mathrm{e}^{-\mathrm{j}2\pi nk/N} \tag{2-72}$$

式中，Δf——频率分辨率，$\Delta f = 1/T_0 = 1/NT_s$；

T——采样间隔，$T = 1/f_s$；

N——采样点数。

根据式（2-70），将 N 个时域信号的离散值变换为 N 个频率的离散值。$X(n\Delta f)$ 一般是复数，其实部为 $R(n\Delta f)$，虚部为 $I(n\Delta f)$，其幅值为

$$|X(n\Delta f)| = \sqrt{R^2(n\Delta f) + I^2(n\Delta f)} \qquad (2-73)$$

其相位角为

$$\varphi(n\Delta f) = \arctan[I(n\Delta F)/R(n\Delta f)] \qquad (2-74)$$

离散逆傅里叶变换公式为

$$x(kT_s) = \frac{1}{N}\sum_{n=0}^{N-1} X(n\Delta f)\,\mathrm{e}^{\mathrm{j}2\pi nk/N} \qquad (k=0,\ 1,\ 2,\ \cdots,\ N-1) \qquad (2-75)$$

上述离散傅里叶变换称为 DFT（Discrete Fourier Transform）算法。

复习思考题

2-1　已知某测试数据序列 $\{x_i\}$，$i = 1,\ 2,\ \cdots,\ n$，试给出该数据幅值概率密度函数的直方图估计方法及步骤。

2-2　机械工程测试中，常见的信号有哪 3 种类型？其特点分别是什么？

2-3　什么是数字信号的时域分析法？其优缺点分别是什么？

2-4　什么是数字信号的频域分析法？其优缺点分别是什么？

2-5　时域分析法与频域分析法分析系统的异同点有哪些？

第3章

测试系统基本特性

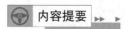

本章主要介绍测试系统的基本要求、测试系统的静态特性及动态特性等内容。

> **教学提示。** 本章主要知识点为测试系统的核心，传感器的基本要求，测试系统的静态特性及动态特性，包括测试系统的静态标定、灵敏度、线性度、迟滞与重复性、分辨率、量程与测量范围，线性系统的描述方法及系统的传递函数等。
>
> **教学要求。** 了解测试系统的标定方法及其基本特性，掌握测试系统的静态、动态特性指标及描述方法。

3.1 测试系统的基本要求

在工程测试系统中，需要传感器来感受被测非电量的变化，并将其不失真地变换成相应的电信号。为了更好地掌握测试系统的基本特性，必须充分地了解测试系统的核心部分——传感器的基本特性。传感器的基本特性主要是指系统的输入、输出之间的关系，即测试系统输出信号 $y(t)$ 与输入信号（被测量）$x(t)$ 之间的关系，如图3-1所示。

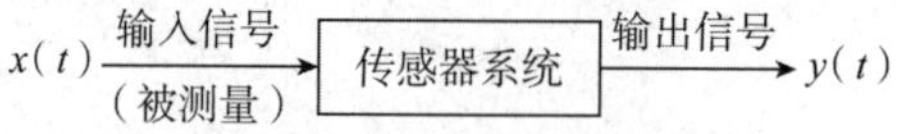

$$x(t) \xrightarrow[\text{（被测量）}]{\text{输入信号}} \boxed{\text{传感器系统}} \xrightarrow{\text{输出信号}} y(t)$$

图3-1　传感器的基本特性

根据测试系统中传感器输入信号 $x(t)$ 是否随时间变化而变化，可将测试系统的基本特性分为静态特性和动态特性两类。它们是系统对外呈现的外部特性，但与其内部参数密切相关。不同的传感器，由于其内部参数不同，因此表现出不同的特性。一个精度高的传感器，应该具有良好的静态特性和动态特性，才能保证信号无失真地按规律转换。因此，有必要了解传感器在测试系统中的静态特性和动态特性。

3.2　测试系统的静态特性

测试系统的静态特性是指在稳态信号的作用下，系统的输出量与输入量之间的关系。因为输入量和输出量都与时间无关，它们之间的关系（即测试系统的静态特性）可用不含时间变量的代数方程，或以输入量为横坐标，把与其对应的输出量作为纵坐标而画出的特性曲线来描述。衡量测试系统的静态特性主要是衡量传感器的静态特性指标，主要包括静态标定、灵敏度、线性度、迟滞与重复性、分辨率、量程与测量范围等。

3.2.1　静态标定

传感器的静态标定（静态特性标定）是在输入信号不随时间变化的静态标准条件下确定传感器的静态特性指标。要确定这些指标，必须以国家和地方计量部门有关检定规程为依据，选择正确的标定条件和适当的仪器设备，并按照一定的程序进行。静态标定主要用于检验、测试传感器（或测试系统）的静态特性指标。

1. 静态标准条件与仪器精度

进行静态标定前，先要建立静态标定系统。静态标定系统的关键在于确定被测非电量的静态标准条件与标准仪器设备的精度等级。

（1）静态标准条件。静态标准条件是指没有加速度、振动、冲击（除非这些参数本身就是被测量），环境温度一般为（20±5）℃，相对湿度不大于85%，大气压力为（101.32±7.998）kPa 的情况。

（2）标准仪器设备精度等级的确定。按照国家规定，各种量值传递系统在标定传感器时，所用的标准仪器及设备至少要比被标定传感器的精度高一等级。为保证标定精度，必须选用与被标定传感器精度相适应的标准器具。只有这样，通过标定确定的传感器的静态性能才是可靠的，所确定的精度才是可信的。

2. 静态特性标定的方法

对传感器进行静态特性标定时，首先要创造静态标准条件，其次是选定与被标定传感器精度要求相适应的具有一定等级的标准仪器设备，然后才能对传感器的静态特性进行标定。标定过程及步骤如下：

（1）将被标定传感器的全量程分成若干点（一般等距分布）；

（2）根据传感器量程分点的情况，先由小到大逐点地输入标准量值，再由大到小逐点减小标准量值，如此正、反行程往复循环多次，逐次逐点记录下各输入值相对应的输出值；

（3）将得到的输入-输出测试数据用表格列出或画成曲线；

（4）对测试数据进行必要的处理，根据处理结果，可以确定传感器的线性度、灵敏度、迟滞与重复性等静态特性指标。

3.2.2 灵敏度

传感器输出的变化量 Δy 与引起该变化量的输入变化量 Δx 之比即为其静态灵敏度 k，其表达式为

$$k = \frac{\Delta y}{\Delta x} = \tan\theta \tag{3-1}$$

事实上，传感器 I/O 特性曲线的斜率就是其灵敏度。线性传感器 I/O 特性曲线的斜率是不变的，如图 3-2（a）所示，灵敏度是常数。以拟合直线作为其特性的传感器，也可以认为其灵敏度为常数，与输入量的大小无关。由于种种原因，灵敏度 k 事实上是变化的，由此产生灵敏度误差如图 3-2（b）所示。灵敏度误差用相对误差 γ_S 来表示，即

$$\gamma_S = \frac{\Delta k}{k} \times 100\% \tag{3-2}$$

式中，Δk——灵敏度变化量。

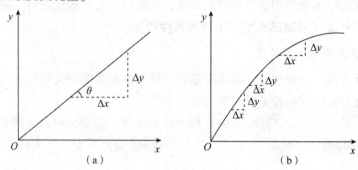

图 3-2　传感器的灵敏度

3.2.3 线性度

人们一般希望传感器的输入、输出具备线性关系，但实际的传感器大多为非线性，因此，需要引入各种非线性补偿环节，使传感器的输出与输入关系接近线性。这里引入线性度的概念，可以反映传感器的输出与输入间呈线性关系的程度。

若输入量变化范围较小，则可以用切线或割线拟合、过零旋转拟合、端点平移拟合等来近似地代表实际曲线的一段，这就是传感器非线性特性的"线性化"。传感器的线性度（非线性误差）用 γ_L 表示，即实际特性曲线与拟合直线间的偏差。取其最大值 ΔL_{max} 与输出满刻度 y_{FS}（Full Scale，即满量程）之比作为评价线性度的指标，如图 3-3 所示，即

$$\gamma_L = \pm \frac{\Delta L_{max}}{y_{FS}} \times 100\% \tag{3-3}$$

式中，γ_L——线性度（非线性误差）；

ΔL_{max}——实际曲线和拟合直线之间的最大差值。

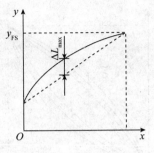

图3-3 线性度示意

3.2.4 迟滞与重复性

1. 迟滞

传感器在正（输入量逐渐增大）、反（输入量逐渐减小）行程中输出与输入曲线不重合的现象称为迟滞。迟滞特性如图3-4所示。迟滞大小可以通过试验获得，迟滞误差γ_H以正、反行程中输出的最大差值与输出满刻度之比来表示，即

$$\gamma_H = \pm \frac{1}{2} \frac{\Delta H_{max}}{y_{FS}} \times 100\% \tag{3-4}$$

式中，ΔH_{max}——正、反行程中输出的最大差值。

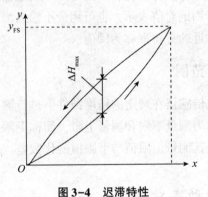

图3-4 迟滞特性

2. 重复性

重复性是指传感器在输入按同一方向作全量程连续多次变动时，所得特性曲线不一致的程度。图3-5所示为I/O特性曲线的重复特性，正行程的最大重复性偏差为ΔR_{max1}，反行程的最大重复性偏差为ΔR_{max2}。重复性误差γ_R以这两个最大偏差中的较大者ΔR_{max}与输出满刻度之比来表示，即

$$\gamma_R = \pm \frac{\Delta R_{max}}{y_{FS}} \times 100\% \tag{3-5}$$

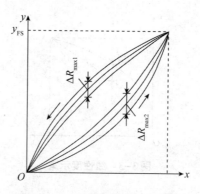

图3-5　I/O特性曲线的重复特性

重复性误差也常用绝对误差来表示。检测时也可选取几个测试点，对每一点多次从同一方向接近，获得输出值 y_{i1}，y_{i2}，…，y_{in}。算出最大值与最小值之差，作为每个点的重复性偏差 ΔR，在几个 ΔR 中选取最大值 ΔR_{max} 作为重复性误差。

3.2.5　分辨率

分辨率是指传感器可以检测到的被测信号最小变化量（增加或减少）。当被测量的变化小于分辨率时，传感器对输入量的变化没有反应。有些传感器，如电位器式传感器，当输入量连续变化时，输出量只作阶梯变化，因此分辨率就是输出量的每一个"阶梯"所代表的输入量大小。分辨率可用绝对值表示，也可用最小输入增量与满量程比值的百分数来表示。在传感器输入零点附近的分辨率称为阈值。

3.2.6　量程与测量范围

传感器的测量范围是该传感器在规定的精度条件下进行测量的被测变量范围。测量范围的最小值和最大值分别称为测量下限和测量上限，简称下限和上限。传感器的量程用来表示其测量范围的大小，是其测量上限值与下限值的代数差。

3.3　测试系统的动态特性

在实际测试工作中，大量的被测信号是随时间变化的动态信号。对动态信号的测试，不仅需要精确地测量信号幅值的大小，而且需要测量和记录反映动态信号变化过程的波形。这就要求传感器能迅速、准确地测出信号幅值的大小和无失真地再现被测信号随时间变化的波形。因测试系统的动态特性主要由传感器的动态特性来反映，故本节主要介绍传感器的动态特性。

传感器的动态特性是指传感器对动态激励（输入）的响应（输出）特性，即其输出对随时间变化的输入量的响应特性。动态特性好的传感器，其输出随时间变化的规律（输出变化曲线）能再现输入随时间变化的规律（输入变化曲线），即具有相同的时间函数。但实际上，由于制作传感器的敏感材料对不同的变化会表现出一定程度的惯性（如温度测量中的热惯性），因此输出信号与输入信号并不具有完全相同的时间函数，这种输入与输出间的差异称为动态误差，动态误差反映的是惯性延迟所引起的附加误差。

传感器的动态特性可以从时域和频域两个方面分别采用瞬态响应法和频率响应法来分析。由于输入信号的时间函数形式是多种多样的，在时域内研究传感器的响应特性时，只研究几种特定的输入时间函数，如阶跃函数、脉冲函数、斜坡函数等。在频域内研究动态特性一般采用正弦函数。为了便于比较和评价，通常采用阶跃信号和正弦信号作为输入信号，对应的传感器动态特性指标分为与阶跃响应有关的指标和与频率响应有关的指标两类：在采用阶跃信号研究传感器的时域动态特性时，常用延迟时间、上升时间、响应时间、超调量等来表征传感器的动态特性；在采用正弦信号研究传感器的频域动态特性时，常用幅频特性和相频特性来描述传感器的动态特性。

阶跃信号的函数表达式为

$$x(t) = \begin{cases} 0, & t \leq 0 \\ A_0, & t > 0 \end{cases} \tag{3-6}$$

式中，A_0——阶跃信号的幅值，$A_0 = 1$ 代表单位阶跃。

3.3.1 线性系统的描述

理想动态特性的要求：当输入量随时间变化时，输出量能立即随之无失真地变化。但实际的传感器总是存在着弹性、惯性或阻尼元件，导致输出 $y(t)$ 不仅与输入 $x(t)$ 有关，还与输入量的变化速度、加速度等有关。

在工程测试实践中，大多数检测系统属于线性时不变系统（线性系统），因此通常可以用线性时不变系统理论来描述传感器的动态特性。还可以用常系数线性微分方程（线性定常系统）表示传感器输出量 $y(t)$ 与输入量 $x(t)$ 的关系，即

$$a_n \frac{\mathrm{d}^n y(t)}{\mathrm{d}t^n} + a_{n-1} \frac{\mathrm{d}^{n-1} y(t)}{\mathrm{d}t^{n-1}} + \cdots + a_1 \frac{\mathrm{d}y(t)}{\mathrm{d}t} + a_0 y(t)$$

$$= b_m \frac{\mathrm{d}^m x(t)}{\mathrm{d}t^m} + b_{m-1} \frac{\mathrm{d}^{m-1} x(t)}{\mathrm{d}t^{m-1}} + \cdots + b_1 \frac{\mathrm{d}x(t)}{\mathrm{d}t} + b_0 x(t) \tag{3-7}$$

式中，a_n，$\cdots$，a_0 和 b_m，$\cdots$，b_0——与系统结构参数有关的常数。

线性时不变系统有两个重要的性质：叠加性和频率保持特性。

1. 叠加性

设 $x(t)$ 为输入量，$y(t)$ 为输出量，若 $x_1(t)$ 和 $x_2(t)$ 分别为系统的输入量，$y_1(t)$ 和 $y_2(t)$ 分别为对应的输出量，则当输入量为 $x_1(t)$ 与 $x_2(t)$ 的代数和时，系统的输出量为 $y_1(t)$ 和 $y_2(t)$ 的代数和，这就是叠加性。

根据叠加性，当一个系统有 N 个激励同时作用时，它的响应就等于这 N 个激励单独作用的响应之和，即各个输入所引起的输出是互不影响的。因此，在分析时，可以将一个复杂的激励信号分解成若干个简单的激励信号，然后求出它们的响应之和。

2. 频率保持特性

当线性定常系统的输入为某一频率的简谐（正弦或余弦）信号，即 $x(t) = X_0 \cos(\omega t)$ 时，系统的稳态输出必定是与输入同频率的简谐信号，即 $y(t) = Y_0 \cos(\omega t + \varphi_0)$，但其幅

值和初始相位可能发生变化。

线性时不变系统的这两个性质在工程测试中具有重要意义。当检测系统的输入信号是由多个信号叠加成的复杂信号时，根据叠加性，可以把复杂信号的作用看成若干简单信号的单独作用之和，从而简化问题。如果已知线性系统的输入频率，根据频率保持特性，可确定该系统输出信号中只有与输入同频率的成分才可能是该输入信号引起的输出，其他频率成分的输出都是噪声干扰，因此采用相应的滤波技术，在很强的噪声干扰下，也能把有用的信息提取出来。

虽然从理论上讲，通过式（3-7）可以计算出传感器输入与输出间的关系，但是对于复杂的系统或复杂的输入信号来说，对其进行求解并不容易。在实际使用中，通常采用反映系统动态特性的函数来描述，如传递函数、频率响应函数等。

3.3.2　测试系统的传递特性

对式（3-7）进行拉普拉斯变换（简称拉氏变换），并认为输入量 $x(t)$ 和输出量 $y(t)$，以及它们的各阶时间导数的初始值（$t=0$）为 0，则得

$$Y(s)(a_n s^n + a_{n-1} s^{n-1} + \cdots + a_1 s + a_0) = X(s)(b_m s^m + b_{m-1} s^{m-1} + \cdots + b_1 s + b_0)$$

$$(3-8)$$

将上式变形为传递函数，即有

$$H(s) = \frac{L[y(t)]}{L[x(t)]} = \frac{Y(s)}{X(s)} = \frac{b_m s^m + b_{m-1} s^{m-1} + \cdots + b_1 s + b_0}{a_n s^n + a_{n-1} s^{n-1} + \cdots + a_1 s + a_0} \quad (3-9)$$

其中 $s=\beta+j\omega$。

式（3-9）的右边是一个与输入量 $x(t)$ 无关的表达式，它只与系统结构参数 a、b 有关。

3.3.3　频率响应函数

对于稳定的常系数线性系统，可用傅里叶变换代替拉氏变换，相应地有

$$H(j\omega) = \frac{Y(j\omega)}{X(j\omega)} = \frac{b_m(j\omega)^m + b_{m-1}(j\omega)^{m-1} + \cdots + b_1(j\omega) + b_0}{a_n(j\omega)^n + a_{n-1}(j\omega)^{n-1} + \cdots + a_1(j\omega) + a_0} \quad (3-10)$$

$$= H_R(\omega) + jH_I(\omega)$$

式中，$H_R(\omega)$ ——$H(j\omega)$ 的实部；

$H_I(\omega)$ ——$H(j\omega)$ 的虚部。

$H(j\omega)$ 称为传感器的频率响应特性。它是传递函数的特例，即 $s=j\omega$（$\beta=0$）。

通常，频率响应函数 $H(j\omega)$ 是一个复函数，用指数表示为

$$H(j\omega) = A(\omega) e^{j\varphi(\omega)} \quad (3-11)$$

其模（称为传感器的幅频特性）为

$$A(\omega) = |H(j\omega)| = \sqrt{[H_R(\omega)]^2 + [H_I(\omega)]^2} \quad (3-12)$$

相角（称为传感器的相频特性）为

$$\varphi(\omega) = \arctan \frac{H_I(\omega)}{H_R(\omega)} \quad (3-13)$$

3.3.4 传感器的动态特性分析

一般可以将大多数传感器简化为一阶或二阶系统，下面分析它们的动态特性。

1. 一阶传感器的频率响应

一阶传感器的微分方程为

$$a_1 \frac{dy(t)}{dt} + a_0 y(t) = b_0 x(t) \tag{3-14}$$

它可改写为

$$\tau \frac{dy(t)}{dt} + y(t) = S_n x(t) \tag{3-15}$$

式中，τ——传感器的时间常数（具有时间量纲）；

   S_n——传感器的灵敏度。S_n 只起到使输出量增加为原来的 S_n 倍的作用，为方便起见，令 $S_n = 1$。

这类传感器的传递函数为

$$H(s) = \frac{1}{\tau s + 1} \tag{3-16}$$

频率响应特性为

$$H(j\omega) = \frac{1}{\tau(j\omega) + 1} \tag{3-17}$$

图 3-6 所示为一阶传感器的频率响应特性曲线。它表明传感器输出与输入为线性关系。$\varphi(\omega)$ 很小，$\tan\varphi \approx \varphi$，$\varphi(\omega) \approx -\omega\tau$，相位差与频率 ω 呈线性关系。这时保证了测试是无失真的，输出量 $y(t)$ 真实地反映了输入量 $x(t)$ 的变化规律。

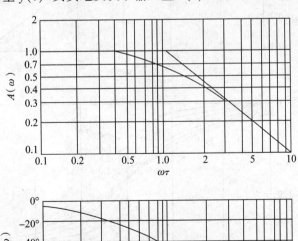

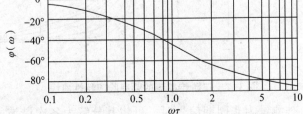

图3-6 一阶传感器的频率响应特性曲线

2. 二阶传感器的频率响应

为讨论方便，令传感器的静态灵敏度为 1，即 $x(t)$ 的系数 $b_0 = a_0$，典型的二阶传感器的微分方程为

$$a_2 \frac{d^2 y(t)}{dt^2} + a_1 \frac{dy(t)}{dt} + a_0 y(t) = a_0 x(t) \tag{3-18}$$

因此传递函数为

$$H(s) = \frac{\omega_n^2}{s^2 + 2\zeta\omega_n s + \omega_n^2} \tag{3-19}$$

频率响应特性为

$$H(j\omega) = \frac{1}{1 - \left(\dfrac{\omega}{\omega_n}\right)^2 + 2j\zeta\left(\dfrac{\omega}{\omega_n}\right)} \tag{3-20}$$

图 3-7 所示为二阶传感器的频率响应特性曲线，由式（3-20）和图 3-7 可知：为了使测试结果能精确地再现被测信号的波形，在设计传感器时，必须使其阻尼系数 $\zeta < 1$，固有角频率 ω_n 应大于或等于被测信号基频 ω 的 3 倍，即 $\omega_n \geqslant 3\omega$。

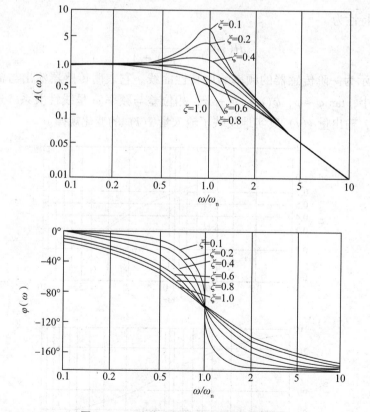

图 3-7　二阶传感器的频率响应特性曲线

在实际测试中，被测量为非周期信号时，可将其分解为各次谐波，从而得到其频谱。如果传感器的固有角频率 ω_n 不低于输入信号谐波中最高频率 ω_{max} 的 3 倍，则可以保证动

态测试精度。实践证明，如果被测信号的波形与正弦波相差不大，则被测信号谐波中最高频率 ω_{max} 可以用其基频的 2~3 倍代替。因此，选用和设计传感器时，保证传感器固有角频率 ω_n 不低于被测信号基频 ω 的 10 倍即可，即 $\omega_n \geq 10\omega$。

3. 一阶或二阶传感器的动态特性参数

对式（3-16）所表示的一阶传感器的传递函数作拉普拉斯逆变换，可得到其阶跃响应函数为

$$y(t) = S_n(1 - e^{-\frac{\tau}{x}})A_0 \qquad (3-21)$$

式中，S_n——传感器的灵敏度（输出相对于输入的放大倍数）；

A_0——阶跃输入信号的幅值。

用同样的方法可得到二阶传感器的阶跃响应函数为

$$y(t) = S_n\left[1 - \frac{e^{-\omega_n\zeta}}{\sqrt{1-\zeta^2}}\sin\left(\sqrt{1-\zeta^2}\,\omega_n t + \arctan\frac{\sqrt{1-\zeta^2}}{\zeta}\right)\right]A_0 \qquad (3-22)$$

相应地，一阶或二阶（$\zeta < 1.0$）传感器单位阶跃响应的时域动态特性分别如图 3-8、图 3-9 所示（$S_n = 1$，$A_0 = 1$）。其时域动态特性参数描述如下。

时间常数 τ：一阶传感器输出上升到稳态值的 63.2% 所需的时间。一阶传感器的时间常数是一阶传感器的重要性能参数，如图 3-8 所示，τ 越小，响应越快，响应曲线越接近于输入阶跃曲线，即动态误差越小。

延迟时间 t_d：传感器输出达到稳态值的 50% 所需的时间。

上升时间 t_r：传感器的输出达到稳态值的 90% 所需的时间。

峰值时间 t_p：二阶传感器输出响应曲线达到第一个峰值所需的时间。

响应时间 t_s：二阶传感器从输入量开始起作用到输出指示值进入稳态值规定范围内所需要的时间。

超调量 σ：二阶传感器输出第一次达到稳定值后又超出稳定值而出现的最大偏差，即二阶传感器输出超过稳态值的最大值。常用输出最大值与最终稳定值的百分比来表示。超调量越小越好。

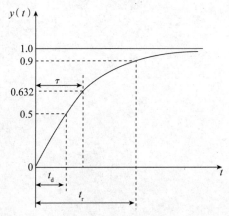

图 3-8　一阶传感器单位阶跃响应的时域动态特性

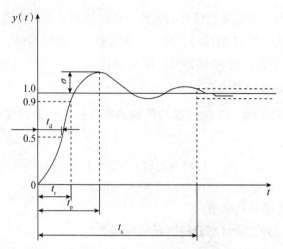

图3-9　二阶传感器（$\zeta < 1.0$）单位阶跃响应的时域动态特性

复习思考题

3-1　什么是传感器的静态特性？传感器静态特性的主要指标有哪些？

3-2　传感器输入-输出特性的线性化有什么意义？如何实现其线性化？

3-3　什么是传感器的动态特性？如何分析传感器的动态特性？

3-4　传感器动态特性的主要指标有哪些？

3-5　简述线性时不变系统的叠加性和频率保持特性的含义及其意义。

第4章
能量型传感器

🚗 内容提要 ▶▶ ▶

本章主要介绍几种典型能量型传感器的基本工作原理及其在生产实践中的应用方法，包括电位器式、电阻应变式、电感式及电容式传感器等。

教学提示。电位器式传感器的工作原理、结构及应用；电阻应变效应，电阻应变式传感器的结构、测量电路及应用；电感效应、电感式传感器的主要类型、几种典型的测量电路及应用方法；电容式传感器的类型、特点及测量电路。学习本章时，要明确各类型传感器的工作原理及相关的应用方法，能够结合生产实际，根据被测量选择不同种类的传感器开展测试实验。

教学要求。了解能量型传感器的特点及使用范围，熟练掌握能量型传感器的应用，理解典型能量型传感器的工作原理、测量电路，并了解该类传感器的优缺点。

4.1 电位器式传感器

电位器是常用的机电元件。在传感器中，电位器是用来把线位移或角位移转换成一定函数关系的电阻或电压输出的传感元件。因此，其可用于制作测量位移、压力、加速度、油量、高度等用途的传感器。

电位器式传感器的优点：结构简单、精度较高（可达0.1%或更高）、性能稳定、成本低廉、输出信号强、受环境影响较小、可实现线性或任意函数的变换。由于具有这些优点，因此电位器式传感器得到了广泛的应用。

4.1.1 电位器式传感器的工作原理和结构

1. 电位器式传感器的工作原理和类型

电位器式传感器是由电阻丝、滑动臂及骨架等部分组成的。图4-1所示为电位器式传感器的结构。

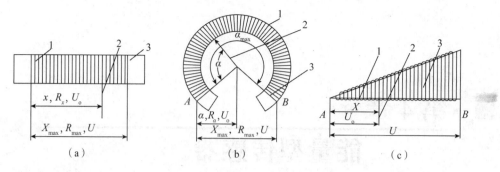

1—电阻丝；2—滑动臂；3—骨架。

图 4-1 电位器式传感器的结构

(a) 直线位移型；(b) 角位移型；(c) 螺旋型

按照电阻丝的缠绕方式及电位器式传感器结构形式的不同，电位器式传感器可分为直线位移型、角位移型、螺旋型等几种类型。不管哪种类型，其工作原理都是通过改变电位器的滑动臂触头的位置，将线位移、角位移等位移量的变化转换为电阻的变化或电压的变化。例如，直线位移型的输出电压为

$$U_o = \frac{U}{R_{max}} x = k_u x \tag{4-1}$$

即输出电压和线位移 x 成比例。而角位移型，其输出电压为

$$U_o = \frac{U}{R_{max}} \alpha = k_u \alpha \tag{4-2}$$

可见输出电压与角位移 α 成比例。

2. 电位器式传感器的结构与材料

电位器式传感器的设计主要是根据实际需要选择合适的电阻丝、电刷和骨架。

（1）电阻丝。对电阻丝的要求：电阻系数大，温度系数小，有足够的强度和良好的延展性，对铜的热电动势要小，耐磨、耐腐蚀、焊接性能好，能承受较高的温度。常用的材料有康铜丝、镍铬丝、卡玛丝（镍锰合金）、铂铱合金等。

（2）电刷。电刷通常由电刷触头、电刷臂、导向和轴承装置等构成。电刷质量好坏将直接影响噪声及工作可靠性。对电刷触头的要求：有良好的抗氧化能力，接触电位要小，有一定的接触力（一般为 0.005 ~ 0.05 N），硬度与导线材料相近或略高一些。电刷头部应弯成一定的圆角半径，圆角半径大约为导线直径的 5 倍。常用的触头材料有银、铂铱合金、铂铑合金等。

（3）骨架。对骨架的要求：与电阻丝材料有相近的膨胀系数，良好的电绝缘性能，足够的强度和刚度，散热性好，耐潮湿，便于加工等。常用的材料有陶瓷、酚醛树脂、夹布胶木、工程塑料等绝缘材料。对于精密电位器，一般采用经绝缘处理的金属，如铝等，其导热性好，强度高，加工尺寸精度高。

4.1.2 电位器式传感器的应用

电位器式传感器主要用来测量位移，通过其他敏感元件（如膜片、膜盒、弹簧管等）

将非电量（如力、位移、形变、速度、加速度等）的变化量变换成与之有一定关系的电阻值变化，通过对电阻值的测量，达到对非电量测量的目的。另外，也可以测量压力、加速度等物理量。电位器式传感器包括测量位移的推杆式位移传感器，测量加速度的电位器式加速度传感器等。

1. 测量位移

推杆式位移传感器的结构如图 4-2 所示。在推杆式位移传感器中，通过带齿条的推杆1 及齿轮 2、3、4 组成的齿轮传动系统，将直线位移转换成旋转运动，再经离合器 5 传输到电位器 6 的轴上，带动电刷 7 滑动，从而输出电信号。

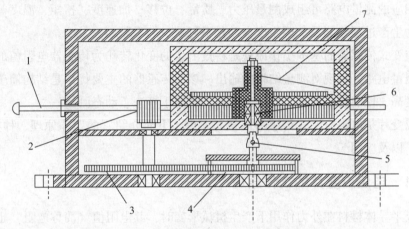

1—推杆；2、3、4—齿轮；5—离合器；6—电位器；7—电刷。

图 4-2 推杆式位移传感器的结构

2. 测量加速度

电位器式加速度传感器的结构如图 4-3 所示。惯性质量块 1 在被测加速度的作用下，使片状弹簧 2 产生与加速度成正比的位移，从而引起电刷 4 在电阻元件 3 上滑动，输出与加速度成比例的电压信号。

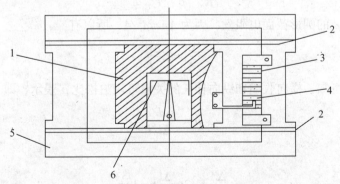

1—惯性质量块；2—片状弹簧；3—电阻元件；4—电刷；5—壳体；6—活塞阻尼器。

图 4-3 电位器式加速度传感器的结构

电位器式加速度传感器的优点：结构简单、价格低廉、性能稳定，能在较恶劣的环境条件下工作，输出信号大。因此，其得到了广泛的应用。但是电位器式加速度传感器测量精度不高，动态响应较差，不适用于测量快速变化量。

4.2 电阻应变式传感器

电阻应变式传感器（又称电阻式传感器）是应用较早的电参数传感器，广泛应用于航空、机械、电力、化工、建筑、医疗等领域。电阻应变式传感器结构简单、线性和稳定性较好，与相应的测量电路可组成测量压力、质量、位移、加速度、扭矩、温度等的检测系统，已成为生产过程检测及实现生产自动化不可缺少的手段之一。

电阻应变式传感器的基本工作原理是将被测量的变化转化为传感器电阻值的变化，再经一定的测量电路，实现对测量结果的输出。该类传感器的主要优点是结构简单，使用方便，灵敏度高，性能稳定可靠，测量速度快，适用于静态、动态测量。

电阻应变片是电阻应变式传感器的核心元件，下面介绍它的工作原理、种类与结构、测量电路，以及应用。

4.2.1 电阻应变片的工作原理

导体或半导体材料在外力作用下产生机械形变时，其电阻值（简称电阻）也相应发生变化的物理现象称为电阻应变效应。

设有一根长度为 l，截面积为 A，电阻率为 ρ 的金属丝，其电阻 R 可表示为

$$R = \rho \frac{l}{A} \tag{4-3}$$

当金属丝受轴向应力 σ 作用被拉伸时，由于应变效应，其电阻将发生变化，当长度变化 Δl，面积变化 ΔA，电阻率变化 $\Delta \rho$ 时，电阻相对变化可表示为

$$\frac{\Delta R}{R} = \frac{\Delta \rho}{\rho} + \frac{\Delta l}{l} - \frac{\Delta A}{A} \tag{4-4}$$

对于直径为 d 的圆形截面电阻丝，因为 $A = \pi d^2/4$，所以有

$$\frac{\Delta A}{A} = 2\frac{\Delta d}{d} \tag{4-5}$$

由力学原理可知，横向收缩和纵向伸长的关系可用泊松比 μ 表示，即

$$\mu = -\frac{\Delta d/d}{\Delta l/l} \tag{4-6}$$

所以

$$\frac{\Delta A}{A} = -2\mu \frac{\Delta l}{l} = -2\mu \varepsilon \tag{4-7}$$

式中，ε——应变，其值为 $\dfrac{\Delta l}{l}$。

这样一来，式（4-4）可写为

$$\frac{\Delta R}{R}=\frac{\Delta l}{l}\ (1+2\mu)\ +\frac{\Delta\rho}{\rho}=\left(1+2\mu+\frac{\Delta\rho/\rho}{\Delta l/l}\right)\frac{\Delta l}{l}=K_0\varepsilon \tag{4-8}$$

式中，K_0——金属电阻丝的应变灵敏度系数，表示单位应变所引起的电阻相对变化。

式（4-8）表明，K_0 的大小受两个因素影响：$1+2\mu$ 表示由几何尺寸的改变所引起的变化；$\dfrac{\Delta\rho/\rho}{\Delta l/l}$ 表示材料的电阻率 ρ 随应变所引起的变化。对于金属材料而言，K_0 值以前者的影响为主；对于半导体材料，K_0 值主要由后者所决定。

4.2.2 电阻应变片的种类与结构

1. 电阻应变片的种类

电阻应变片的种类繁多，形式多样，常用的分类方法是按照应变片敏感栅的材料、工作温度范围及用途进行分类。

（1）按应变片敏感栅的材料分类，电阻应变片可分为金属应变片和半导体应变片。其中，金属应变片又分为体型（箔式、丝式）和薄膜型；半导体应变片又分为体型、薄膜型、扩散型、PN 结型等。

（2）按应变片的工作温度分类，电阻应变片可分为低温应变片（低于-30 ℃）、常温应变片（-30～60 ℃）、中温应变片（60～300 ℃）、高温应变片（300 ℃以上）等。

（3）按应变片的用途分类，电阻应变片可分为一般用途应变片和特殊用途应变片（水下、疲劳寿命、裂纹扩展及大应变测量等）。

2. 常用应变片的结构

（1）丝式应变片。丝式应变片又分为回线式应变片和短接式应变片。

①回线式应变片。这是常用的应变片，是将电阻丝绕成敏感栅粘贴在各种绝缘基底上面制成。回线式应变片制作简单、性能稳定、价格便宜、易于粘贴。敏感栅直径为 0.012～0.05 mm，以 0.025 mm 为常用规格。回线式应变片基底很薄（一般在 0.03 mm 左右），引线多用直径为 0.15～0.30 mm 的镀锡铜线，与敏感栅连接。图4-4（a）所示为常见的回线式应变片构造。

②短接式应变片。这种应变片是将敏感栅平行安放，两端用比敏感栅直径大 5～10 倍的镀银丝短接构成，如图4-4（b）所示。

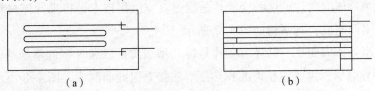

（a）　　　　　　　　　　　　　　　（b）

图4-4　丝式应变片构造

（a）回线式；（b）短接式

这种应变片的优点是克服了回线式应变片的横向效应。但由于其焊点多，在冲击、振动条件下，易在焊接点处出现疲劳破坏，因此对制造工艺要求较高。

（2）箔式应变片。这类应变片是利用照相制板或光刻腐蚀的方法，将电阻箔材在绝缘基底上制成各种图形的应变片，箔材厚度为 0.001～0.01 mm，所用材料以康铜和镍铬合金为主。其基底可用环氧树脂、酚醛或酚醛树脂等。利用光刻腐蚀技术，可以制成适用各种需要的、形状美观的被称为应变花的应变片。图 4-5 所示为几种常见的箔式应变片构造形式。

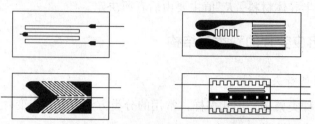

图 4-5　几种常见的箔式应变片构造形式

箔式应变片的优点：可根据需要制成任意形状的敏感栅；表面积大、散热性能好，可以通过较大的工作电流；敏感栅弯头横向效应可以忽略；蠕变、机械滞后较小，疲劳寿命高等。

（3）半导体应变片。半导体应变片是利用半导体材料的压阻效应制成的一种纯电阻性元件。对一块半导体材料的某一轴施加一定载荷而产生应力时，它的电阻率会发生变化，这种物理现象称为压阻效应。半导体应变片有以下几种类型。

①体型半导体应变片。这种应变片是将半导体材料硅或锗晶体按一定方向切割成片状小条，经腐蚀压焊粘贴在基片上而制成，其结构如图 4-6 所示。

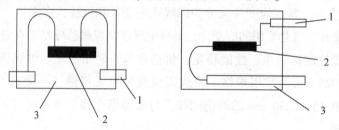

1—引线；2—硅片；3—基片。

图 4-6　体型半导体应变片的结构

②薄膜型半导体应变片。这种变应片是通过真空沉积技术，将半导体材料沉积在带有绝缘层的试件上而制成，其结构如图 4-7 所示。

③扩散型半导体应变片。这种应变片是将 P 型杂质扩散到 N 型硅单晶基底上，形成一层极薄的 P 型导电层，再通过超声波和热压焊法接上引线而制成。图 4-8 所示为扩散型半导体应变片的结构，这是应用很广泛的半导体应变片。

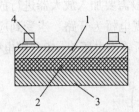
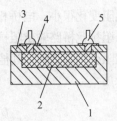

1—锗膜；2—绝缘层；

3—金属箔基底；4—引线。

图4-7　薄膜型半导体应变片的结构

1—N型硅单晶基底；2—P型导电层；3—铝电极；

4—二氧化硅绝缘层；5—引线。

图4-8　扩散型半导体应变片的结构

4.2.3　电阻应变片的测量电路

由于机械应变一般很小，因此要把微小应变引起的微小电阻变化测量出来，同时要把电阻相对变化 $\Delta R/R$ 转换为电压或电流的变化，这需要有专用的用于测量应变变化而引起电阻变化的测量电路。在工程中，测量电路通常采用各种电桥线路。

1. 直流电桥平衡条件

直流电桥电路（以下简称电桥）如图4-9所示。图中，E 为电源电压，R_1、R_2、R_3 及 R_4 为桥臂电阻，R_L 为负载电阻。

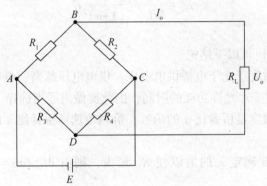

图4-9　直流电桥电路

当 $R_L \to \infty$ 时，电桥输出电压为

$$U_o = E\left(\frac{R_1}{R_1+R_2} - \frac{R_3}{R_3+R_4}\right) \tag{4-9}$$

当电桥平衡时，$U_o=0$，则有

$$\frac{R_1}{R_2} = \frac{R_3}{R_4} \quad 或 \quad R_1 R_4 = R_2 R_3 \tag{4-10}$$

式（4-10）为电桥平衡条件，说明欲使电桥平衡，其相邻两臂电阻的比值应相等，或相对两臂电阻的乘积应相等。

2. 电压灵敏度

若 R_1 为电阻应变片，R_2、R_3、R_4 为电桥固定电阻，则构成了单臂电桥。当电阻应变片工作时，其电阻变化很小，电桥相应输出电压也很小，一般需要加入放大器进行放大。因为放大器的输入阻抗比桥路输出阻抗高很多，所以在此时仍视电桥为开路。当受到应变时，若电阻应变片电阻变化为 ΔR_1，其他桥臂电阻固定不变，电桥输出电压 $U_o \neq 0$，则电桥不平衡，此时输出电压为

$$
\begin{aligned}
U_o &= E\left(\frac{R_1+\Delta R_1}{R_1+\Delta R_1+R_2}-\frac{R_3}{R_3+R_4}\right) \\
&= E\frac{\Delta R_1 R_4}{(R_1+\Delta R_1+R_2)(R_3+R_4)} \\
&= E\frac{\dfrac{R_4 \Delta R_1}{R_3 R_1}}{\left(1+\dfrac{\Delta R_1}{R_1}+\dfrac{R_2}{R_1}\right)\left(1+\dfrac{R_4}{R_3}\right)}
\end{aligned}
\tag{4-11}
$$

设桥臂比 $n = R_2/R_1$，由于 $\Delta R_1 \ll R_1$，分母中 $\Delta R_1/R_1$ 可忽略。考虑到平衡条件 $R_1/R_2 = R_3/R_4$，则式（4-11）可写为

$$
U_o = \frac{n\Delta R_1}{(1+n)^2 R_1}E
\tag{4-12}
$$

电桥电压灵敏度定义为

$$
K_U = \frac{U_o}{\dfrac{\Delta R_1}{R_1}} = \frac{n}{(1+n)^2}E
\tag{4-13}
$$

分析式（4-13），可得以下结论。

（1）电桥电压灵敏度正比于电桥供电电压，供电电压越高，电桥电压灵敏度越高。但供电电压的提高受到应变片允许功耗的限制，因此要做出适当选择。

（2）电桥电压灵敏度是桥臂比 n 的函数，恰当地选择桥臂比 n 的值，保证电桥具有较高的电压灵敏度。

当 E 值确定后，要确定 n 的值以使 K_U 最大，则由 $\mathrm{d}K_U/\mathrm{d}n = 0$，可求出 K_U 的最大值，得

$$
\frac{\mathrm{d}K_U}{\mathrm{d}n} = \frac{1-n^2}{(1+n)^4} = 0
$$

求得 $n=1$ 时，K_U 为最大值。这表明在电桥供电电压确定后，当 $R_1 = R_2 = R_3 = R_4$ 时，电桥电压灵敏度最高，此时有

$$
U_o = \frac{E\Delta R_1}{4R_1}
$$

$$
K_U = \frac{E}{4}
$$

从上述可知，当电源电压 E 和电阻相对变化量 $\Delta R_1/R_1$ 一定时，电桥的输出电压及其灵敏度也是定值，且与各桥臂电阻大小无关。

3. 直流电桥的线路补偿

（1）零点补偿。电桥的电阻应变片虽经挑选，但要求 4 个电阻应变片的电阻绝对相等

是不可能的。即使它们原来阻值相等，经过贴片后也将产生变化，这样就使电桥不能满足初始平衡条件，即电桥有一个零位输出（$U_o \neq 0$）。

为了解决这一问题，可以在一对桥臂电阻乘积较小的任一桥臂中串联一小电阻进行补偿。例如，当 $R_1 R_3 < R_2 R_4$ 时，初始不平衡输出电压 U_o 为负，这时可在 R_1 桥臂上接入 R_0，使电桥达到平衡，如图 4-10 所示。

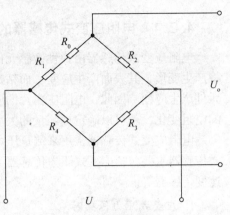

图 4-10　串联补偿电阻

（2）温度补偿。环境温度的变化也会影响电桥的零点漂移。产生零点漂移的原因：电阻应变片的电阻温度系数不一致；应变片材料与被测试件材料间的膨胀系数不一致；电阻应变片的粘贴情况不一致。

温度补偿一般采用补偿片法和热敏元件法。

所谓补偿片法，即用一应变片作为工作片，将其贴在试件上测应变。在另一块与被测试件结构材料相同而不受应力的补偿块上贴上和工作片规格完全相同的补偿片，使补偿片和被测试件处于相同的温度环境，工作片和补偿片分别接入电桥的相邻两臂，如图 4-11 所示。

由于工作片和补偿片所受温度相同，因此两者所产生的热应变相等，因为是处于电桥的相邻两臂，所以不影响电桥的输出。

对于温度所引起的零点漂移，也可认为是由电桥的 4 个桥臂上电阻的温度系数不一致所引起的，因此可以在某一桥臂中串接一温度系数较大的金属电阻。例如，在桥臂 R_2 中串入一铜电阻 R_T，以提高电桥桥臂的总温度系数，如图 4-12 所示，这就是热敏元件法。

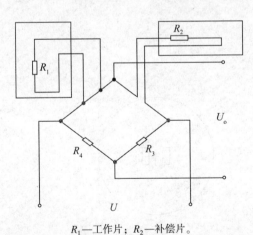

R_1—工作片；R_2—补偿片。

图 4-11　补偿片法

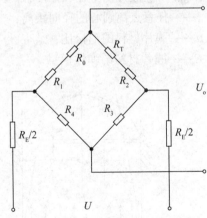

图 4-12　热敏元件法和弹性模量补偿

（3）弹性模量补偿。弹性元件承受一定载荷且温度升高时，弹性模量要减小。因此，导致了传感器输出灵敏度变大，使电桥输出增加。补偿的方法：可以在电桥输入端接入铜丝或镍丝制成的补偿电阻 R_E，当温度升高时，R_E 变大，降低了桥压，使电桥输出随温度升高而减小。通常将 $R_E/2$ 分别接入桥路两个输入端，以保证桥路对称，如图 4-12 所示。

4.2.4　电阻应变式传感器的应用

电阻应变式传感器由弹性敏感元件与电阻应变片构成。弹性敏感元件在感受被测量时将产生变形，其表面产生应变，而粘贴在弹性敏感元件表面的电阻应变片将随着弹性敏感元件产生应变。因此，电阻应变片的电阻也产生相应的变化。这样，通过测量电阻应变片的电阻变化，就可以确定被测量的大小。

电阻应变式传感器常用来测量压力、扭矩、位移、质量和加速度等物理量。电阻应变式传感器主要包括应变式压力传感器、应变式称量传感器、应变式位移传感器、应变式加速度传感器等。

1. 应变式压力传感器

应变式压力传感器主要用来测量流动介质的动态或静态压力，如动力管道设备的进出口气体或液体的压力、发动机内部的压力、枪管及炮管内部的压力、内燃机管道的压力等。应变式压力传感器可分为膜片式压力传感器和筒式压力传感器。

（1）膜片式压力传感器。图4-13（a）、（b）所示为膜片式压力传感器的应变变化和应变片粘贴方式。应变片贴在膜片内壁，在压力 p 的作用下，膜片产生径向应变 ε_r 和切向应变 ε_t，其表达式分别为

$$\varepsilon_r = \frac{3p(1 - \mu^2)(R^2 - 3x^2)}{8h^2 E} \tag{4-14}$$

$$\varepsilon_t = \frac{3p(1 - \mu^2)(R^2 - x^2)}{8h^2 E} \tag{4-15}$$

式中，p——膜片上均匀分布的压力；

R、h——膜片的半径和厚度；

x——任意点离圆心的径向距离；

μ——膜片材料的泊松比；

E——膜片材料的弹性模量。

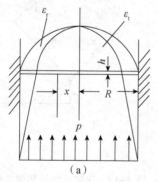
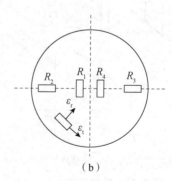

（a）　　　　　　　　　　　　　　　（b）

图4-13　膜片式压力传感器

（a）应变变化；（b）应变片粘贴方式

由应力分布图可知，膜片弹性元件承受压力 p 时，其应变变化的特点为：当 $x=0$ 时，$\varepsilon_{r\,max} = \varepsilon_{t\,max}$；当 $x=R$ 时，$\varepsilon_t = 0$，$\varepsilon_r = -2\varepsilon_{r\,max}$。

根据以上特点，一般在膜片圆心处切向粘贴应变片 R_1、R_4，在边缘处沿径向粘贴应变

片 R_2、R_3，然后接成全桥测量电路。

（2）筒式压力传感器。测量较大压力时，大多采用筒式压力传感器，如图4-14所示。圆柱体内有一盲孔，一端有法兰盘与被测系统相连。被测压力 p 进入应变筒的内腔，使筒发生形变，如图4-14（a）所示。圆筒的空心部分的外表面沿圆周方向产生环向应变 ε_t。制作传感器时，可在筒壁和端部沿圆周方向各贴一应变片，如图4-14（b）所示。在端部的 R_2 不产生应变，它只作为温度补偿使用。图4-14（c）中两应变片垂直粘贴，一个沿圆周方向粘贴，另一个沿筒长方向粘贴，R_2 也是只作为温度补偿使用。这类传感器可以用来测量机床液压系统的压力（$10^6 \sim 10^7$ Pa），也可测量枪炮的膛内压力（10^8 Pa）。

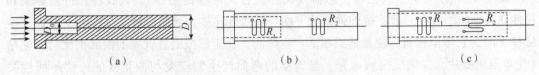

（a）　　　　　　　　　　（b）　　　　　　　　　　（c）

图4-14　筒式压力传感器

2. 应变式称量传感器

图4-15所示为应变式称量传感器（又称插入式测容器内液体质量的传感器）。该传感器装置上有一传压杆，上端安装微压传感器。为了提高灵敏度，可以安装两个微压传感器。下端安装感压膜，感压膜感受上面液体的压力。当容器中液体增多时，感压膜感受的压力就增大。

将其上两个传感器 R_t 的电桥接成正向串联的双电桥电路，此时输出电压为

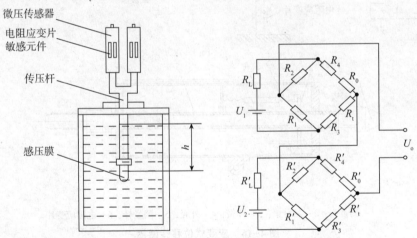

图4-15　应变式称量传感器

$$U_o = U_1 - U_2 = (K_1 - K_2)h\rho g \qquad (4\text{-}16)$$

式中，K_1、K_2——传感器传输系数。

由于 $h\rho g$ 表征感压膜上的液体质量，因此对于等截面的柱式容器，有

$$h\rho g = \frac{Q}{A} \qquad (4\text{-}17)$$

式中，Q——容器内感压膜上的液体质量；

　　　　A——柱式容器的截面积。

将式（4-16）、式（4-17）联立，得到容器内感压膜上面溶液质量与电桥输出电压之间的关系式为

$$U_o = \frac{(K_1 - K_2)Q}{A} \qquad (4-18)$$

式（4-18）表明，电桥输出电压与柱式容器内感压膜上的液体质量呈线性关系，因此用此传感器可以测量容器内储存的溶液质量。

3. 应变式位移传感器

图 4-16 所示为应变式位移传感器（又称组合式位移传感器）。其线性元件悬臂梁和拉伸弹簧串联组合在一起，拉伸弹簧的一端与测量杆连接。当测量杆随试件由 A 到 B 产生位移 X 时，它带动弹簧，使悬臂梁根部产生弯曲，在矩形截面悬臂梁的根部正反两面粘贴 4 个电阻应变片，并构成全桥电路。悬臂梁的弯曲产生的应变与测量杆的位移呈线性关系，并由电桥的输出测得。

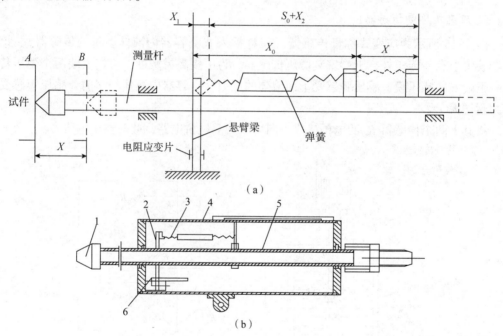

1—测量头；2—悬臂梁；3—弹簧；4—外壳；5—测量杆；6—电阻应变片。

图 4-16　应变式位移传感器

（a）应变式位移传感器工作原理；（b）应变式位移传感器结构

4. 应变式加速度传感器

图 4-17 所示为应变式加速传感器。图中，1 是等强度梁，其自由端部分安装质量块 2，另一端固定在壳体 3 上，等强度梁 1 上粘贴了 4 个电阻应变片 4。为了调节振动系统阻尼系数，壳体 3 内注满了硅油。

测量时，将传感器壳体与被测物体刚性连接，当被测物体以加速度 a 运动时，质量块受到一个与加速度方向相反的惯性力作用，使等强度梁变形。该形变会对粘贴在等强度梁

上的电阻应变片产生影响，并随之产生应变，从而使电阻应变片的电阻发生变化。电阻的变化引起电阻应变片组成的桥路出现不平衡，从而输出电压，即可得出加速度 a 的大小。应变式加速度传感器不适用于频率较高的振动和冲击场合，一般适用频率为 $10 \sim 60$ Hz。

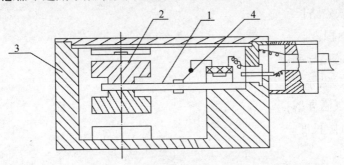

1—等强度梁；2—质量块；3—壳体；4—电阻应变片。

图4-17 应变式加速传感器

4.3 电感式传感器

利用电磁感应原理将被测非电量如位移、压力、流量、振动等转换成线圈自感系数 L 或互感系数 M 的变化，再由测量电路将这种变化转换为电压或电流的输出变化量的装置，称为电感式传感器。

电感式传感器具有结构简单、工作可靠、测量精度高、零点稳定、输出功率较大等一系列优点。其主要缺点是灵敏度、线性度和测量范围相互制约，传感器自身频率响应低，不适用于快速动态测量。这种传感器能实现信息的远距离传输、记录、显示和控制，在工业自动控制系统中被广泛采用。

电感式传感器种类很多，本节主要介绍自感式、互感式和电涡流式3种。

4.3.1 自感式传感器

自感式传感器可以分为变间隙型、变面积型和螺管型。

（1）变间隙型自感式传感器。变间隙型自感式传感器的结构如图4-18所示。该传感器由线圈、铁芯和衔铁组成。工作时，衔铁与被测物体连接，被测物体的位移将引起空气隙长度的变化，并引起空气隙磁阻的变化，从而实现线圈电感的变化。

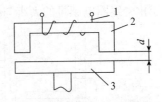

1—线圈；2—铁芯；3—衔铁。

图4-18 变间隙型自感式传感器的结构

线圈的电感量 L 可表示为

$$L = \frac{N^2}{R_m} \tag{4-19}$$

式中，N——线圈匝数；

R_m——磁路总磁阻。

对于变间隙型自感式传感器，若忽略磁路铁损，则磁路总磁阻为

$$R_m = \frac{l_1}{\mu_1 A} + \frac{l_2}{\mu_2 A} + \frac{2d}{\mu_0 A} \qquad (4-20)$$

式中，l_1——铁芯磁路长；

$\quad\quad l_2$——衔铁磁路长；

$\quad\quad A$——截面积；

$\quad\quad \mu_1$——铁芯磁导率；

$\quad\quad \mu_2$——衔铁磁导率；

$\quad\quad \mu_0$——空气磁导率；

$\quad\quad d$——空气隙长度。

因此有

$$L = \frac{N^2}{R_m} = \frac{N^2}{\dfrac{l_1}{\mu_1 A +} \dfrac{l_2}{\mu_2 A} + \dfrac{2d}{\mu_0 A}} \qquad (4-21)$$

当铁芯、衔铁的结构和材料确定后，上式分母中第一项和第二项为常数，在截面积一定的情况下，电感量 L 就是关于空气隙长度 d 的函数。

一般情况下，导磁体的磁阻与空气隙磁阻相比是很小的，因此线圈的电感量可近似地表示为

$$L = \frac{N^2 \mu_0 A}{2d} \qquad (4-22)$$

由式（4-22）可知，传感器的灵敏度随空气隙的增大而减小。为了改善非线性，空气隙的相对变化量要很小，但过小又将影响测量范围。

（2）变面积型自感式传感器。由变间隙型自感式传感器可知，空气隙长度不变，铁芯与衔铁之间相对覆盖面积随被测量的变化而改变，从而导致线圈的电感量发生变化，以这种原理构成的传感器称为变面积型自感式传感器，其结构如图4-19所示。

（3）螺管型自感式传感器。图4-20所示为螺管型自感式传感器的结构。螺管型自感式传感器的衔铁随被测对象移动，线圈磁力线路径上的磁阻发生变化，线圈电感量也随之变化，线圈电感量的大小与衔铁插入线圈的深度有关。

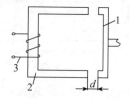

1—衔铁；2—铁芯；3—线圈。

图4-19　变面积型自感式传感器的结构

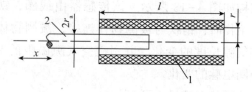

1—线圈；2—衔铁。

图4-20　螺管型自感式传感器的结构

设线圈长度为 l，线圈的平均半径为 r，线圈匝数为 N，衔铁进入线圈的长度为 l_a，衔铁的半径为 r_a，铁芯的有效磁导率为 μ_m，则线圈的电感量 L 与衔铁进入线圈长度 l_a 的关系可表示为

$$L = \frac{4\pi^2 N^2}{l^2}\left[lr^2 + (\mu_m - 1)l_a r_a^2 \right] \tag{4-23}$$

通过对以上3种形式自感式传感器的分析，可以得出以下几点结论：

①变间隙型灵敏度高，但非线性误差较大，且制作装配比较困难；

②变面积型灵敏度较前者小，但线性较好，量程较大，使用比较广泛；

③螺管型灵敏度较小，但量程大且结构简单，易于制作和批量生产，是目前使用最广泛的电感式传感器。

（4）差动式传感器。在实际使用中，两个相同的传感器线圈常共用一个衔铁，构成差动式传感器。这样可以提高传感器的灵敏度，减少测量误差。

图4-21所示为变间隙型、变面积型及螺管型3种类型的差动式传感器的结构。差动式传感器的结构要求两个铁芯的几何尺寸及材料完全相同，两个线圈的电气参数和几何尺寸完全相同。差动式传感器结构除了可以改善线性、提高灵敏度，也可对温度变化、电源频率变化等造成的影响进行补偿，从而减少外界影响造成的误差。

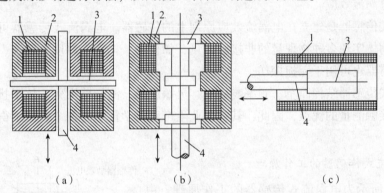

1—线圈；2—铁芯；3—衔铁；4—导杆。

图4-21 差动式传感器的结构

（a）变间隙型；（b）变面积型；（c）螺管型

4.3.2 互感式传感器

互感式传感器将被测量的变化转换为互感系数 M 的变化，其工作原理类似于变压器，但接线方式是差动的，故常被称为差动变压器式传感器，简称差动变压器。

气隙型差动变压器的结构如图4-22（a）所示，它基于变压器的作用原理，主要由铁芯、衔铁和线圈组成。线圈又分为初级线圈（也称励磁线圈）和次级线圈（也称输出线圈）。上、下铁芯及初级、次级线圈是对称的。衔铁位于两个铁芯中间。上、下两个初级线圈串联后接交流励磁电压 U_1，两个次级线圈按电动势反向串联。当初级线圈加以适当频率的电压时，根据

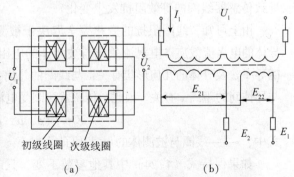

初级线圈 次级线圈

图4-22 气隙型差动变压器结构与工作原理

变压器的工作原理，在两个次级线圈中就会产生感应电动势 E_{21} 和 E_{22}。初始状态时，衔铁处于中间位置，即两边气隙相同，两个次级线圈的互感相等，即 $M_1 = M_2$。由于两个线圈一样，磁路对称，因此两个次级线圈产生的感应电动势相同，即 $E_{21} = E_{22}$。若次级线圈按电动势反向串联，如图 4-22（b）所示，则传感器的输出为 $E_2 = E_{21} - E_{22} = 0$。当衔铁偏离中间位置时，两边的气隙不相等，这样两个次级线圈的互感 M_1 和 M_2 发生变化，即 $M_1 \neq M_2$，从而产生的感应电动势也不再相同，即 $E_{21} \neq E_{22}$，传感器的输出 $E_2 \neq 0$。因此，当衔铁在中央位置时，$E_2 = 0$；当衔铁移动时，E_2 就随衔铁位移的变大而增加，即通过检测 E_2 的变化可以判断出衔铁位移的变化。

4.3.3　电涡流式传感器

根据法拉第电磁感应定律（简称法拉第定律），块状金属导体置于变化的磁场中或在磁场中做切割磁力线运动时，导体内将产生呈旋涡状的感应电流，此电流称为电涡流，以上现象称为电涡流效应。

电涡流式传感器是建立在电涡流效应原理上的传感器。电涡流式传感器可以对表面为金属导体的物体实现多种物理量的非接触测量，如位移、振动、厚度、转速、应力、硬度等。这种传感器也可用于无损探伤。

电涡流式传感器结构简单、频率响应宽、灵敏度高、测量范围大、抗干扰能力强，特别是具有非接触测量的优点，因此，其在工业生产和科学技术的各个领域中得到了广泛的应用。

1. 电涡流式传感器的工作原理

图 4-23 所示为电涡流式传感器的工作原理。由传感器线圈和被测导体组成线圈-导体系统。根据法拉第定律，当传感器线圈通以正弦交变电流 I_1 时，线圈周围空间必然产生正弦交变磁场 H_1，使置于此磁场中的金属导体中产生电涡流 I_2，I_2 又产生新的交变磁场 H_2。根据楞次定律，H_2 的作用将反抗原磁场 H_1，由于磁场 H_2 的作用，涡流要消耗一部分能量，导致传感器线圈的等效阻抗发生变化。

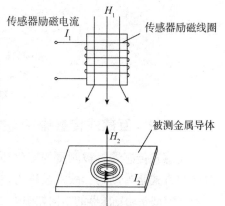

图 4-23　电涡流式传感器的工作原理

由上可知，线圈阻抗的变化完全取决于被测金属导体的电涡流效应。电涡流效应与被测体的电阻率 ρ、磁导率 μ 及导体的几何形状有关；与线圈的几何参数、线圈中励磁电流频率 f 有关；与线圈与导体间的距离 x 有关。因此，传感器线圈受电涡流影响时的等效阻抗 Z 的关系式为

$$Z = F(\rho,\ \mu,\ r,\ f,\ x) \tag{4-24}$$

式中，r——线圈与被测体的尺寸因子。

如果保持式（4-24）中其他参数不变，只改变其中一个参数，传感器线圈阻抗 Z 就仅仅是这个参数的单值函数。通过与传感器配用的测量电路测出阻抗 Z 的变化量，即可实

现对该参数的测量。

2. 电涡流式传感器的结构

电涡流式传感器的结构如图 4-24 所示。电涡流式传感器可分为粘贴式传感器和开槽式传感器。粘贴式传感器的结构为将线圈绕成一个扁平圆线圈，并粘贴于框架上，如图 4-24（a）所示。开槽式传感器的结构为在框架上开一槽，导线绕制在槽内形成一个线圈，如图 4-24（b）所示。

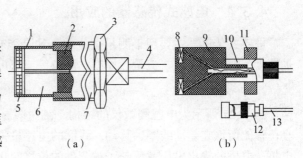

1—保护套；2—填料；3—螺母；4—电缆；5—线圈；
6—框架；7—壳体；8—线圈；9—框架；10—框架衬套；
11—支架；12—插头；13—电缆。

图 4-24 电涡流式传感器的结构

（a）粘贴式传感器；（b）开槽式传感器

3. 电涡流式传感器的测量电路

利用电涡流式传感器进行测量时，为了得到较强的电涡流效应，励磁线圈通常工作在较高的频率下，因此信号转换电路主要有定频调幅电路和调频电路。

（1）定频调幅电路。定频调幅电路的工作原理如图 4-25 所示。图中，d 为被测物体与传感器线圈端面的距离。用一电容与传感器的线圈并联，组成并联谐振回路，并由频率稳定的振荡器提供高频激励信号，激励这个由传感器的线圈 L 和并联电容 C 组成的并联谐振回路。

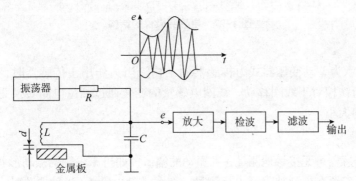

图 4-25 定频调幅电路的工作原理

（2）调频电路。调频电路的工作原理如图 4-26 所示，调频电路是把传感器接在 LC 振荡回路中，与定频调幅电路不同的是，调频电路将回路的谐振频率作为输出量。当传感器线圈与被测物体间的距离 d 变化时，引起传感器线圈的电感量 L 发生变化，从而使振荡器的频率改变，然后通过鉴频器，将频率的变化转换成电压输出。

图 4-26 调频电路的工作原理

4.3.4　电感式传感器的应用

电感式传感器主要用于测量微位移。凡是能转换成位移量变化的参数，如力、差压、加速度、振动、应变、流量、厚度、液位等，都可以用电感式传感器进行测量。

1. 位移测量

图4-27所示为电感测微仪的结构。测量时，测头的测端与被测件接触，被测件的微小位移使衔铁在差动线圈中移动，线圈的电感量将产生变化。这一变化通过引线接到交流电桥，电桥的输出电压就反映了被测件的位移变化量。

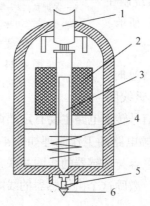

1—引线；2—差动线圈；3—衔铁；4—测力弹簧；5—导杆；6—测端。

图4-27　电感测微仪的结构

2. 力测量

图4-28所示为差动变压器式力传感器的结构。当力作用于传感器时，弹性体产生变形，从而导致衔铁相对于线圈移动。线圈电感量的变化通过测量电路转换为输出电压，其大小反映了力的大小。

3. 振幅测量

电涡流式传感器可无接触地测量各种振动的幅值，如机床主轴的振动形状，可以用多个电涡流式传感器安置在被测轴附近进行测量，如图4-29所示。当轴振动时，各个传感器就将它们相对于主轴距离的变化测量出来，经记录仪便可测出主轴的瞬时振动分布情况。

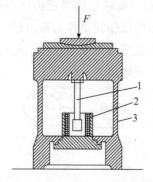

1—衔铁；2—线圈；3—弹性体。

图4-28　差动变压器式力传感器的结构

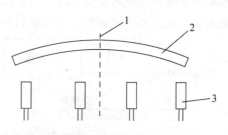

1—振动轴；2—被测物体；3—传感器。

图4-29　主轴振动形状的测量示意

4. 转速测量

转速测量示意如图4-30所示，要在旋转金属体上开一条或数条槽，或者加工有 N 个齿的齿轮时，在其旁边安装一电涡流式传感器，就可进行转速测量。当旋转体跟随被测转轴转动时，电涡流式传感器与齿轮间的距离将发生周期性的变化，因此产生周期性变化的电信号，对此信号进行放大、整形，就可得到一系列脉冲。脉冲的频率 f 可由频率计测量，则旋转体的转速 n（单位为 r/min）为

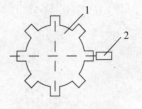

1—旋转体；2—传感器。

图4-30　转速测量示意

$$n = \frac{f}{N} \times 60 \qquad (4-25)$$

式中，N——槽数或齿数；

$\quad\;\; f$——脉冲的频率值（Hz）。

4.4　电容式传感器

电容式传感器是将被测非电量的变化转换为电容量变化的传感器，其结构简单、体积小、分辨率高，可进行非接触式测量，并能在高温、辐射和强烈振动等恶劣条件下工作。电容式传感器广泛应用于压力、差压、液位、振动、位移、加速度、成分含量等的测量。随着电容测量技术的迅速发展，电容式传感器在非电量测量和自动检测等领域得到了广泛应用。

4.4.1　电容式传感器的工作原理和结构

由绝缘介质分开的两个平行金属板组成的平板电容器，如果不考虑边缘效应，其电容量为

$$C = \frac{\varepsilon A}{d} \qquad (4-26)$$

式中，ε——电容极板间介质的介电常数，$\varepsilon = \varepsilon_0 \varepsilon_r$，其中 ε_0 为真空介电常数，ε_r 为极板间介质的相对介电常数；

$\quad\;\; A$——两平行板所覆盖的面积；

$\quad\;\; d$——两平行板之间的距离。

当被测参数变化，使得式（4-26）中的 A、d 或 ε 发生变化时，电容量 C 也随之变化。如果保持其中两个参数不变，仅改变其中一个参数，就可把该参数的变化转换为电容量的变化，通过测量电路，就可转换为电量输出。因此可知，电容式传感器可分为变面积式、变间隙式和变介电常数式。

4.4.2　电容式传感器的类型与特性

1. 变面积式电容传感器

图4-31所示为变面积式电容传感器（又称直线位移型电容式传感器）的结构。

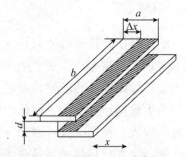

图4-31　变面积式电容传感器的结构

当动极板移动 Δx 后，覆盖面积发生了变化，电容量也随之改变，其值为

$$C = \frac{\varepsilon b\ (a-\Delta x)}{d} = C_0 - \frac{\varepsilon b}{d}\Delta x \tag{4-27}$$

电容量因位移而产生的变化量为

$$\Delta C = C - C_0 = -\frac{\varepsilon b}{d}\Delta x = -C_0\frac{\Delta x}{a} \tag{4-28}$$

其灵敏度为

$$K = \frac{\Delta C}{\Delta x} = -\frac{\varepsilon b}{d} \tag{4-29}$$

由此可见，增加 b 或减小 d 均可提高传感器的灵敏度。

图4-32所示为此类传感器的几种派生形式。图4-32（a）所示是角位移型电容式传感器，当动片有一角位移 θ 时，两极板间覆盖面积就发生变化，从而导致电容量的变化。图4-32（b）中的极板采用了齿形极板，其目的是增加遮盖面积，提高灵敏度。

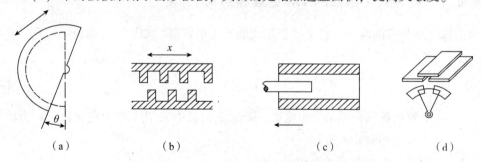

（a）　　　　　　　　（b）　　　　　　　　（c）　　　　　　　　（d）

图4-32　变面积式电容传感器的几种派生形式

（a）角位移型；（b）齿形极板型；（c）圆筒型；（d）差动型

由前面的分析可得出结论：变面积式电容传感器的灵敏度为常数，即输出与输入呈线性关系。

2. 变间隙式电容传感器

图4-33所示为变间隙式电容传感器的工作原理。当活动极板因被测参数的改变而引起移动时，两极板间的距离 d 发生变化，从而改变了两极板之间的电容量 C。

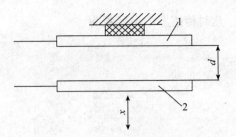

1—固定极板；2—与被测对象相连的活动极板。

图4-33 变间隙式电容传感器的工作原理

设极板面积为 A，其静态电容量为 $C_0 = \dfrac{\varepsilon A}{d}$，当活动极板移动 x 后，其电容量为

$$C = \frac{\varepsilon A}{d-x} = C_0 \frac{1+\dfrac{x}{d}}{1-\dfrac{x^2}{d^2}} \tag{4-30}$$

当 $x \ll d$ 时，有

$$1 - \frac{x^2}{d^2} \approx 1 \tag{4-31}$$

则

$$C = C_0 \left(1 + \frac{x}{d} \right) \tag{4-32}$$

由式（4-32）可以看出，电容 C 与 x 不是线性关系。只有当 $x \ll d$ 时，才可认为它们是近似线性关系。同时还可看出，要提高灵敏度，应减小起始间隙 d。但当 d 过小时，又容易引起击穿，同时加工精度要求也更高。因此，一般在极板间放置云母、塑料膜等介电常数高的物质来改变这种情况。在实际应用中，为了提高灵敏度，减小非线性，可以采用差动型结构。

3. 变介电常数式电容传感器

当电容式传感器中的电介质改变时，其介电常数变化，从而引起了电容量发生变化。此类传感器的结构形式有很多种，图4-34所示为变介电常数式电容传感器（又称介质面积变化的电容式传感器）的工作原理。这种传感器可用来测量物位或液位，也可测量位移。

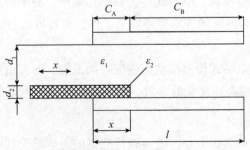

图4-34 变介电常数式电容传感器的工作原理

由图 4-34 可以看出，此时传感器的电容量为

$$C = C_A + C_B \tag{4-33}$$

其中

$$C_A = \frac{bx}{\dfrac{d_1}{\varepsilon_1} + \dfrac{d_2}{\varepsilon_2}}$$

$$C_B = \frac{b(l-x)}{\dfrac{d_1+d_2}{\varepsilon_1}} \tag{4-34}$$

设极板间无介电常数为 ε_2 的介质时，电容量为

$$C_0 = \frac{\varepsilon_1 bl}{d_1 + d_2} \tag{4-35}$$

当介电常数为 ε_2 的介质插入两极板间时，有

$$C = C_A + C_B = \frac{bx}{\dfrac{d_1}{\varepsilon_1} + \dfrac{d_2}{\varepsilon_2}} + \frac{b(l-x)}{\dfrac{d_1+d_2}{\varepsilon_1}}$$

$$= C_0 + C_0 \frac{x}{l} \frac{1 - \dfrac{\varepsilon_1}{\varepsilon_2}}{\dfrac{d_1}{d_2} + \dfrac{\varepsilon_1}{\varepsilon_2}} \tag{4-36}$$

式（4-36）表明，在变介电常数式电容传感器中，电容量 C 与位移 x 是线性关系。

4.4.3 电容式传感器的特点

电容式传感器与电阻式传感器、电感式传感器相比，有以下优缺点。

1. 优点

（1）温度稳定性好。电容式传感器的电容量与电极材料无关，只取决于电极的几何尺寸，且空气等介质对传感器造成的损耗很小，因此只要合理选择材料和结构尺寸即可。电容式传感器本身发热很少，而电阻式传感器在电阻供电后会产生热量，电感式传感器由于存在铜损、磁损和涡流损耗，易引起本身发热而产生零点漂移。

（2）结构简单、适应性强。电容式传感器结构简单，易于制造、易于保证高精度，能在高温、低温、强辐射和强磁场等恶劣环境下工作，而且可以将体积做得很小，以便适应特殊要求的测量。

（3）动态响应好。电容式传感器动态响应时间很短，而且由于介质损耗小，因此系统工作频率高，可用于测量高速变化的参数，如振动和瞬时压力等。

2. 缺点

（1）输出阻抗高，负载能力差。电容式传感器的电容量受其电极几何尺寸的影响，不易做得很大，因此其输出阻抗高，易受外界干扰，产生不稳定现象。

（2）寄生电容影响大。电容式传感器由于寄生电容较大，不仅降低了传感器的灵敏度，而且寄生电容随机变化，使仪器工作很不稳定，影响测量精度。

4.4.4 电容式传感器的应用

1. 电容式测微仪

电容式测微仪用来测量金属表面状况、距离尺寸、振幅等参数，其中所采用的电容式传感器一般为单极变间隙式电容传感器，使用时常将被测物作为传感器的一个极板，而另一个电极板在传感器内。电容式测微仪的工作原理如图 4-35 所示。

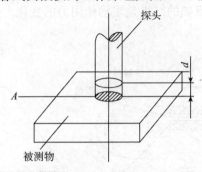

图 4-35 电容式测微仪的工作原理

电容探头与被测物的表面形成一电容，其电容量 C_x 为

$$C_x = \frac{\varepsilon A}{d}$$

式中，A——探头端面积；

d——待测距离。

为了减小边缘效应，一般会在探头外面加一个与电极绝缘的等位环。

2. 差动电容式压力传感器

图 4-36 所示为差动电容式压力传感器（又称差动电容器）的结构。其中，膜片为动电极，两个在凹形玻璃上的金属镀层为固定电极，构成差动电容器。

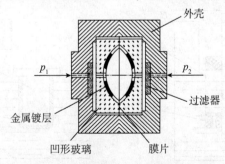

图 4-36 差动电容式压力传感器的结构

当被测压力或差压（压力差）作用于膜片并产生位移时，形成的两个电容器的电容量一个增大，一个减小。该电容量的变化经测量电路，转换成与压力或差压相对应的电流或电压的变化。

3. 电容式称重传感器

电容式称重传感器的结构形式很多，只要利用弹性敏感元件的变形，造成电容量随外加质量的变化而变化，就可构成电容式称重传感器。图4-37（a）所示的扁环形弹性元件内腔上、下平面分别固定电容式称重传感器的定极板和动极板，称重时，弹性元件受力变形，使动极板位移，导致传感器电容量变化，配接调频电路，引起振荡器的振荡频率变化，频率信号经计数、编码、传输到显示部分。图4-37（b）所示的电容式称重传感器是在弹性钢体上高度相同处打一排圆孔，在孔内形成一排平行的平板电容，当钢体上端面承受重力时，圆孔变形，每个孔中的电容极板间隙变小，其电容量相应增大。由于在电路上各电容是并联的，因此输出反映的结果是平均作用力的变化。测量误差因误差平均效应的作用而大大减小。

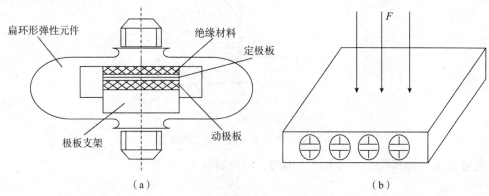

图4-37 电容式称重传感器的结构

4. 电容式液位传感器

电容式液位传感器是利用被测介质液面变化转换为电容量变化的变介电常数式电容传感器。图4-38（a）所示为用于被测介质是非导电物质时的电容式液位传感器。当被测液面变化时，两电极间的介电常数将发生变化，从而导致电容量的变化。图4-38（b）所示为用于测量导电液体的电容式液位传感器。当液面变化时，相当于外电极的面积在变化，因此这是变面积式电容传感器。

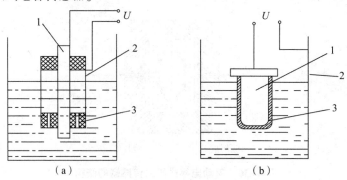

1—内电极；2—外电极；3—绝缘层。

图4-38 电容式液位传感器的结构

（a）测量非导电性物质；（b）测量导电液体

5. 电容式测厚仪

电容式测厚仪是用于在轧制过程中测量金属带材厚度的在线检测仪器。图 4-39 所示为电容式测厚仪的工作原理。

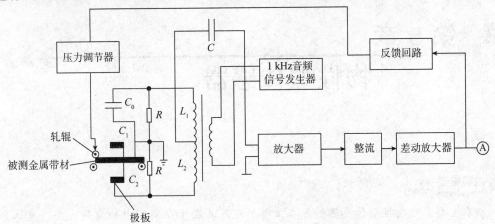

图 4-39　电容式测厚仪工作原理

在被测金属带材的上、下两侧各设置一面积相等、与带材距离相等的极板，这样一来，极板与带材就构成了两个独立电容 C_1 和 C_2。将两块极板用导线连接成一个电极，而带材就是电容的另一个电极，其总电容为 $C_x = C_1 + C_2$。总电容 C_x 与固定电容 C_0，变压器的次级线圈 L_1、L_2 构成电桥，音频信号发生器提供变压器初级信号，经耦合作为交流电桥的供电电源。

当被轧制带材的厚度相对于要求值发生变化时，C_x 发生变化，此时电桥输出信号也将发生变化，变化量经耦合电容 C 输出给放大器放大、整流，再经差动放大器放大。一方面，由指示仪表 A 读出此时的带材厚度；另一方面，通过反馈回路将偏差信号送给压力调节器，调节轧辊与带材之间的距离。经过不断调节，可将带材的厚度控制在一定的误差范围内。

复习思考题

4-1　电位器式传感器有哪些种类？其经常用于测量哪些物理量？

4-2　金属电阻应变片与半导体材料的电阻应变效应有哪些不同点？

4-3　简述电容式传感器的工作原理及其分类，并说明电容式传感器能测量的物理量。

4-4　电感式传感器可分为哪几种类型？电感式传感器可用来测量哪些物理量？

4-5　什么是电涡流效应？怎样利用电涡流效应进行位移测量？

4-6　图 4-40 所示为电阻应变式传感器测量电路，采用直流电桥。试推导该电桥平衡条件表达式；若 R_1 为电阻应变片，当产生应变时，该应变片的电阻增量为 ΔR_1，其他桥臂固定不变，试推导其输出表达式。

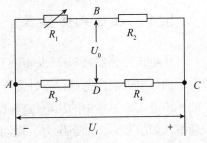

图 4-40　电阻应变式传感器测量电路

第5章
物性型传感器

内容提要 ▶▶ ▶

本章主要介绍物性型传感器的基本工作原理及其在生产实践中的应用方法，具体介绍了压电式传感器、超声波传感器、光电式传感器、光纤传感器、热电式传感器及数字式位置传感器等。

> **教学提示。**基于物理特性传感器的定义，物性型传感器的结构与分类方法，典型测量转换电路原理及其在生产实际中的应用方法。学习本章时，要明确概念、传感器的工作原理及相关的应用方法，能够结合生产实际，按照应用场合，合理选择测量参数及合适的传感器，能按照测试要求设计简单的传感器测试系统，并解决简单的工程实际问题。
>
> **教学要求。**理解压电效应、压电式传感器的原理及其应用，掌握利用压电效应方程的分析计算方法；理解超声波的基本物理特性、超声波传感器的原理及结构，了解超声波传感器的应用；理解光电效应及光电传感器的典型应用，了解基本的光电转换元件及其原理；理解温度测量的基本概念、热电偶传感器的工作原理、种类及其应用，掌握利用分度表进行温度测量的相关计算方法。能够对工业生产中常见的物性型传感器的原理及特性进行分析和描述，并能够使用该类型传感器实现基本物理量的测试。

5.1 压电式传感器

压电式传感器（Piezoelectric Transducer）是一种典型的自发电式传感器。它以某些电介质的压电效应为基础，在外力作用下，电介质表面产生电荷，从而实现非电量电测的目的。压电式传感器中的压电传感元件是力敏感元件，可以测量最终能变换为力的非电学物理量，如动态力、动态压力、振动加速度等，但不能用于静态参数的测量。压电式传感器具有体积小、质量轻、频响高、信噪比大等特点。由于压电式传感器没有运动部件，因此它结构坚固、可靠性及稳定性高。

在自然界中，与压电效应有关的现象很多。例如，敦煌的鸣沙丘，当许多游客在沙丘上蹦跳或从鸣沙丘上往下滑时，可以听到雷鸣般的隆隆声。产生这个现象的原因是无数干燥的沙子（SiO_2 晶体）受重压引起振动，表面产生电荷，在某些时刻，恰好形成电压串联，产生很高的电压，通过空气放电而发出声音。又如，在电子打火机中，多片串联的压电元件受到敲击，产生很高的电压，通过尖端放电，从而点燃火焰。

5.1.1 压电式传感器的工作原理

1. 压电效应

当沿着一定方向对某些单晶体或多晶体陶瓷电介质施力使它变形时，其内部就产生极化现象，同时在它的两个对应晶面上产生符号相反的等量电荷，当外力取消后，电荷也消失，电介质又重新恢复不带电状态，这种现象称为压电效应，如图 5-1 所示。当作用力的方向改变时，电荷的极性也随之改变。相反，当

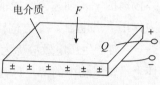

图 5-1 压电效应

在电介质的极化方向上施加电场（加电压）作用时，这些电介质晶体会在一定的晶轴方向产生机械变形，外加电场消失时，变形也随之消失，这种现象称为逆压电效应（电致伸缩）。具有压电效应的物质称为压电材料，用其制成的元件称为压电元件。常见的压电材料有石英晶体和各种压电陶瓷材料。

压电材料的压电特性常用压电方程来描述，即

$$Q_i = d_{ij}F \tag{5-1}$$

式中，F——单位面积上的作用力，即应力（N/cm^2）；

d_{ij}——压电常数（$i=1, 2, 3$；$j=1, 2, 3, 4, 5, 6$）。

在压电方程中有两个下角标，第一个下角标 i 表示晶体的极化方向，当产生电荷的表面垂直于 x 轴（y 轴或 z 轴）时，记为 $i=1$（2 或 3）。第二个下角标 j 的 1~6 分别表示沿 x 轴、y 轴、z 轴方向的单向应力和在垂直于 x 轴、y 轴、z 轴的平面（即 yz 平面、zx 平面、xy 平面）内作用的剪切力。单向应力的符号规定拉应力为正，压应力为负；剪切力的符号用右螺旋定则确定，图 5-2 表示了它们的方向。另外，还需要对因逆压电效应在晶体内产生的电场的方向作规定，以确定 d_{ij} 的符号，使得方程具有更普遍的意义。当电场方向指向晶轴的正向时为正，反之为负。

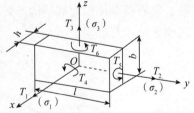

图 5-2 压电元件的各应力方向

2. 压电材料及压电机理

压电材料的主要特性如下。

（1）机-电转换性能：应具有较大的压电常数 d。

（2）力学性能：应具有强度高、刚度大的特点，以期获得宽的线性范围和高的固有振动频率。

（3）电性能：应具有高的电阻率和大的介电常数，以期减弱外部分布电容的影响，并减小电荷泄漏，以获得良好的低频特性。

（4）温度和湿度稳定性：应具有较高的居里点（在此温度时，压电材料的压电性能被破坏），以期得到较宽的工作温度范围。

（5）时间稳定性：压电特性不随时间蜕变。

石英（SiO_2）晶体是最常用的压电材料之一。图 5-3（a）所示为石英晶体外形。图 5-3（b）所示为天然结构的石英晶体，它是一个正六面体。在晶体学中，可以把它用有 3 根互相垂直晶轴的等轴晶系来表示，其中纵向轴 $z-z$ 称为光轴，该轴方向上无压电效应，光线沿此轴方向传播时，在晶体内无双折射现象；经过六面体棱线，并垂直于光轴的 $x-x$ 轴称为电轴，垂直于此轴的棱面上压电效应最强；与光轴和电轴同时垂直且垂直于正六面体棱面的 $y-y$ 轴称为机械轴，在电场作用下，沿该轴方向上的机械变形最明显。通常，把力作用下沿电轴 $x-x$ 方向产生的压电效应称为"纵向压电效应"；把力作用下沿机械轴 $y-y$ 方向产生压电效应称为"横向压电效应"；沿光轴 $z-z$ 方向受力不产生压电效应。从晶体上沿轴线切下的薄片称为压电晶体切片，如图 5-3（c）所示。

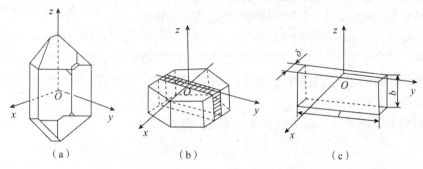

图 5-3 石英晶体

（a）石英晶体外形；（b）天然结构的石英晶体；（c）压电晶体切片

石英晶体的化学分子式为 SiO_2，在一个晶体结构单元（晶胞）中，有 3 个硅离子 Si^{4+} 和 6 个氧离子 O^{2-}，后者是成对的，因此 1 个硅离子和 2 个氧离子交替排列。为了讨论方便，将石英晶体的内部结构等效为硅、氧离子的正六边形排列，石英晶体的正六边形排列压电效应示意如图 5-4 所示。

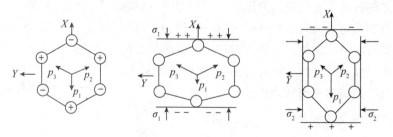

图 5-4 石英晶体的正六边形排列压电效应示意

当作用力的方向相反时，电荷的极性也随之改变。如果对石英晶体的各个方向同时施加相等的力（如液体压力、应力等），石英晶体将始终保持电中性不变。因此，石英晶体没有体积形变的压电效应。

压电陶瓷是人工制造的多晶体压电材料。它属于铁电体一类的物质，具有类似铁磁材料磁畴结构的"电畴"结构。电畴是压电陶瓷材料内分子自发极化而形成的微小极化区域，它有一定的极化方向，存在一定电场。

在无外场作用时，各电畴在晶体材料中无序排列，它们的自发极化效应相互抵消，陶瓷内极化强度为0。因此，原始的压电陶瓷呈电中性，不具有压电性。图5-5（a）所示为$BaTiO_3$压电陶瓷未极化时的电畴分布情况。当压电陶瓷材料在外电场（20～30 kV/cm）作用下，其内部各电畴的自发极化将发生转动，趋向于按外电场的方向排列，从而使材料得到极化，如图5-5（b）所示，这一过程称为人工极化过程。经极化处理2～3 h后，撤销外电场，陶瓷材料内部仍存在很强的剩余极化，如图5-5（c）所示。当陶瓷材料受到外力作用时，电畴的界限发生移动，因此引起极化强度的变化，于是压电陶瓷便具有了压电效应。

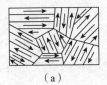 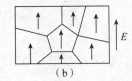 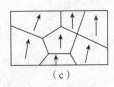

（a）　　　　　　　　（b）　　　　　　　　（c）

图5-5　$BaTiO_3$压电陶瓷中的电畴变化

（a）未极化；（b）正在极化；（c）剩余极化

经极化后的压电陶瓷，由于存在剩余极化变化，这样在陶瓷片极化的两端就出现束缚电荷，一端为正电荷，一端为负电荷，如图5-6所示。由于束缚电荷的存在，因此在陶瓷片的电极表面上很快吸附了一层来自外界的自由电荷。这些自由电荷与陶瓷片内的束缚电荷符号相反而数值相等，它起着屏蔽和抵消陶瓷片内的剩余极化的作用，因此陶瓷片对外不会表现出极性。如果在陶瓷片上加一个与极化方向平行的"力"，那么陶瓷片将产生压缩变形，电畴发生偏转，片内正、负束缚电荷之间距离变小，剩余极化强度也变小。因此，原来吸附在极板上的自由电荷有一部分被释放，电极上出现"放电"现象。当压力撤销后，陶瓷片恢复原状，片内正、负电荷之间距离变大，剩余极化强度也变大，因此电极上又吸附一部分自由电荷而出现"充电"现象。这种由机械效应转变为电效应，或者说由机械能转变为电能的现象，就是压电陶瓷的正压电效应。放电电荷θ的多少与外力F的大小成比例，即$Q=d_{33}F$（d_{33}为压电陶瓷的纵向压电常数）。

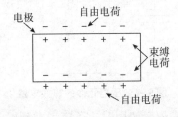

图5-6　压电陶瓷的电荷分布情况

高分子压电材料是近年来发展很快的一种新型材料。典型的高分子压电材料有聚偏二氟乙烯（PVF2或PVDF）、聚氟乙烯（PVF）、改性聚氯乙烯（PVC）等。其中，以PVF2和PVDF的压电常数最高，其输出脉冲电压有的可以直接驱动CMOS集成门电路。

高分子压电材料是一种柔软的压电材料，可根据需要将其制成薄膜或电缆套管等形状，经极化处理后，就显现出电压特性。它不易破碎，具有防水性，可以大量连续拉制，制成较大面积或较长尺度。高分子压电材料测量动态范围可达 80 dB，频率响应范围为 0.1 ~ 109 Hz，这些优点都是其他压电材料所不具备的。因此，在一些不要求测量精度的场合，如水声测量、防盗、振动测量等领域中得到广泛应用。它的声阻抗约为 0.02 MPa/s，与空气的声阻抗接近，有较好的匹配，是很有应用前景的电声器件材料。例如，利用逆压电效应，在它的两侧面施加高压音频信号时，可以制成特大口径的壁挂式低音扬声器。

高分子压电材料的工作温度一般低于 100 ℃，温度升高时，灵敏度将降低。它的机械强度不够高，耐紫外线能力较差，不宜暴晒，易老化。

5.1.2　压电式传感器的测量转换电路

1. 压电元件的等效电路

在承受沿敏感轴方向的外力作用时，压电元件会产生电荷，因此它相当于一个电荷发生器。当压电元件表面聚集电荷时，它又相当于一个以压电材料为介质的电容器，两电极板间的电容量（简称电容）C_a 为

$$C_a = \frac{\varepsilon_r \varepsilon_0 A}{\delta} \tag{5-2}$$

式中，A——压电元件电极面面积；

　　　δ——压电元件厚度；

　　　ε_r——压电材料的相对介电常数；

　　　ε_0——真空介电常数。

当忽略压电元件的漏电阻时，可以把压电元件等效为一个电荷源与一个电容器并联的电荷等效电路。压电元件的等效电路如图 5-7 所示。压电元件的漏电阻与空气的湿度有关。压电元件的端电压 U 与产生的电荷 Q 的关系为

$$U = \frac{Q}{C_a} \tag{5-3}$$

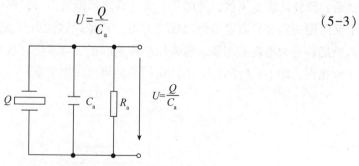

图 5-7　压电元件的等效电路

当压电式传感器与二次仪表配套使用时，还应考虑到屏蔽电缆线的分布电容 C_c，以及二次仪表的输入电阻 R_i 和输入电容 C_i。

2. 电荷放大器

当被测振动较小时，压电式传感器的输出信号非常微弱，一般需将电信号放大后才能检测出来。根据图 5-8（a）所示的压电式传感器等效电路，它的输出可以是电荷信号，也可以是电压信号，因此与之相配的前置放大器有电压放大器和电荷放大器两种形式。

因为压电式传感器的阻抗极高，所以需要与高输入阻抗的前置放大器配合使用。若使用电压放大器，则电压放大器输入端得到的电压 $U_i = Q/(C_a + C_c + C_i)$，导致电压放大器的输出电压与屏蔽电缆的分布电容 C_c 及放大器的输入电容 C_i 有关，它们均是不稳定的，会影响测量结果。因此，压电式传感器的测量电路多采用性能稳定的电荷放大器（即电荷/电压转换器），电荷放大器的外形如图 5-8（b）所示。

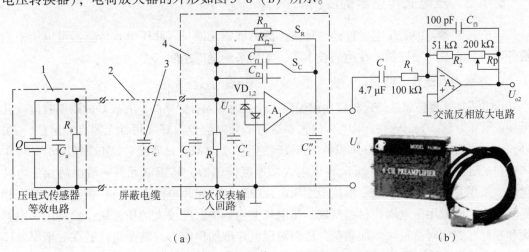

（a）　　　　　　　　　　　　　　　　（b）

1—压电式传感器；2—屏蔽电缆线；3—分布电容；4—电荷放大器；

S_C—灵敏度选择开关；S_R—带宽选择开关；

C_f'—C_f 在放大器输入端的密勒等效电容；C_f''—C_f 在放大器输出端的密勒等效电容。

图5-8　压电式传感器等效电路与电荷放大器的外形

（a）压电式传感器等效电路；（b）电荷放大器的外形

电荷放大器是一种输出电压与输入电荷量成正比的宽带电荷/电压转换器，它可配接压电式传感器，用于测量振动、冲击、压力等机械量，输入可配接长电缆而不影响测量精度。电荷放大器的频带宽度可达 $0.001 \sim 100$ kHz，灵敏度可达 1 m·s^{-2}，输出可达±10 V或±100 mA，谐波失真度小于 1%，折合至输入端的噪声小于 10 μV。在电荷放大器电路中，C_f 在放大器输入端的密勒等效电容 $C_f' = (1+A)C_f \geq (C_a + C_c + C_i)$，所以 C_a、C_c、C_i 电容对输出电压的影响可以忽略，电荷放大器的输出电压仅与输入电荷和反馈电容有关，电缆长度等因素的影响很小，电荷放大器的输出电压为

$$U_o = -\frac{Q}{C_f} \tag{5-4}$$

式中，Q——压电式传感器产生的电荷；

C_f——并联在放大器输入端和输出端之间的反馈电容。

当被测振动较小时，电荷放大器的反馈电容应取得小一些，以获得较大的输出电压；为了进一步减小传感器输出电缆的分布电容对放大电路的影响，常将电荷放大器装在传感器内或紧靠在传感器附近；为了防止电荷放大器的输入端受过电压影响，可在集成运放输入端加保护二极管；为了防止 C_f 长时间充电导致集成运放饱和（如非理想的积分电路），必须在 C_f 上并联负反馈电阻 R_f，电荷放大器的高频截止频率主要由运算放大器的电压上

升率决定，而低频下限主要由电荷放大器的 R_f 与 C_f 的乘积决定，即

$$f_L = \frac{1}{2\pi R_f C_f} \tag{5-5}$$

可根据被测信号的频率下限，用开关 S_R 切换不同的 R_f，来获得不同的带宽。

5.1.3 压电式传感器的应用

压电式传感器中的压电元件是一种典型的力敏感元件，因此压电式传感器可以用来测量各种与力有关的物理量。在检测技术中，常用来测量加速度和力。

1. 压电式加速度传感器

压电式加速度传感器是一种常用的加速度计，因其固有频率高，有较好的频率响应（几千赫兹至几万赫兹），即使配以电荷放大器进行低频响应也很好（可低至零点几赫兹）。另外，压电式加速度传感器具有体积小、质量轻的优点，其缺点是要经常校正灵敏度。

（1）工作原理。图 5-9 所示为压电式加速度传感器，其压电元件一般由两片压电片组成，采用并联接法。引线一根接至两压电片中间的金属片电极上，另一根直接与基座相连。压电片通常用压电陶瓷材料制成。压电片上放一块密度较大的质量块，然后用一段弹簧和螺栓、螺帽对质量块预加载荷，从而对压电片施加预应力。整个组件装在一个厚基座的金属壳体中，为了隔离试件的任何应变传递到压电元件上，避免产生虚假信号输出，基座一般要进行加厚或选用刚度较大的材料来制造。

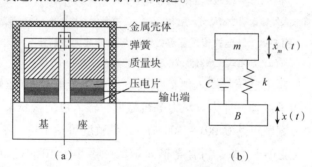

金属壳体
弹簧
质量块
压电片
输出端

基　座

（a）　　　　　　　　　（b）

图 5-9　压电式加速度传感器

（a）结构示意；（b）简化模型

测量时，将传感器基座与试件刚性固定在一起，传感器与试件感受相同的振动。由于弹簧的作用，质量块就有一正比于加速度的交变惯性力作用在压电片上，产生压电效应，压电片的两个表面上就产生交变电荷。当振动频率远低于传感器的固有频率时，传感器的输出电荷（电压）与作用力成正比，即与试件的加速度成正比。输出电量由传感器的输出端引出，输入前置放大器后就可以用普通的测量仪器测出试件的加速度。如果在放大器中加进适当的积分电路，就可以测出试件的振动速度或位移。

（2）特征参数。

①灵敏度。压电式加速度传感器（以下简称传感器）的灵敏度与压电材料的压电系数成正比，也与质量块的质量成正比。为了提高传感器的灵敏度，应当选择压电系数大的压电材料制作压电元件。在精度要求一般的测量中，大多采用以压电陶瓷为敏感元件的传感

器。增加质量块的质量，虽然可以增加传感器的灵敏度，但不是一个好方法。在测量振动加速度时，传感器是安装在试件上的，它是试件的一个附加载荷。其相当于增加了试件的质量，势必影响试件的振动，尤其当试件本身是轻型构件时，影响更大。因此，为了提高测量的精确性，传感器的质量要轻，不能为了提高灵敏度而增加质量块的质量。另外，增加质量对传感器的高频响应也是不利的。

②频域响应。对于与电荷放大器配合使用的情况，传感器的低频响应受电荷放大器的 3 dB 下限截止频率 $f_L = 1/(2\pi R_f C_f)$ 的限制，而一般电荷放大器的截止频率可低至 0.3 Hz，甚至更低。因此，当压电式加速度传感器与电荷放大器配合使用时，低频响应是很好的，可以测量接近静态变化非常缓慢的物理量。

压电式加速度传感器的高频响应特别好，只要电荷放大器的高频截止频率远高于传感器自身的固有频率，那么传感器的高频响应完全由自身的机械问题决定，电荷放大器的通频带要做到 100 kHz 以上并不困难。因此，压电式加速度传感器的高频响应只需考虑传感器的固有频率。

需指出的是，测量频率的上限不能与传感器的固有频率一样高。这是因为在共振区附近灵敏度将随频率急剧增加，传感器的输出电量就不再与输入机械量（如加速度）保持正比关系，传感器的输出就会随频率而变化。由于在共振区附近工作，传感器的灵敏度要比出厂时的校正灵敏度高得多，因此如果不进行灵敏度修正，将会造成很大的测量误差。为此，实际测量的振动频率上限一般为传感器固有频率的 1/5 ~ 1/3，也就是工作在频率响应特性的平直段。在这一范围内，传感器的灵敏度基本上不随频率变化。这样虽然限制了它的测量频率范围，但由于传感器的固有频率相当高（一般可达 30 kHz，甚至更高），因此它的测量频率上限仍可达几千赫兹，甚至几万赫兹。

（3）压电式加速度传感器的结构。压电元件常见的受力和变形形式有厚度变形、长度变形、体积变形和剪切变形 4 种。根据这 4 种变形形式也应有相应的 4 种结构的传感器，但目前最常见的是基于厚度变形的压缩式和基于剪切变形的剪切式结构，前者使用更为普遍。图 5-10 所示为 4 种压电式加速度传感器的典型结构。

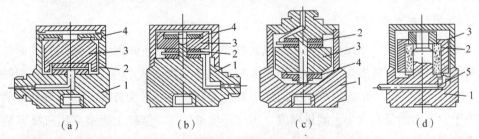

1—基座；2—压电元件；3—质量块；4—弹簧片；5—电缆。

图 5-10 压电式加速度传感器的典型结构

（a）外圆配合压缩式；（b）中心配合压缩式；（c）倒装中心配合压缩式；（d）剪切式

图 5-10（a）所示为外圆配合压缩式传感器。它通过硬弹簧对压电元件施加预压力。这种形式的传感器结构简单，灵敏度高，但对环境的影响（如声学噪声、基座应变、瞬时温度冲击等）比较敏感。这是由于其外壳本身就是弹簧-质量系统中的一个弹簧，它与起

弹簧作用的压电元件并联，壳体内的任何变化都将影响传感器的弹簧-质量系统，使传感器的灵敏度发生变化。

图 5-10（b）所示为中心配合压缩式传感器。它具有外圆配合压缩式传感器的优点，并克服了对环境影响敏感的缺点。这是因为弹簧、质量块和压电元件用一根中心柱牢牢固定在厚基座上，而不与外壳直接接触，外壳仅起保护作用。但这种结构仍然要受到安装表面应变的影响。

图 5-10（c）所示为倒装中心配合压缩式传感器。由于中心柱离开基座，因此避免了基座应变引起的误差。但由于壳体是质量-弹簧系统的一个组成部分，因此壳体的谐振会使传感器的谐振频率有所降低，以致传感器的频响范围减小。另外，这种形式传感器的加工和装配比较困难，这是它的主要缺点。

图 5-10（d）所示为剪切式传感器。剪切式传感器的底座向上延伸，如同一根圆柱，管式压电元件极化方向平行于轴线并套在这根圆柱上，压电元件上再套上质量块。

剪切式传感器的工作原理：当传感器产生向上的振动时，由于惯性力的作用，使质量块保持滞后，这样在压电元件中就出现剪切应力，使其产生剪切变形，从而在压电元件的内外表面上形成电场，其电场方向垂直于极化方向，若某一时刻传感器产生向下的运动，则在压电元件的内外表面上会产生极性相反的电荷。

这种结构的传感器不仅灵敏度高，横向灵敏度小，而且能减小基座应变的影响。此外，由于弹簧-质量系统与外壳隔开，因此声学噪声和温度冲击等环境的影响也比较小。

剪切式传感器具有很高的固有频率，频响范围宽，特别适用于测量高频振动。它的体积和质量都可以做得很小，有助于实现传感器的微型化。但是，由于压电元件与中心柱之间，以及质量块与压电元件之间要用导电胶黏结，并要求一次装配成功，因此成品率较低。更重要的是，由于用导电胶黏结，因此在高温环境中使用就有困难了。

与压缩式传感器相比，剪切式传感器是很有发展前途的传感器，并有替代压缩式传感器的趋势。

2. 压电式测力传感器

压电元件本身是力敏元件，利用压电元件做成力-电转换的测力传感器的关键是选取合适的压电材料、变形形式、机械上串联或并联的晶片数、晶片的几何尺寸和合理的传力结构。压电元件的变形形式以利用纵向压电效应的厚度变形最为方便，而压电材料的选择则取决于所测力的量值大小、测量精度、工作环境条件等。结构上大多采用机械串联而电气并联的两片晶片。机械上串联的晶片数增加会给加工、安装带来困难，还会导致测力传感器抗侧向干扰能力降低，但测力传感器的电压输出灵敏度并不增大。

图 5-11 所示为单向压电式测力传感器的结构，它用于机床动态切削力的测量。压电晶片为 0X 切石英晶片，尺寸为 8 mm×1 mm，上盖为传力元件，其变形壁的厚度为 0.1 ~ 0.5 mm，由测力范围（$F_{max}=500$ N）决定。

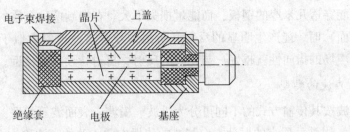

图 5-11 单向压电式测力传感器的结构

图 5-12（a）所示为压电式压力传感器的一种结构。拉紧的薄壁管对晶片提供预载力，而感受外部压力的是由挠性材料做成的膜片。薄壁管外的空腔，即冷却腔，可以连接冷却系统，以保证传感器工作在一定的环境温度下，避免因温度变化造成预载力变化引起的测量误差。

图 5-12（b）所示为压电式压力传感器的另一种结构。它采用两个相同的膜片对晶片施加预载力，可以消除由振动加速度引起的附加输出。

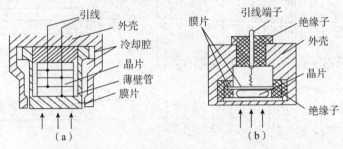

图 5-12 压电式压力传感器结构

5.2 超声波传感器

20 世纪中叶，人们发现某些介质的晶体，如石英晶体、酒石酸钾钠晶体、PZT 晶体等在高压窄脉冲的作用下能产生较大功率的超声波。它与可闻声波不同，可以被聚焦，能用于集成电路的焊接、显像管内部的清洗。在检测方面，利用超声波有类似于光波的折射、反射的特性，制成超声波声呐探测器，可用于探测海底沉船、敌方潜艇等。现在，超声波已渗透到我们生活中的很多领域，如 B 超、遥控、防盗、无损探伤等。本节简单介绍超声波的物理特性，着重分析超声波在检测中的一些应用，且对无损探伤进行简单介绍。

5.2.1 超声波的物理基础

1. 声波的分类

声波是一种机械波。当它的频率在 20 Hz ~ 20 kHz 的范围内时，可为人耳所感觉，称为可闻声波；低于 20 Hz 的声波人耳不可闻，称为次声波，但许多动物却能感受到，比如地震发生前的次声波就会引起许多动物的异常反应。频率高于 20 kHz 的声波称为超声波，超声波有许多不同于可闻声波的特点。例如，它的指向性很好、能量集中，因此其穿透本领大，能穿透几米厚的钢板，而能量损失不大。在遇到两种介质的分界面（如钢板与空气的交界面）时，能产生明显的反射和折射现象，这一现象类似于光波，超声波的频率越高，其声场的指向性就越好，与光波的反射、折射特性就越接近。

2. 声波的类型

声波按其传输方式的不同可分为纵波、横波、表面波等类型，如图 5-13 所示。

（1）纵波。质点的振动方向与波的传播方向一致的声波称为纵波，又称为压缩波。纵波能在固体、液体、气体中传播。人讲话时产生的声波就属于纵波。

（2）横波。质点的振动方向与波的传播方向相垂直的声波称为横波，又称为剪切波。它是固体介质受到交变的剪切应力作用时所产生的剪切形变，横波只能在固体中传播。

（3）表面波。固体的质点在固体表面的平衡位置附近作椭圆轨迹振动，使振动波只沿着固体表面向前传播，这种波称为表面波。

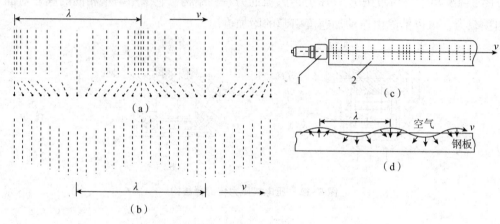

1—超声波发生器；2—钢材。

图 5-13 纵波、横波、表面波

（a）纵波和质点静止状态；（b）横波；（c）纵波在钢材中的传播；（d）表面波在钢材表面的传播

3. 波速、波长与指向性

（1）波速。声速（波速）取决于介质的弹性系数、介质的密度和声阻抗。0 ℃时几种常用材料的声速、密度与声阻抗如表 5-1 所示。

表 5-1 常用材料的声速、密度与声阻抗（环境温度为 0 ℃）

材料	密度 $\rho/(\times 10^3 \text{ kg} \cdot \text{m}^{-3})$	声阻抗 $Z/(\text{kg} \cdot \text{m}^{-2} \cdot \text{s}^{-1})$	纵波声速 $c_L/(\text{km} \cdot \text{s}^{-1})$	横波声速 $c_S/(\text{km} \cdot \text{s}^{-1})$
钢	7.8	46	5.9	3.23
铝	2.7	17	6.3	3.1
铜	8.9	42	4.7	2.1
有机玻璃	1.18	3.2	2.7	1.2
甘油	1.26	2.4	1.9	—

续表

材料	密度 $\rho/(\times 10^3 \text{ kg} \cdot \text{m}^{-3})$	声阻抗 $Z/(\text{kg} \cdot \text{m}^{-2} \cdot \text{s}^{-1})$	纵波声速 $c_L/(\text{km} \cdot \text{s}^{-1})$	横波声速 $c_S/(\text{km} \cdot \text{s}^{-1})$
水	1.0	1.48	1.48	—
油	0.9	1.28	1.4	—
空气	0.001 2	0.000 4	0.34	—

固体的横波波速约为纵波声速的一半，且与频率的关系不大。而表面波的声速约为横波的90%，故表面波又称为慢波。温度越高，表面波的声速越慢。

（2）波长。超声波的波长 λ 与频率 f 的乘积恒等于声速 c，即

$$\lambda f = c \tag{5-6}$$

例如，将一束频率为 5 MHz 的超声波（纵波）射入钢板，纵波在钢板中的声速为 c，所以此时的波长 λ 为 1.18 mm。

（3）指向性。超声波源发出的超声波束以一定角度逐渐向外扩散，在声速横截面的中心轴线上超声波最强，且随着扩散角度的增大而减小。声场的指向性以及指向角如图 5-14 所示，指向角 θ 与超声波源的直径 D，以及波长 λ 之间的关系为

$$\sin \theta = 1.22 \lambda / D \tag{5-7}$$

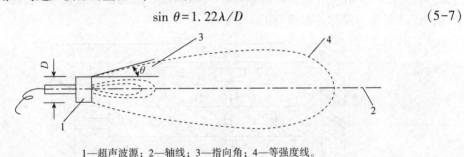

1—超声波源；2—轴线；3—指向角；4—等强度线。

图 5-14 声场的指向性以及指向角

例如，超声波源的直径 $D = 20$ mm，射入钢板的超声波（纵波）频率为 5 MHz，可得 $\theta = 4°$，可见该超声波的指向性是十分尖锐的。人声的频率（几百赫兹）比超声波低得多，波长 λ 相对较长，指向角就非常大，所以可闻声波不适用于检测领域。

4. 倾斜入射时的反射与折射

当一束光照到水面上时，有一部分光线会被水面所反射，而剩余的光线则射入水中，但前进方向有所改变，这种现象称为折射。与此相似，当超声波以一定的入射角传播到两种不同介质的分界面时，一部分能量反射回原介质，称为反射波；另一部分能量则透过分界面，在另一种介质中继续传播，称为折射波或透射波。超声波的反射与折射如图 5-15 所示，入射角 α 与反射角 α_r 以及折射角 β 之间遵循类似于光学的反射定律和折射定律。当入射波的入射角 α 足够大时，将导致折射角 $\beta = 90°$，则折射波只能在介质分界面传播，折射波将转换成表面波，这时入射角称为临界角；若入射波的入射角 α 大于临界角，则声波发生全反射。

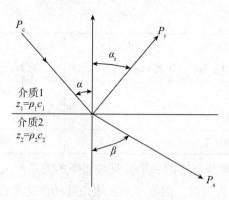

P_e—入射波；P_r—反射波；P_s—折射波；α—入射角；α_r—反射角；β—折射角

图 5-15　超声波的反射与折射

5. 超声波垂直入射时的反射与透射

当超声波从一种介质进入另一种介质时，在两种不同介质的结合面（分界面）上，可产生反射波和透射波。水浸探头和超声波垂直入射时的反射与透射如图 5-16 所示，反射和透射的比例与组成界面的两种介质密度以及声阻抗有关，将反射波声压 p_r 与入射波声压 p_i 之比称为声压反射率（简称反射率）r。与此对应，透射波声压 p_d 与入射波声压 p_i 之比称为声压透射率（简称透射率）d。

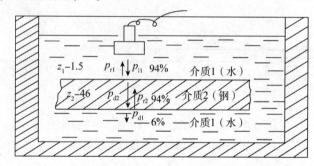

图 5-16　水浸探头和超声波垂直入射时的反射与透射

由理论和试验可知：

（1）当介质 1 和介质 2 的声阻抗相等或十分接近时，$r=0$，$d=1$，即不产生反射波，可视为全透射；

（2）当超声波从密度小的介质（如水）射向密度大的介质（如钢）时，反射率 r 和透射率 d 均较大，如超声波从水中射入钢中，透射率高达 93.8%；

（3）当超声波从密度大的介质射向密度小的介质时，反射率 r 较大，而透射率 d 却较小。

在上例中，超声波进入钢板并传播一段距离后到达钢板底部时，若底部是钢和水的分界面，则超声波大部分被反射，只有一小部分透射到水中，透射率只有 6.2%。若钢板的底面是和空气交界，则透射率更小。超声波的这一特性有利于金属探伤和测厚。

6. 超声波在介质中的衰减

由于大多数介质中都含有微小的结晶体或不规则的缺陷，超声波在这样的介质中传播时，在众多的结晶交界面或缺陷面上会引起散射，使沿入射方向传播的超声波声强下降。由于介质的质点在传导超声波时，存在弹性滞后及分子内摩擦，因此它会吸收超声波的能量，并将之转换成热能；又由于传播超声波的材料存在各向异性，使超声波发生散射，因此随着传输距离的增大，超声波声强将越来越弱。

气体的密度很小，超声波在其中传播时衰减得很快，尤其在频率高时衰减得更快。因此，在空气中传导超声波时频率可以选的很低（几万赫兹），而在固体、液体中则应选用较高的频率（MHz）。

5.2.2　超声波传感器的原理与结构

超声波传感器是将超声波信号转换成其他能量信号（通常是电信号）的传感器，是利用超声波在声场中的物理特性和各种效应研制的装置，也称为超声波换能器（简称换能器）、超声波探头。

超声波传感器按其工作原理不同可分为压电式、磁致伸缩式、电磁式等数种。在检测技术中主要采用压电式超声波传感器。按其结构不同，超声波探头可分为直探头、斜探头、双探头、表面波探头、聚焦探头、冲水探头、水浸探头、空气传导探头及其他专用探头。超声波探头的结构如图5-17所示。

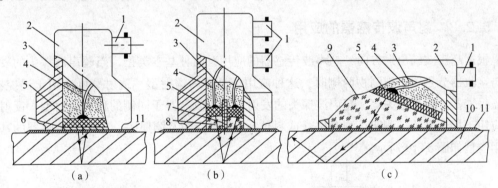

1—接插件；2—外壳；3—阻尼吸收块；4—引线；5—压电片；6—保护膜；7—隔离层；
8—延迟块；9—有机玻璃斜楔块；10—试件；11—耦合剂。

图5-17　超声波探头的结构

（a）单晶直探头；（b）双晶直探头；（c）斜探头

由于空气的声阻抗是固体声阻抗的几千分之一，因此空气超声波探头的结构与固体传导探头有很大的差别，此类超声波探头的发射换能器和接收换能器（简称为发射器和接收器或超声探头）一般是分开设置的，两者的结构也略有不同。空气超声波探头的发射器、接收器的结构如图5-18所示。发射器的压电片上粘贴了锥形共振盘，以提高发射效率和方向性。接收器在锥形共振盘上还增加了阻抗匹配器，以滤除噪声，提高接收效率。空气超声波探头的发射器和接收器有效工作范围可达几米至几十米。

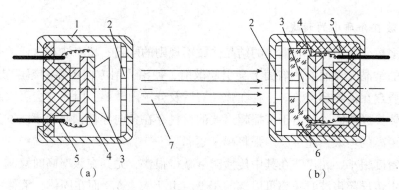

1—外壳；2—金属丝网罩；3—锥形共振盘；
4—压电片；5—引脚；6—阻抗匹配器；7—超声波束。

图5-18　空气超声波探头的发射器、接收器的结构

（a）发射器；（b）接收器

无论是直探头还是斜探头，都不能直接将其放在被测介质（特别是粗糙金属）表面来回移动，以防磨损。由于超声波探头与被测物体接触时，在工件表面不平整的情况下，超声波探头与被测物体表面必然存在一层空气薄层，空气密度很小，将引起3个界面间强烈的杂乱反射波，造成干扰，而且空气也将对超声波造成很大的衰减，因此必须将接触面之间的空气排掉，使超声波能顺利地入射到被测介质中。在工业中，经常使用称为耦合剂的液体物质，使之充满接触层中，起到排出空气、传递超声波的作用。常用的耦合剂有水、机油、甘油、水玻璃、胶水、化学浆糊等。耦合剂的厚度应尽量薄一些，以减小耦合损耗。

5.2.3　超声波传感器的应用

根据超声波的出射方向，超声波传感器的应用有两种基本类型。当超声波探头的发射器与接收器分别置于被测物两侧时，这种应用类型称为透射型。透射型可应用于遥控器、防盗报警器、接近开关等。超声波探头的发射器与接收器置于同侧的称为反射型，反射型可应用于接近开关、测距、测液位（或料位）、金属探伤及测厚等。超声波传感器的基本应用类型如图5-19所示。

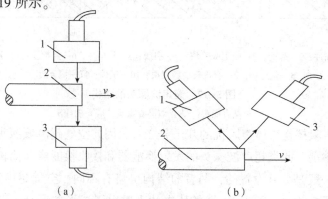

1—发射器；2—被测物；3—接收器。

图5-19　超声波传感器的基本应用类型

（a）透射型；（b）反射型

超声波按其波形不同又可分为连续波和脉冲波。连续波是指持续时间较长的超声波，而脉冲波是指持续时间只有几十个重复脉冲的超声波。为了提高分辨率，减少干扰，超声波传感器多采用脉冲波。下面简要介绍超声波传感器的几种应用。

1. 超声流量计

超声流量计的测量方法分为频率差法和时间差法，时间差法易受温度影响，目前多用频率差法。频率差法测流量的原理如图 5-20 所示，F_1、F_2 是完全相同的超声波探头，安装在管壁外面，通过电子开关的控制，交替作为发射器和接收器。

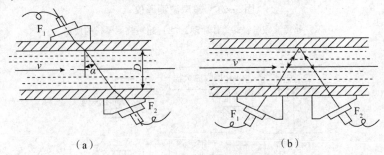

图 5-20　频率差法测流量的原理

（a）透射型安装；（b）反射型安装

F_1 发射出第一个超声脉冲，它通过管壁、流体及另一侧管壁被 F_2 接收，此信号经放大后再次触发 F_1 的驱动电路，使 F_1 发射第二个超声脉冲。以此类推，设在一个时间间隔 t_1 内 F_1 共发射了 n_1 个脉冲，则脉冲发射频率 $f_1 = \dfrac{n_1}{t_1}$。

在紧接着的另一个相同时间间隔 t_2（$t_1 = t_2$）内，由 F_2 发射超声脉冲，而 F_1 作为接收器，同理可以测得 F_2 的脉冲发射频率为 f_2。经推导，顺流时脉冲发射频率 f_1 与逆流时脉冲发射频率 f_2 的频率差为

$$\Delta f = f_1 - f_2 \approx \frac{\sin 2\alpha}{D} v \qquad (5-8)$$

式中，α——声波束与流体的夹角；

$\qquad v$——流体的流速；

$\qquad D$——管道的直径。

由此可知，Δf 与被测流速 v 成正比，与声速 c 无关。超声流量计的最大特点：超声波探头可装在被测管道的外壁，实现非接触式测量，既不干扰流场，又不受流场参数影响。其输出与流量基本上呈线性关系，精度一般可达±1%，其价格不随管道直径增大而增加，因此适用于大口径管道和混有杂质或腐蚀性液体的测量。

2. 超声波测厚仪

超声波测厚仪与超声波测厚原理分别如图 5-21 和图 5-22 所示。超声波传感器可用于测量钢及其他金属、有机玻璃、硬塑料等的厚度。

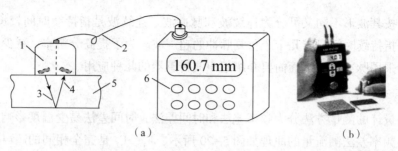

1—双晶直探头；2—引线电缆；3—入射波；4—反射波；5—试件；6—测厚显示器设定键。

图 5-21　超声波测厚仪

（a）超声波测厚仪的工作原理；（b）超声波测厚仪的使用

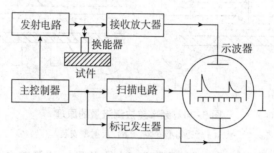

图 5-22　超声波测厚原理

双晶直探头左边的压电片发射脉冲波，经探头底部的延迟后，脉冲波进入被测试件，在达到试件底面时被反射回来，并被右边的压电片接收。这样一来，只要测出从发射脉冲波到接收脉冲波所需要的时间 t（扣除两次延迟时间），再乘以被测试体的声速常数 c，就可以得到脉冲波在被测试件中来回的距离，也就代表了厚度 σ，即

$$\sigma = \frac{1}{2}ct \tag{5-9}$$

在电路上，只要在从发射到接收这段时间内使用计数电路计数，便可达到显示数字的目的，使用双晶直探头可以使信号处理趋于简化，有利于缩小仪表的体积。探头内部的延迟块可以减少杂乱反射波的干扰。对于不同的材质，由于其声速 c 各不相同，所以测试前必须将 c 值从面板输入。

3. **超声波液位计**

超声波液位计的工作原理如图 5-23 所示。在液位上方安装空气超声波探头的发射器和接收器，按超声波脉冲反射法的原理，根据超声波的往返时间就可以测出液体的液面。如果液面晃动，就会由于反射波散射而使接收困难，此时可用直管将超声波传播路径限制在某一空间内。另外，由于空气中的声速随温度改变会造成温度漂移，因此在传输路径中设置了一个反射性良好的小板作标准参照物，以便计算修正。上述方法除了可以测液位，还可以测量粉体和颗粒状物体。

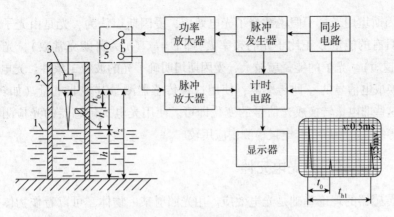

1—液面；2—直管；3—空气超声波探头；4—小板；5—电子开关。

图 5-23 超声波液位计的工作原理

4. 超声波防盗报警器

超声波防盗报警器的工作原理如图 5-24 所示。发射器发射出频率 $f=40$ kHz 左右的连续波（空气超声波探头选用 40 kHz 的工作频率可获得较高的灵敏度，并可避开环境的噪声干扰）。如果有人进入有效区域，其相对速度为 v，从人体反射回接收器的超声波由于多普勒效应，发生频率偏移。

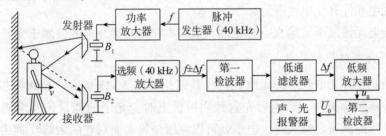

图 5-24 超声波防盗报警器的工作原理

所谓多普勒效应，是指超声波波源与传输介质之间存在相对运动时，接收器接收到的频率与超声波波源发射的频率不同，产生的频偏与相对速度的大小及方向有关。当火车以高速向人逼近和掠过时，所产生的变调就是多普勒效应引起的。接收器将接收到两个频率不同的差拍信号（40 kHz 以及偏移频率），这些信号由 40 kHz 的选频放大器放大，并经第一检波器检波后，由低通滤波器滤去 40 kHz 信号，留下偏移频率的多普勒效应信号，此信号再经低频放大器放大后，由第二检波器转成电压。

5.3 光电式传感器

1860 年，英国物理学家麦克斯韦建立了电磁理论，使人们认识到光是一种电磁波。光的波动学说很好地说明了光的反射、折射、干涉、偏振等现象，但仍不能解释物质对光的吸收、散射、光电子发射等现象。1900 年，德国物理学家普朗克提出了量子假说，认为任何物质发射或吸收的能量是一个最小的能量单位（称为量子）的整数倍。1905 年，德国物理学家爱因斯坦用光量子假说解释了光电效应，爱因斯坦认为，光是由光子组成的，每一个光子所具有的能量 E 正比于光的频率 f，即 $E=hf$（h 为普朗克常数），光子的频率越高（即波长越短），光子的能量就越大，爱因斯坦明确了光的波粒二象性。光电式传感器是将光信号转换成电信号的一种传感器，使用这种传感器测量其他非电量（如转速、浊度）时，只要将这些非电量转换成光信号的变化即可。使用光电式传感器的光检测法具有反应快、非接触等特点，所以在非电量检测中应用较广。

5.3.1　光电效应与光电元件

光电式传感器的理论基础是光电效应。用光照射某一物体，可以看作物体受到一连串能量为 hf 的光子轰击，组成该物体的材料因吸收光子能量而发生相应的电效应，这一物理现象称为光电效应。通常将光电效应分为以下 3 类。

（1）在光线的作用下能使粒子逸出物体表面的现象称为外光电效应，基于外光电效应的电子元件有光电管、光电倍增管和光电摄像管等。

（2）在光线的作用下能使物体的电阻率改变的现象称为内光电效应，基于内光电效应的光电元件有光敏电阻、光敏二极管、光敏晶体管和光敏晶闸管等。

（3）在光线作用下，物体产生一定方向的电动势的现象称为光生伏特效应，基于光生伏特效应的光电元件有光电池等。

第一类光电元件属于玻璃真空管元件，第二类和第三类光电元件属于半导体元件。

1. 基于外光电效应的光电元件

光电管是基于外光电效应的光电元件，其结构如图 5-25 所示。金属阳极 a 和阴极 k 封装在一个石英玻璃壳内，当入射光射到阴极板上时，光子的能量传递给阴极表面的电子，当电子获得的能量足够大时，电子就可以克服金属表面对它的束缚（称为逸出功）而逸出金属表面，形成电子发射，这种电子称为光电子。电子逸出金属表面的速度 v 可由能量守恒定律确定，即

$$\frac{1}{2}mv^2 = hf - W \tag{5-10}$$

式中，m——电子质量；

　　　W——金属材料（光电阴极）的逸出功；

　　　f——入射光的频率。

上式为爱因斯坦光电方程，它揭示了光电效应的本质。

逸出功与材料的性质有关，当材料选定后，要使金属表面有电子逸出，入射光的频率有一个最低限制。当 $hf < W$ 时，即使光通量很大，也不可能有电子逸出，这个最低限制频率称为红限频率；当 $hf > W$ 时，光通量越大，撞击到阴极的光子数量也就越多，逸出的电子数目就越多，电流就越大。

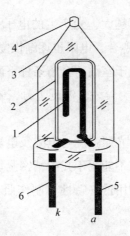

1—阳极；2—阴极；3—石英玻璃外壳；4—抽气管；5—阳极引脚；6—阴极引脚。

图 5-25　光电管的结构

当在光电管的阳极加不同的电压（视型号而定）时，从阴极表面逸出的电子被阳极所吸引，在光电管中形成电流。光电流正比于光电子数，而光电子数又正比于光照强度（简称照度）。光电管符号和测量电路如图 5-26 所示。

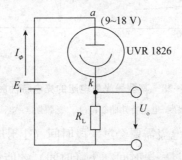

图 5-26　光电管符号和测量电路

2. 基于内光电效应的光电元件

（1）光敏电阻。

①工作原理。光敏电阻如图 5-27 所示，其工作原理基于内光电效应。在半导体光敏材料的两端装上电极引线，将其封装在带有透明窗的管壳里就构成了光敏电阻。为了增加灵敏度，两电极常做成梳状。构成光敏电阻的半导体的导电能力完全取决于半导体内载流子数目的多少，当光敏电阻受到光照时，若光子能量 hf 大于该半导体的禁带宽度，则禁带中的半导体吸收光子后迁移到导带，成为自由电子，同时产生空穴，电子-空穴对的

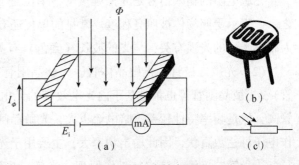

图 5-27　光敏电阻

（a）工作原理；（b）外形；（c）图形符号

产生使电阻率开始变小，光照强度越大，光产生的电子-空穴对就越多，阻值就越低。若入射光消失，则电子-空穴对逐渐愈合，电阻也逐渐恢复原值。

②光敏电阻的特性和参数。置于室温、全暗条件下测得稳定的电阻称为暗电阻，通常大于 1 MΩ。光敏电阻受温度的影响较大，温度上升，暗电阻减小，暗电流增大，灵敏度下降，这是光敏电阻的一大缺点。

在光敏电阻两极电压不变时，光照强度与电阻及电流间的关系称为光电特性。由于光敏电阻的光电特性为非线性，因此不能用于光的精密测量，只能定性地判断有无光照，或光照强度是否大于某一设定值，利用这一特性可制作照相机的测光元件。图 5-28 所示为某型号光敏电阻的光电特性曲线。

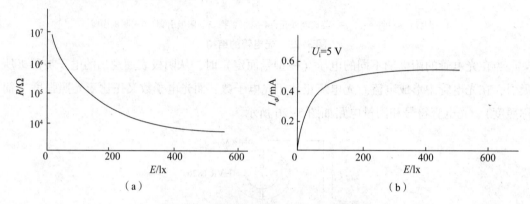

图 5-28 某型号光敏电阻的光电特性曲线

(a) 光照强度-电阻特性曲线；(b) 光照强度-电流特性曲线

光敏电阻受到光照后，光电流需要经过一段时间（上升时间）才能达到其稳定值。同样，停止光照后，光电流也经过一段时间（下降时间）才能恢复到其暗电流值，这就是光敏电阻的延迟特性。光敏电阻的上升响应时间和下降响应时间为 $10^{-3} \sim 10^{-2}$ s，可见光敏电阻不能用于要求快速响应的场合。

光敏电阻的输入信号是光照强度 E，单位是 lx（勒克斯），它是常用的光照强度单位之一，表示受照物体被照亮程度。常见的单位还有 lm（流明），它是光通量的单位，它与人眼感受到的光强有关，与光的波长（颜色）有关。

（2）光敏二极管、光敏晶体管、光敏晶闸管。光敏二极管、光敏晶体管（光敏三极管）、光敏晶闸管等也都是基于内光电效应的光电元件。光敏晶体管的灵敏度比光敏二极管高，但是频率特性较差，暗电流也大，光敏晶闸管的导通电流比光敏晶体管大得多，工作电压可达数百伏，因此输出功率大，主要用于光控开关电路和光耦合器。

①光敏二极管的结构与工作原理。光敏二极管结构与普通二极管结构的不同之处在于，将光敏二极管的 PN 结设置在透明管壳的正下方，可以直接感受到光的照射，它在电路中处于反向偏置状态。光敏二极管的结构与工作原理如图 5-29 所示。

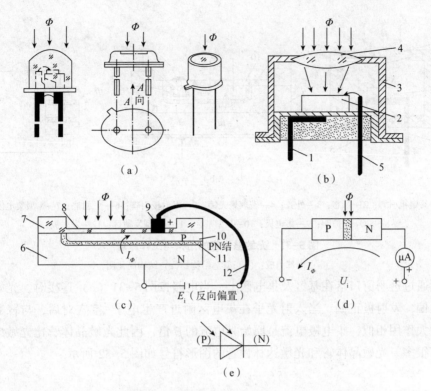

1—负极引脚；2—管芯；3—外壳；4—玻璃聚光镜；5—正极引脚；6—N型衬底；7—SiO₂ 保护圈；

8—SiO₂ 透明保护层；9—铝引出电极；10—P型扩散层；11—PN结；12—金属引出线。

图 5-29　光敏二极管的结构与工作原理

（a）外形图；（b）内部组成；（c）管芯结构；（d）结构简化图；（e）图形符号

　　光敏二极管反向偏置接法如图 5-30 所示，在没有光照时，由于光敏二极管反向偏置，所以反向电流很小，这时的电流称为暗电流，相当于普通二极管的反向漏电流。当光照射在光敏二极管的 PN 结（又称耗尽层）上时，在 PN 结附近产生电子-空穴对数量增加，光电流也随之增大，光电流与光照强度成正比。

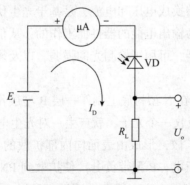

图 5-30　光敏二极管反向偏置接法

　　②光敏晶体管的结构与工作原理。光敏晶体管共有两个 PN 结，与普通晶体管相似，多数光敏晶体管基极没有引出线，只有正负两个引脚，所以其外形与光敏二极管相似。光敏晶体管的结构与工作原理如图 5-31 所示。

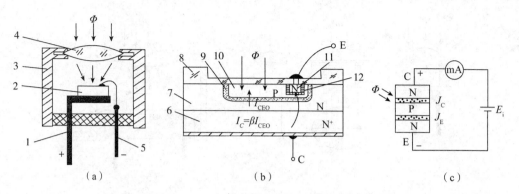

1—集电极引脚；2—管芯；3—外壳；4—玻璃聚光镜；5—发射极引脚；6—N⁺衬底；7—N 型集电区；
8—SiO_2 保护圈；9—集电极；10—P 型基区；11—N 型发射区；12—发射极。

图 5-31　光敏晶体管的结构与工作原理

(a) 内部组成；(b) 管芯结构；(c) 结构简化图

光线通过透明窗口落在基区及集电区上，当电路按图 5-31 (c) 连接时，光敏晶体管集电极反偏，发射极正偏。当入射光子在集电区附近产生电子-空穴对后，与普通晶体管的电流放大作用相似，集电极电流是原始光电流的 β 倍，因此光敏晶体管比光敏二极管的灵敏度高很多。光敏晶体管和光敏达林顿管的图形符号如图 5-32 所示。

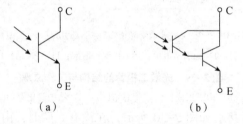

图 5-32　光敏晶体管和光敏达林顿管的图形符号

(a) 光敏晶体管的图形符号；(b) 光敏达林顿管的图形符号

3. 基于光生伏特效应的光电元件

光电池能将入射光能量转换成电压和电流，是基于光生伏特效应的光电元件。从能量转换角度来看，光电池是作为输出电能的器件而工作的；从信号检测角度来看，光电池作为一种自发电型的光电传感器，可用于检测光的强弱，以及能引起光照强度变化的其他非电量。

图 5-33 所示为光电池。在 N 型衬底上制作一层 P 型层作为光照敏感面，当入射光子的能量足够大时，P 型区每吸收一个光子，就产生一对光生电子-空穴对，光生电子-空穴对的浓度从表面向内部迅速扩散，形成由表面向内部扩散的自然趋势。PN 结又称空间电荷区，它的内电场（N 型带正电，P 型带负电）使扩散到 PN 结附近的电子-空穴对分离，电子通过运动漂移被拉到 N 型区，空穴留在 P 型区，所以 N 型区带负电，P 型区带正电。如果光照是连续的，经过短暂的时间（ms），新的平衡建立后，PN 结两侧就有一个稳定的光生电动势。

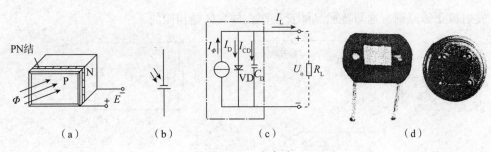

图 5-33 光电池

(a) 结构示意; (b) 图形符号; (c) 等效电路; (d) 外形

5.3.2 光电转换电路

1. 光敏电阻的基本应用电路

当无光照时，光敏电阻很大，在负载上的压降很小。随着入射光的光照强度的增大，光敏电阻减小，输出电压增大。光敏电阻的基本应用电路如图 5-34 所示。

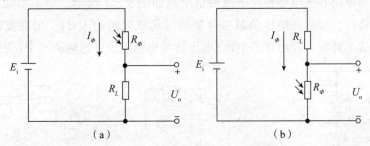

图 5-34 光敏电阻的基本应用电路

(a) U_o 与光照强度变化趋势相同的电路; (b) U_o 与光照强度变化趋势相反的电路

2. 光敏二极管的基本应用电路

光敏二极管在应用电路中必须反向偏置，否则流过它的电流就与普通二极管的正向电流一样，不受入射光的控制。光敏二极管的基本应用电路如图 5-35 所示，利用反相器，可将光敏二极管的输出转换成 TTL 电平。

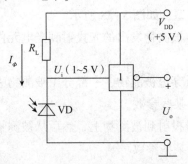

图 5-35 光敏二极管的基本应用电路

3. 光敏晶体管的应用电路

光敏晶体管的应用电路如图 5-36 所示，光敏晶体管在应用电路中必须遵守集电极反偏、发射极正偏原则，这与普通晶体管工作在放大区是相同的。

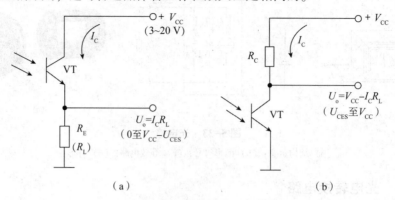

（a）　　　　　　　　　　　　　　　　（b）

图 5-36　光敏晶体管的应用电路

（a）发射极输出电路；（b）集电极输出电路

4. 光敏电池的应用电路

光控继电器电路和光电池短路电流测量电路如图 5-37 所示，为了得到光电流与光照强度呈线性的特性，要求光电池负载必须短路（负载电阻趋于 0），可在实际电路中很难做到，采用集成运算放大器组成的电流/电压转换电路能较好地解决这个问题。

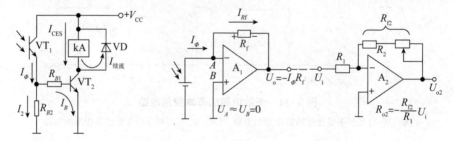

图 5-37　光控继电器电路和光电池短路电流测量电路

5.3.3　光电传感器的应用

光电传感器采用非接触式测量，依照被测物、光源、光电元件三者之间的关系，可以将光电传感器分为以下 4 种类型，如图 5-38 所示。

（1）光源本身是被测物，被测物发出的光投射到光电元件上，光电元件的输出反映了光源的某些物理参数。

（2）恒光源发射的光通量穿过被测物，一部分由被测物吸收，剩余部分投射到光电元件上，吸收量取决于被测物的某些参数。

（3）恒光源发射的光通量投射到被测物上，然后从被测物表面反射到光电元件上，光电元件的输出反映了被测物的某些参数。

（4）恒光源发射的光通量在到达光电元件的途中遇到被测物，照射到光电元件上的光通量被遮蔽掉一部分，光电元件的输出反映了被测物的尺寸。

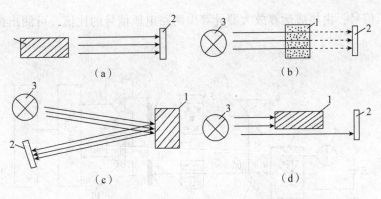

1—被测物；2—光电元件；3—恒光源。

图5-38 光电传感器的4种类型

（a）被测物是光源；（b）被测物吸收光通量；（c）被测物的表面具有反射能力；（d）被测物遮蔽光通量

1. 红外线辐射温度计

任何物体在热力学温度零度以上都能产生热辐射。温度较低时，辐射是不可见的红外线。随着温度的升高，波长短的光开始丰富起来。超过 5 500 ℃时，辐射光谱上限达到蓝色、紫色并进入紫外线区。因此，测量光的颜色以及辐射强度，就可以判定物体温度。红外线辐射温度计的外形结构和工作原理如图5-39所示。

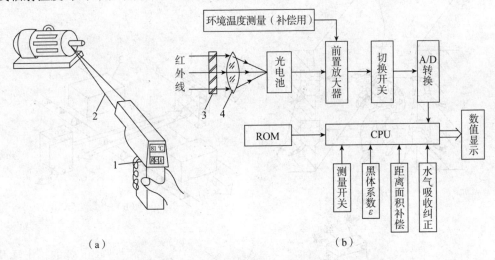

1—枪型外壳；2—红外激光瞄准系统；3—滤光片；4—聚光透镜。

图5-39 红外线辐射温度计的外形结构和工作原理

（a）表面温度测量示意；（b）工作原理

2. 光电式浊度计

光电浊度计的工作原理如图5-40所示，光源发出的光线经过半反半透镜分成两束光照强度相等的光线，一路光通过标准水样8（或采用标准衰减板）到达光电池9，作为被测水样浊度的参比信号。另一路光线穿过被测水样5到达光电池6，其中一部分光线被样品介质吸收。样品水样越浑浊，光线衰减量越大，到达光电池的光通量就越小。两路光信号转换成电压信号，由集成运算放大器计算出两路电压信号的比值，可测出被测水样的浑浊度。

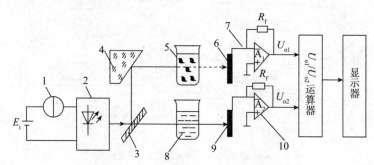

1—恒流源；2—半导体激光器；3—半反半透镜；4—反射镜；5—被测水样；6、9—光电池；

7、10—电流/电压转换器；8—标准水样。

图5-40 光电浊度计的工作原理

3. 光电开关

光电开关的类型与应用如图5-41所示，光电开关可以分成遮断式和反射式两类。反射式光电开关又可分为反射镜反射式和漫反射式两类。

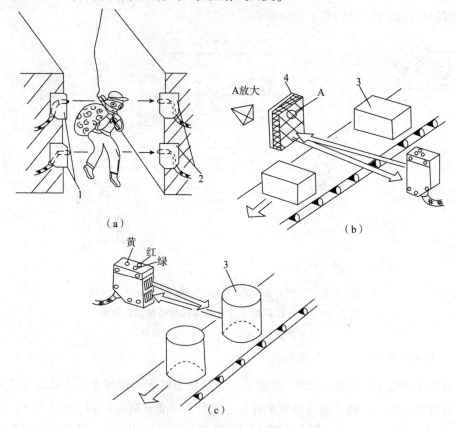

1—发射器；2—接收器；3—被测物；4—反射镜。

图5-41 光电开关的类型与应用

（a）遮断式；（b）反射镜反射式；（c）漫反射式

4. 光电断续器

光电断续器的工作原理与光电开关相同，但其光电发射器和接收器做在体积很小的一个塑料盒中，所以两者能够可靠地对准，为安装和使用提供了方便。它可以分为遮断式和反射式两类，光电断续器的应用实例如图 5-42 所示。

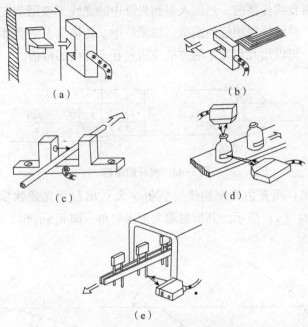

图 5-42　光电断续器的应用实例

（a）防盗门位置检测；（b）印刷机械上的送纸检测；（c）线料连续监测；

（d）瓶盖以及标签检测；（e）电子元件生产流水线上检测

5.4　光纤传感器

5.4.1　光纤的概念与传光原理

光纤即光导纤维，是一种把光能闭合在纤维中而产生导光作用的纤维，可作为光传导工具。它能将光的明暗、光点的明灭变化等信号从一端传输到另一端。

光纤是由两种或两种以上折射率不同的透明材料，通过特殊复合技术制成的复合纤维。它的基本类型由实际起着导光作用的芯材和能将光能闭合于芯材之中的皮层构成。

光纤有多种分类方法：按材料组成可分为玻璃、石英和塑料光纤；按形状和柔性可分为可挠性和不可挠性光纤；按纤维结构可分为皮芯型和自聚集型（又称梯度型）光纤；按传递性可分为传光和传像光纤；按传递光的波长可分为可见光、红外线、紫外线、激光等光纤。

光纤具有很多优异的性能。例如，抗电磁干扰和原子辐射的性能，径细、质软、质量轻的力学性能；绝缘、无感应的电气性能；耐水、耐高温、耐腐蚀的化学性能等。它能够在人达不到的地方（如高温区），或者对人有害的地区（如核辐射区），起到人的"耳目"的作用，而且还能超越人的生理界限，帮助人接收人的感官感受不到的外界信息。

石英玻璃光纤是用比头发丝还细的石英玻璃丝制成的，每一根光纤由一个圆柱形内芯和包层组成，而且纤芯的折射率略大于包层的折射率，光纤的结构如图5-43所示。众所周知，真空中光是沿直线传播的，然而入射到光纤中的光线都被限制在光纤中，随光纤弯曲而走弯曲的路线，并能传输很远的距离。在光纤中，传输信息的载体是光，当光纤的直径比波长大得多时，可以用几何光学的方法说明光在光纤内的传播。

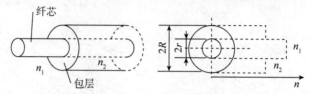

图5-43　光纤的结构

斯涅尔定律指出：当光由光密物质（折射率大）出射至光疏物质（折射率小）时，发生折射，如图5-44（a）所示，其折射角大于入射角，即 $n_1 > n_2$ 时，$\theta_r > \theta_i$。

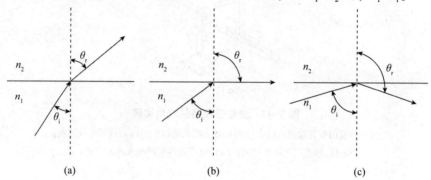

图5-44　光在不同物质分界面的传播

n_1、n_2、θ_r、θ_i 之间的关系为

$$n_1 \sin \theta_i = n_2 \sin \theta_r \tag{5-11}$$

由式（5-11）可以看出：入射角 θ_i 增大时，折射角 θ_r 也随之增大，且始终有 $\theta_r > \theta_i$。$\theta_r = 90°$ 时，θ_i 仍小于90°，此时，出射光线沿界面传播，如图5-44（b）所示。

当达到临界状态时，$\sin \theta_r = 90° = 1$，则

$$\sin \theta_i = \frac{n_2}{n_1} \tag{5-12}$$

$$\theta_{i0} = \arcsin \frac{n_2}{n_1} \tag{5-13}$$

式中，θ_{i0}——临界角。

当 $\theta_i > \theta_{i0}$ 时，$\theta_r > 90°$，此时便发生全反射现象，如图5-44（c）所示，出射光不再发生折射而全部反射回来。

光纤导光示意如图5-45所示，入射光线 AB 与纤维轴线 OO' 相交角为 θ_i，入射后折射

（折射角为 θ_j）至纤芯与包层界面 C 点，与 C 点界面法线 DE 成 θ_k 角，并由界面折射至包层，CK 与 DE 夹角为 θ_r。

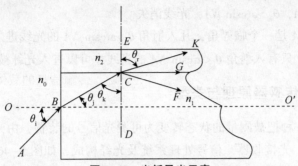

图 5-45 光纤导光示意

由图 5-45 可得

$$n_0 \sin \theta_i = n_1 \sin \theta_j \tag{5-14}$$

$$n_1 \sin \theta_k = n_2 \sin \theta_r \tag{5-15}$$

则有

$$\sin \theta_i = \frac{n_1}{n_0} \sin \theta_j$$

因为 $\theta_j = 90° - \theta_k$，所以

$$\sin \theta_i = \frac{n_1}{n_0} \sin (90° - \theta_k) = \frac{n_1}{n_0} \sqrt{1 - \sin^2 \theta_k} \tag{5-16}$$

由式（5-15）可推出 $\sin \theta_k = \dfrac{n_2}{n_1} \sin \theta_r$，代入式（5-16），得

$$\sin \theta_i = \frac{n_1}{n_0} \sqrt{1 - \left(\frac{n_2}{n_1} \sin \theta_r\right)^2} \tag{5-17}$$

$$= \frac{1}{n_0} \sqrt{n_1^2 - n_2^2 \sin^2 \theta_r}$$

式中，n_0——入射光线 AB 所在空间的折射率，一般空间中的介质为空气，故 $n_0 \approx 1$；

n_1——纤芯折射率；

n_2——包层折射率。

当 $n_0 = 1$ 时，可得

$$\sin \theta_i = \sqrt{n_1^2 - n_2^2 \sin^2 \theta_r} \tag{5-18}$$

当 $\theta_r = 90°$ 时，$\theta_i = \theta_{i0}$，可得

$$\sin \theta_{i0} = \sqrt{n_1^2 - n_2^2} \tag{5-19}$$

纤维光学中把式（5-19）中的 $\sin \theta_{i0}$ 定义为数值孔径 NA。由于 n_1 与 n_2 相差较小，即 $n_1 + n_2 = 2n_1$，故式（5-19）又可因式分解为

$$\sin \theta_{i0} \approx n_1 \sqrt{2\Delta} \tag{5-20}$$

式中，Δ——相对折射率差，$\Delta = (n_1 - n_2)/n_1$。

由式（5-18）及图 5-45 可以看出：当 $\theta_r = 90°$ 时，$\sin \theta_{i0} = NA$ 或 $\theta_{i0} = \arcsin NA$；当 $\theta_r > 90°$

时，光线发生全反射。由图 5-45 所示的夹角关系可以看出：$\sin\theta_i > NA$，$\theta_r < 90°$，$\theta_i < \theta_{i0} = \arcsin NA$ 时，式（5-19）成立。

另外，$\sin\theta_i > NA$，$\theta_{i0} > \arcsin NA$，光线消失。

这说明 $\arcsin NA$ 是一个临界角，凡入射角 $\theta_i > \arcsin NA$ 的光线进入光纤都不能传播而在包层消失，反之，只有入射角 $\theta_i < \arcsin NA$ 的光线才可以进入光纤被全反射传播。

5.4.2 光纤传感器原理与类型

光纤传感器是一种把被测量的状态转变为可测光信号的装置，由光发送器、敏感元件（光纤或非光纤的）、光接收器、信号处理系统及光纤构成，如图 5-46 所示。由光发送器发出的光经光纤传导至敏感元件。在这里，光的某一性质受到被测量的调制，已调光经接收光纤耦合到光接收器，使光信号变为电信号，然后经信号处理系统得到所期待的被测量。下面简单地分析光纤传感器光学测量的基本原理。

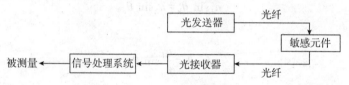

图 5-46　光纤传感器的构成

从本质上分析，光就是一种电磁波，其波长范围从极远红外的 l mm 到极远紫外的 10 mm。电磁波的物理作用和生物化学作用主要因其中的电场而引起，因此在讨论光的敏感测量时，必须考虑光的电矢量 E 的振动，通常表示为

$$E = B\sin(\omega t + \varphi) \tag{5-21}$$

式中，B——电场 E 的振幅矢量；

ω——光波的振动频率；

φ——光相位；

t——光的传播时间。

由式（5-21）可见，只要使光的强度、偏振态（矢量 B 的方向）、频率和相位等参量之一随被测量状态的变化而变化，或者受被测量调制，就有可能通过对光的强度调制、偏振调制、频率调制或相位调制等进行解调，获得所需要的被测量信息。

在光纤传感器技术领域中，可以利用的光学性质和光学现象很多。光纤传感器的应用领域极广，从最简单的产品统计，到对被测对象的物理、化学或生物等参量进行连续监测、控制等，都可采用光纤传感器。因此，虽然光纤传感器从诞生至今只有十几年的历史，但已发展出百余个品种。光纤传感器的原理与分类如表 5-2 所示，其类别可根据光纤在其中的作用、光受被测量调制的形式或光纤传感器中对光信号的检测方法进行划分。

表 5-2 光纤传感器的原理与分类

传感器		光学现象	被测量	光纤
干涉型	相位调制光纤传感器	干涉（磁致伸缩）	电流、磁场	SM PM
		干涉（电致伸缩）	电场、电压	SM PM
		Sagnac 效应（萨格纳克效应）	角速度	SM PM
		光弹效应	振动、压力、加速度、位移	SM PM
		干涉	温度	SM PM
非干涉型	强度调制光纤传感器	遮光板断光路	温度、振动、压力、加速度、位移	MM
		半导体透射率的变化	温度	MM
		荧光辐射、黑体辐射	温度	MM
		光纤微弯损耗	振动、压力、加速度、位移	SM
		振动膜或液晶的反射	振动、压力、位移	MM
		气体分子吸收	气体浓度	MM
		光纤泄漏模	液位	MM
	偏振调制光纤传感器	法拉第效应	电流、磁场	SM
		泡克尔斯效应	电场、电压	MM
		双折射变化	温度	SM
		光弹效应	振动、压力、加速度、位移	MM
	频率调制光纤传感器	多普勒效应	速度、流速、振动、加速度	MM
		受激拉曼散射光致发光	气体浓度、温度	MM

注：MM——多模光纤；SM——单模光纤；PM——偏振保持光纤。

（1）根据光纤在传感器中的作用不同，光纤传感器分为功能型、非功能型和拾光型，如图 5-47 所示。

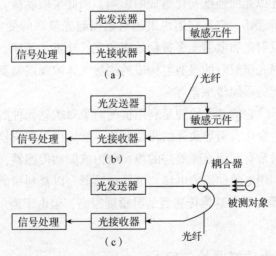

图 5-47 光纤传感器根据光纤在传感器中的作用分类

（a）功能型；（b）非功能型；（c）拾光型

①功能型（全光纤型）光纤传感器如图 5-47（a）所示，光纤在其中不仅是导光媒质，而且是敏感元件，光在光纤内受被测量调制。此类光纤传感器的优点是结构紧凑、灵敏度高；缺点是需用特殊光纤和先进的检测技术，因此成本高。光纤陀螺、光纤水听器等都是功能型光纤传感器。

②非功能型（或称传光型）光纤传感器如图 5-47（b）所示，光纤在其中仅起导光作用，光照在敏感元件上受被测量调制。此类光纤传感器无须特殊光纤及其他特殊技术，比较容易实现，成本低，但灵敏度也较低，常应用于对灵敏度要求不太高的场合。目前已实用化或尚在研制中的光纤传感器大都是非功能型的。

③拾光型光纤传感器如图 5-47（c）所示，用光纤作为探头，接收由被测对象辐射的光或被其反射、散射的光。光纤激光多普勒速度计、辐射式光纤温度传感器等都是拾光型光纤传感器。

（2）根据光受被测对象的调制形式不同，光纤传感器可分为以下 4 种。

①强度调制光纤传感器。它是利用被测对象的变化引起敏感元件的折射率、吸收率或反射率等参数的变化，导致传输光强度（简称光强）变化实现敏感测量的传感器。常见的有利用光纤的微弯损耗、各物质的吸收特性、振动膜或液晶的反射光强的变化，利用物质因各种粒子射线或化学、机械的激励而发光的现象，以及利用物质的荧光辐射或光路的遮断等构成压力、振动、位移、气体等各种强度调制型光纤传感器。这类光纤传感器的优点是结构简单、容易实现、成本低；缺点是受光源光照强度的波动和连接器损耗变化的影响较大。

②偏振调制光纤传感器。它是利用光的偏振态的变化传递被测对象信息的传感器。常见的有利用光在磁场中媒质内传播的法拉第效应做成的电流、磁场传感器，利用光在电场中的压电晶体内传播的泡克尔斯效应做成的电场、电压传感器，利用物质的光弹效应做成的压力、振动或声传感器，以及利用光纤的双折射性做成的温度、压力、振动传感器等。这类传感器可以避免光源光照强度变化造成的影响，因此灵敏度高。

③频率调制光纤传感器。它是利用由被测对象引起光频率的变化进行监测的传感器。通常有利用运动物体反射光和散射光多普勒效应的光纤速度、流速、振动、压力、加速度传感器，利用物质受强光照射时的漫散射构成的测量气体浓度或监测大气污染的气体传感器，以及利用光致发光的温度传感器等。

④相位调制传感器。它的基本原理是利用被测对象对敏感元件的作用，使敏感元件的折射率或传播常数发生变化，而导致光的相位变化，然后用干涉仪检测这种相位变化而得到被测对象的信息。通常有利用光弹效应的声、压力或振动传感器，利用磁致伸缩效应的电流、磁场传感器，利用电致伸缩的电场、电压传感器，以及利用萨格纳克效应的旋转角速度传感器（光纤陀螺）等。这类传感器的灵敏度很高，但由于需用特殊光纤及高精度检测系统，因此成本很高。

5.4.3　光纤压力传感器的应用

光纤压力传感器主要有强度调制型、相位调制型和偏振调制型。强度调制型光纤压力传感器大多是基于弹性元件受压变形，将压力信号转换成位移信号检测，故常用于位移光纤检测技术；相位调制型光纤压力传感器是利用光纤本身作为敏感元件；偏振调制型光纤压力传感器主要是利用晶体的光弹效应。

1. 采用弹性元件的光纤压力传感器

这类光纤压力传感器都是利用弹性体的受压变形，将压力信号转换成位移信号，从而对光强进行调制，因此只要设计好合理的弹性元件及结构，就可以实现压力的检测。图 5-48 所示为膜片反射型光纤压力传感器的工作原理。利用 Y 形光纤束的光纤压力传感器，在 Y 形光纤束前端放置一感压膜片，当膜片受压变形时，使光纤束与膜片间的距离发生变化，从而使输出光强受到调制。

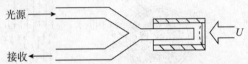

光源

接收

图 5-48 膜片反射型光纤压力传感器的工作原理

弹性膜片材料可以是恒弹性金属，如殷钢、铍青铜等。但金属材料的弹性模量有一定的温度系数，因此要考虑温度补偿。若选用石英膜片，则可以减小温度变化带来的影响。

膜片的安装采用周边固定的方式，将其焊接到外壳上。对于不同的测量范围，可选择不同的膜片尺寸。膜片的厚度一般在 0.05 ~ 0.2 mm 为宜。对于周边固定的膜片，在小挠度的条件下，膜片的中心挠度为

$$y = \frac{3(1-\mu^2)R^4}{16Et^3} \tag{5-22}$$

式中，R——膜片有效半径；

t——膜片厚度；

E——膜片材料的弹性模量；

μ——膜片材料的泊松比。

在一定范围内，膜片中心挠度与所加的压力呈线性关系。若利用 Y 形光纤束位移特性的线性区，则传感器的输出光功率亦与待测压力呈线性关系。

传感器的固有频率可表示为

$$f_r = \frac{2.56t}{\pi R^2}\sqrt{\frac{gE}{3(\rho-\mu^2)}}p \tag{5-23}$$

式中，ρ——膜片材料的密度；

g——重力加速度；

p——外加压力。

这种光纤压力传感器结构简单、体积小、使用方便，但如果光源不够稳定或长期使用后膜片的反射率有所下降，其精度就要受到影响。图 5-49 （a） 给出了改进的膜片反射型光纤压力传感器结构，其中采用了特殊结构的光纤束。该光纤束的一端分成 3 束，其中一束为输入光纤；另两束为输出光纤。3 束光纤在另一端结合成为一束，并且在端面成同心环排列分布，如图 5-49 （b） 所示。其中，最里面一圈为输出光纤束 1；中间一圈为输入

光纤束；外面一圈为输出光纤束2。当差压为0时，膜片不变形，反射回两束输出光纤的光强相等，即 $I_1 = I_2$。当膜片受压变形后，使得处于里面一圈的输出光纤束1接收到的反射光强减小，而处于外面一圈的输出光纤束2接收到的反射光强增大，形成差动输出，如图5-49（c）所示。两束输出光纤的光强之比可表示为

$$\frac{I_2}{I_1} = \frac{1+Ap}{1-Ap} \tag{5-24}$$

式中，A——与膜片尺寸、材料及输入光纤束数值孔径等有关的常数；

p——待测量压力。

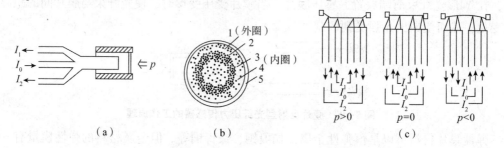

1—输出光纤；2—输入光纤；3—输出光纤；4—胶；5—膜片。

图5-49 差动式膜片反射型光纤压力传感器

式（5-24）表明，输出光强比 I_2/I_1 与膜片的反射率、光源的光照强度等因素无关，因而可有效地消除这些因素的影响。

一般地，待测压力与输出光强比的对数呈线性关系。因此，若将 I_1 和 I_2 检出后分别经对数放大后，再通过减法器，即可得到线性的输出。

若选用的光纤束中每根光纤的芯径为70 μm，包层厚度为3.5 μm，纤芯和包层折射率分别为1.52和1.62，则该传感器可获得115 dB的动态范围，线性度为0.25%。采用不同尺寸、材料的膜片，即可获得不同的测量范围。

2. 光弹性式光纤压力传感器

晶体在受压后其折射率发生变化，从而呈现双折射现象，这种效应称为光弹效应。光弹性式光纤压力传感器的结构如图5-50所示。发自光源的入射光经起偏器后成为直线偏振光。当有与入射光偏振方向呈45°的压力作用于晶体时，晶体呈双折射，使出射光成为椭圆偏振光，由检偏器检测出与入射光偏振方向相垂直方向上的光强，即可测出压力的变化。其中，1/4波长板用于提供一偏置，使系统获得最大灵敏度。

为了提高传感器的精度和稳定性，图5-51给出了光弹性式光纤压力传感器的另一种结构。输出光用偏振分光镜分别检测出两个相互垂直方向的偏振分量，并将这两个分量经"差/和"电路处理，可得到与光源光照强度及光纤损耗无关的输出。该传感器的测量范围为 $10^3 \sim 10^6$ Pa，精度为±1%，理论上分辨率可达1.4 Pa。

这种结构的传感器在光弹性元件上加上质量块后，也可用于测量振动加速度。

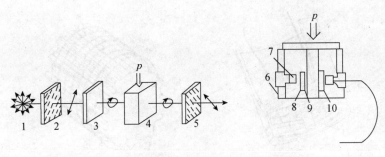

1—光源；2、8—起偏器；3、9—1/4 波长板；

4—光弹性元件；5、10—检偏器；6—光纤；7—自聚焦透镜。

图 5-50　光弹性式光纤压力传感器的结构

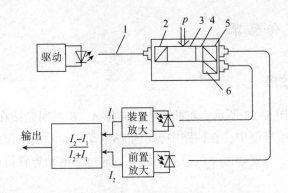

1—光纤；2—起偏器；3—光弹性元件；

4—1/4 波长板；5—偏振分光镜；6—反射镜。

图 5-51　光弹性式光纤压力传感器的另一种结构

3. 微弯式光纤压力传感器

微弯式光纤压力传感器是基于光纤的微弯效应，即由压力引起变形器产生位移，使光纤弯曲而调制光强度。图 5-52 给出了两种可用于声压检测的微弯式光纤水听器的结构。图 5-52（a）所示的光纤从两块变形器中穿过，上面的变形板与弹性聚碳酸酯薄膜相连，随着声压作用而产生位移；下面的变形板固定在水听器的十字底座上，借助于可调节的螺钉，给光纤施加初始压力，以设置传感器的直流工作点。当该传感器选用光纤 $NA = 0.2$ 的多模光纤，光源为 1 mW 的 He-Ne 激光，变形器齿距为 2 mm、齿数为 10、受压面积为 13 mm^2 时，对于 1.1 kHz 的声信号，最小可测压力为 95 dB（相对于 1 μPa）。

图 5-52（b）所示的光纤绕在一开有凹槽的圆柱体上，光纤向凹槽内弯曲，使输出光强受到调制。这种结构的特点是增加光纤绕在圆柱体上的圈数，便可以提高传感器的灵敏度。其灵敏度和分辨率与一般的微弯式光纤压力传感器相比有明显的提高。

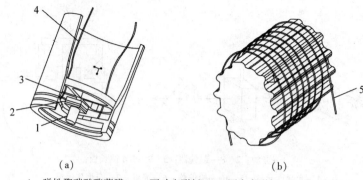

1—弹性聚碳酸酯薄膜；2—可动变形板；3—固定变形板；4、5—光纤。

图5-52　两种微弯式光纤水听器的结构

5.5　热电式传感器

5.5.1　热电效应

热电效应原理如图5-53所示。将两种不同导体 A、B 两端连接在一起组成闭合回路，并使两端处于不同温度环境中，在回路中会产生热电动势而形成电流，这一现象称为热电效应。利用这种效应，只要知道一端节点的温度，通过热电动势就可以测出另一端节点的温度。

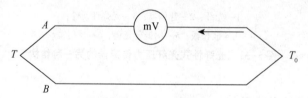

图5-53　热电效应原理

这样的两种不同导体的组合称为热电偶，相应的电动势和电流称为热电动势和热电流。导体 A、B 两端称为热电极，置于被测温度（T）的一端称为工作端（热端），另一端（T_0）称为参考端（冷端）。试验证明，热电动势与热电偶两端的温度差成比例，即

$$E_{AB}(T, T_0) = K(T-T_0) \tag{5-25}$$

式中，K——与导体的电子浓度有关；

T_0——基准端，固定温度节点，恒定在某一标准温度，冷端标准温度为冰点（0 ℃）；

T——测温端，待测温度的节点，置于被测温度场中。

5.5.2　热电偶工作原理与种类

1. 热电偶的工作原理

当热电偶的材料均匀时，热电偶的热电动势大小与电极的几何尺寸无关，仅与热电偶材料的成分和冷、热两端的温差有关。若冷端温度恒定，热电动势与被测温度成单值关

系。同时也应指出，同种金属导体不能构成热电偶，热电偶两端温度相同时不能测温。

热电偶的电路符号如图5-54所示，当未标正负极时，粗线表示负极，细线表示正极。

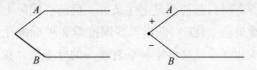

图5-54　热电偶的电路符号

2. 热电偶基本定律

（1）3种导体的热电回路（中间导体定律）。如果将热电偶 T_0 端断开，接入第三导体 C，如图5-55所示，回路中电动势 $E_{AB}(T, T_0)$ 应写为

$$E_{ABC}(T, T_0) = E_{AB}(T) + E_{BC}(T_0) + E_{CA}(T_0)$$

$$(5-26)$$

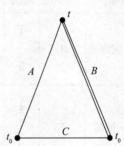

设 $T = T_0$，$E_{ABC}(T_0) = 0$，则 $E_{BC}(T_0) + E_{CA}(T_0)$
$= -E_{AB}(T_0)$，得

$$E_{ABC}(T, T_0) = E_{AB}(T) - E_{AB}(T_0) = E_{AB}(T, T_0)$$

$$(5-27)$$

结论如下。

图5-55　引入第三导体的热电偶

①当热电偶引入第三导体 C 时，只要 C 导体两端温度相同，回路总电动势不变。

②中间导体定律说明，回路中接入导体和仪表后不会影响热电动势。

根据这一结论，将导体 C 作为测量仪器接入回路，就可以由总电动势求出工作端温度，条件是必须保证导体 C 两端温度一致。

（2）参考电极定律（中间温度定律）。中间温度定律原理如图5-56所示。在热电偶测温回路中，T_C 为热电极上某点温度；热电偶在节点温度为 T、T_0 时，热电动势 E_{ABC} (T, T_0) 等于节点温度为 T、T_C 和 T_C、T_0 时热电动势的代数和，$A-B$ 热电偶的热电动势为

$$E_{AB}(T, T_0) = E_{AB}(T, T_C) - E_{ab}(T_C, T_0) \qquad (5-28)$$

实际测量时，利用这一性质，对参考端温度不为0℃时的热电动势以及冷端延伸引线进行修正和补偿。

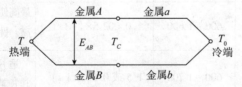

图5-56　中间温度定律原理

3. 热电偶的种类

从理论上讲，任何两种不同材料的导体都可以组成热电偶，但为了准确、可靠地测量温度，对组成热电偶的材料必须经过严格的选择，工程上用于组成热电偶的材料应满足以

下条件：热电动势变化尽量大；热电动势与温度关系尽量接近线性；物理和化学性能稳定；易加工、复现性好；便于成批生产及有良好的互换性。

从实际上讲，并非所有材料都能满足上述条件。目前，国际上公认比较好的热电偶材料只有几种，国际电工委员会（IEC）向世界各国推荐 8 种标准化热电偶。所谓标准化热电偶，就是它已被列入工业标准化文件中，具有统一的分度表。我国已采用 IEC 标准生产热电偶，并按标准分度表生产与之相匹配的显示仪表。我国采用的标准化热电偶的主要性能和特点如表 5-3 所示。

表 5-3　标准化热电偶的主要性能和特点

热电偶名称	分度号	允许偏差			特点
		等级	适用温度/℃	允差值/℃	
铜-铜镍	T	I	−40 ~ 350	0.5 或 0.004×| t |	测温精度高、稳定性好、低温灵敏度高、价格低廉，适用于在−200 ~ 400 ℃ 范围内测温
		II		1 或 0.007 5×| t |	
镍铬-铜镍	E	I	−40 ~ 800	1.5 或 0.004×| t |	适用于在氧化性及弱还原性气氛中测温，按其偶丝直径不同，测温范围为−200 ~ 900 ℃。稳定性好、灵敏度高、价格低廉
		II	−40 ~ 900	2.5 或 0.007 5×| t |	
铁-铜镍	J	I	−40 ~ 750	1.5 或 0.004×| t |	适用于在氧化性及还原性气氛中测温，也可在真空和中性气氛中测温，稳定性好、灵敏度高、价格低廉
		II		2.5 或 0.007 5×| t |	
镍铬-镍硅	K	I	−40 ~ 1 000	1.5 或 0.004×| t |	适用于在氧化性和中性气氛中测温，按其偶丝直径不同，测温范围为−200 ~ 1 300 ℃。若外加密封保护管，还可以在还原性气氛中短期使用
		II	−40 ~ 1 200	2.5 或 0.007 5×| t |	
铂铑$_{10}$-铂	S	I	0 ~ 1 100	1	适用于在氧化性气氛中测温，其长期最高使用温度为 1 300 ℃，短期最高使用温度为 1 600 ℃。使用温度高、性能稳定、精度高，但价格贵
		II	600 ~ 1 600	0.002 5×| t |	
铂铑$_{30}$-铂铑$_6$	B	I	600 ~ 1 700	1.5 或 0.005×| t |	适用于在氧化性气氛中测温，其长期最高使用温度为 1 600 ℃，短期最高使用温度为 1 800 ℃。稳定性好，测量温度高。参比端温度为 0 ~ 40 ℃ 时可以不进行补偿
		II	800 ~ 1 700	0.005×| t |	

注：t 为被测温度，在同一栏给出的两种允差值中，取绝对值较大者。

表 5-3 中所列的每一种热电偶中前者为热电偶的正极，后者为负极。目前，工业上常用的 4 种标准化热电偶是铂铑$_{30}$-铂铑$_6$、铂铑$_{10}$-铂、镍铬-镍硅和镍铬-铜镍（我国通常称为镍铬-康铜）热电偶。

为了适应不同生产对象的测温要求和条件，热电偶按结构形式不同可分为普通型、铠装型和薄膜型。

（1）普通型热电偶。普通型热电偶工业上使用最多，其结构如图 5-57 所示。它由热电极 5、绝缘套管 3、保护管 2 和接线盒 1 组成。普通型热电偶按其安装的连接形式不同可分为固定螺纹连接、固定法兰连接、活动法兰连接和无固定装置等多种形式。

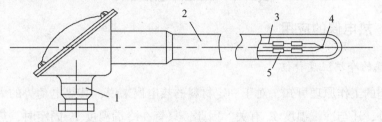

1—接线盒；2—保护管；3—绝缘套管；4—热端；5—热电极。

图 5-57　普通型热电偶的结构

（2）铠装型热电偶。铠装型热电偶又称套管热电偶，其结构如图 5-58 所示。铠装型热电偶是由热电偶丝、绝缘基板和金属套管三者经拉伸加工而成的坚实组合体。它可以做得很细、很长，使用中能根据需要任意弯曲。铠装型热电偶的主要优点是测温端热容量小、动态响应快，机械强度高和挠性好，可安装在结构复杂的装置上。因此，铠装型热电偶被广泛用于工业生产中。

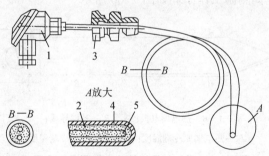

1—引出线；2—金属套管；3—固定法兰；4—绝缘材料；5—热电极。

图 5-58　铠装型热电偶的结构

（3）薄膜型热电偶。薄膜型热电偶是将两种薄膜热电极材料，用真空蒸镀、化学涂层等方法蒸镀到绝缘基板上制成的特殊热电偶，其结构如图 5-59 所示。薄膜型热电偶的热接点可以做得很小（可薄到 $0.01 \sim 0.1 \mu m$），具有热容量小和反应速度快等特点，热响应时间达到微秒级，适用于微小面积上的表面温度以及快速变化的动态温度测量。

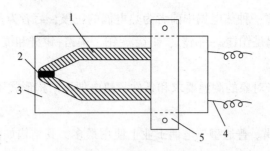

1—热电极；2—热接点；3—绝缘基板；4—引出线；5—引线接头部分。

图 5-59　薄膜型热电偶的结构

5.5.3　热电偶的应用

1. 热电偶的冷端温度补偿

由热电偶的工作原理可知，对于一定材料的热电偶来说，其热电动势的大小除与测量端温度有关外，还与冷端温度 T_0 有关。因此，只有在冷端温度 T_0 固定时，热电动势才与测量端温度 T 成单值函数关系。并且，平时使用的热电偶的分度表都是在 $T_0 = 0\ ℃$ 的情况下给出的，但实际应用中，其冷端温度一般高于 $0\ ℃$ 且不稳定，如果不加以适当的处理，就会造成测量误差。消除这种误差的方法称为冷端温度补偿。下面介绍几种常用的冷端温度补偿方法。

（1）补偿导线法。在实际应用中，热电偶一般较短，冷端温度受热源影响，难以保持恒定，热电偶的输出信号通常要传至数十米外的控制室里，且中间不能用一般的铜导线连接。带补偿导线的热电偶测温工作原理如图 5-60 所示。

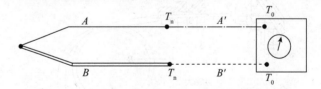

A、B—热电偶电极；A'、B'—补偿导线；

T_0—热电偶原冷端温度；T_n—热电偶新冷端温度。

图 5-60　带补偿导线的热电偶测温工作原理

①补偿导线：在 $100\ ℃$ 以下的温度范围内，热电特性与所配热电偶相同且价格便宜的导线称为补偿导线。

②补偿导线的型号和结构：补偿导线也由两种不同的金属材料组成，分为普通型和带屏蔽层型，其结构如图 5-61 所示。

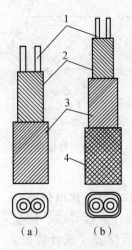

1—线芯；2—塑胶绝缘层；3—塑胶保护层；4—屏蔽层。

图5-61 补偿导线的结构

（a）普通型；（b）带屏蔽层型

③补偿导线使用注意事项：补偿导线只能与相应型号的热电偶配套使用；补偿导线与热电偶连接处的两个节点温度应相同；补偿导线只能在规定的温度范围内（一般为0～100 ℃）与热电偶的热电动势相等或相近，其间的微小差值在精密测量中不可忽视。

（2）冷端恒温法。这种方法就是将热电偶的冷端放置于恒温环境中，常用的有冰浴法、恒温箱法和恒温室法。热电偶冷端冰点器的结构如图5-62所示。

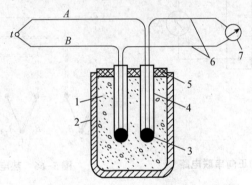

1—冰水混合物；2—冰点器；3—水银；4—试管；

5—盖；6—铜导线；7—显示仪表。

图5-62 热电偶冷端冰点器的结构

①冰浴法：冰浴法是一种在精密测量中或在计量部门、实验室中常用的方法。

②恒温箱法：把热电偶的冷端引至电加热的恒温箱内，维持冷端为某一恒定的温度。

③恒温室法：将热电偶的冷端置于恒温空调房中，使冷端温度恒定。

（3）仪表机械零点调整法。一般，显示仪表在未工作时指针指在零位上。

（4）补偿电桥法。补偿电桥法利用不平衡电桥产生的电动势来补偿热电偶冷端温度变化引起的热电动势变化，如图5-63所示。

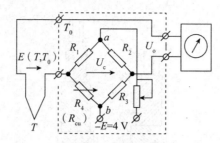

图 5-63　补偿电桥法

2. 热电偶的测温电路

（1）工业用热电偶测温的基本电路。热电偶测温基本电路由热电偶、中间连接部分（补偿导线、恒温器或补偿电桥、铜导线等）和显示仪表（或计算机）组成，如图 5-64 所示。

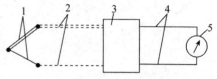

1—热电偶；2—补偿导线；
3—恒温器或补偿电桥；4—铜导线；
5—显示仪表。

图 5-64　热电偶测温基本电路

（2）热电偶的串联。热电偶的串联包括正向串联和反向串联两种形式。

①热电偶的正向串联。图 5-65 所示为两支同型号热电偶的正向串联电路，此时输入仪表的电动势信号为各支热电偶热电动势的总和。

②热电偶的反向串联。将两支同型号的热电偶反向串联起来，可以测量两点间的温差，如图 5-66 所示。

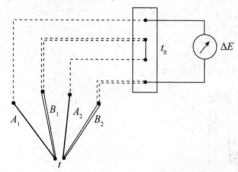

图 5-65　热电偶的正向串联电路

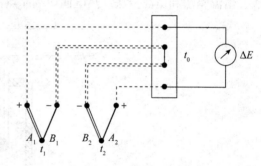

图 5-66　热电偶的反向串联电路

（3）热电偶的并联。图 5-67 所示为 3 支同型号的热电偶的并联电路，此时输入显示仪表的电动势信号为 3 支热电偶输出热电动势的平均值，即 $E = (E_1 + E_2 + E_3)/3$。

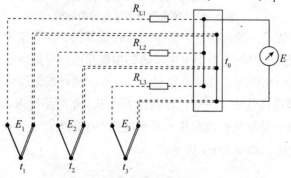

图 5-67　热电偶的并联电路

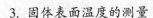

3. 固体表面温度的测量

（1）热电偶与被测表面的接触形式。热电偶与被测表面的接触形式分为点接触、片接触、等温线接触和分立接触，如图5-68所示。

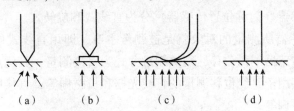

图5-68 热电偶与被测表面的接触形式
（a）点接触；（b）片接触；（c）等温线接触；（d）分立接触

（2）热电偶的固定方法。热电偶与被测固体表面接触时，固定的方法可分为永久性敷设和非永久性敷设。

4. 管道中流体温度的测量

在工业测量中经常遇到此类问题，如蒸汽或水的温度测量等。为减小导热误差，保证测量的准确性，在进行管道中流体温度的测量时，感温元件应遵循以下安装原则。

（1）因为管道内外的温度差越大，沿感温元件向外传导的热量就越多，造成的测量误差就越大，所以应该把感温元件的外露部分用保温材料包起来以提高其温度，减小导热误差。

（2）感温元件应逆着介质流动方向倾斜安装，至少应正交，切不可顺流安装，常见安装形式如图5-69所示。

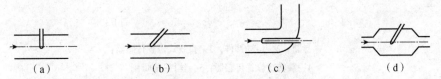

图5-69 感温元件在管道上的常见安装形式
（a）垂直安装；（b）倾斜安装；（c）弯头处安装；（d）扩大管安装

（3）感温元件应有足够的插入深度。

（4）感温元件应与被测介质充分接触，以增大放热系数，减小误差。

（5）为减小向外的热损失，应使测温管或保护管的壁厚和外径尽量小一些。

5.6 数字式位置传感器

5.6.1 位置测量的方式

位置测量主要是指直线位移和角位移的精密测量。数字式位置测量就是将被测量的位置以数字的形式表示。它具有以下特点：

（1）将被测的位置量直接转变为脉冲个数或编码，便于显示和处理；

（2）测量精度取决于分辨力，与量程基本无关；

（3）输出脉冲信号的抗干扰能力强。

1. 直接测量和间接测量

数字式位置传感器（简称位置传感器）分为直线式和旋转式。

（1）若位置传感器所测量的对象就是被测量本身，即用直线式位置传感器测直线位移，用旋转式位置传感器测角位移，则该测量方式为直接测量，其优点是误差小。直线式位置传感器包括直接用于直线位移测量的直线光栅和长磁栅等，直接用于角度测量的角编码器、圆光栅、圆磁栅等。

（2）若旋转式位置传感器测量的回转运动只是中间值，再由它推算出与之关联的移动部件的直线位移，则该测量方式为间接测量。

直接测量和间接测量示意如图5-70所示，丝杠的正、反旋转通过螺母带动运动部件作正、反向直线运动。若测量对象为运动部件的直线位移，则安装在移动部件上的直线式位置传感器，即为直接测量；若安装在丝杠旋转位置上的传感器通过测量丝杠旋转的角度，可间接地测量移动部件的直线位移，即为间接测量。

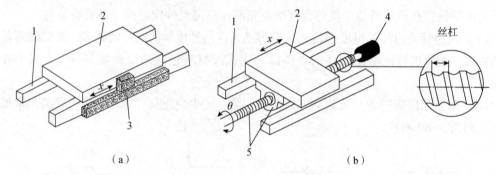

1—导轨；2—运动部件；3—直线式位置传感器；

4—旋转式位置传感器；5—丝杠-螺母副。

图5-70　直接测量和间接测量示意

(a) 直接测量；(b) 间接测量

用直线式位置传感器进行直线位移的直接测量时，传感器必须与直线行程等长，测量范围受传感器长度的限制，但测量精度高；旋转式位置传感器进行间接测量时，无长度的限制，但存在直线与旋转运动的中间传递误差，如机械传动链中的间隙等，故测量精度不及直接测量。能够将旋转运动转换成直线运动的机械传动装置除了丝杠-螺母副，还有齿轮-齿条等传动装置。

2. 增量式和绝对式测量

在增量式测量中，移动部件每移动一基本长度单位，位置传感器便发出一测量信号，此信号通常是脉冲形式。这样，一个脉冲所代表的基本长度单位就是分辨率，对脉冲计数，便可得到位移量。例如，增量式测量系统的分辨率为0.01 mm，移动部件每移动0.01 mm，位置传感器发出一个脉冲，计数器加1或减1，计数器为200时，工作台移动了0.01×200 mm = 2.00 mm。

绝对式测量的特点：每一被测点都有一对应的编码，常以二进制数据形式来表示。绝对式测量即使断电之后再重新通电，也能读出当前位置的数据。典型的绝对式位置传感器有绝对式角编码器。

5.6.2 数字式角编码器

数字式角编码器，又称角编码器（码盘），是旋转式位置传感器。它的转轴通常与被测旋转轴连接，随被测轴一起转动，它能将被测轴的角位移转换成二进制编码或一串脉冲。

角编码器有两种基本类型：绝对式编码器和增量式光电编码器（增量式编码器）。

1. 绝对式编码器

绝对式编码器按照角度直接进行编码，可直接把被测转角用数字代码表示出来。根据内部结构和检测方式不同可分为接触式、光电式等。

（1）接触式编码器。图 5-71 所示为四位二进制接触式编码器。它在一不导电基体上安装许多有规律的导电金属区，其中涂黑的部分为导电区，用"1"表示，其他部分为绝缘区，用"0"表示。码盘分成 4 个码道，在每个码道上都有一个电刷，电刷经取样电阻接地，信号从电阻上取出。这样，无论码盘处于哪个角度上，该角度均有 4 个码道上的"1"和"0"组成四位二进制编码与之对应。码盘最里面一圈轨道是公用的，它与各码道所有导电部分连在一起，经限流电阻接激励电源 E 的正极。

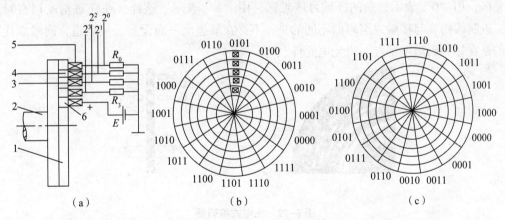

1—码盘；2—转轴；3—导电体；4—绝缘体；5—电刷；6—激励公用轨道（接电源正极）。

图 5-71 四位二进制接触式编码器

（a）电刷在码盘上的位置；（b）四位 8421BCD 码盘；（c）四位二进制格雷码盘

由于码盘是与被测转轴连在一起的，而电刷位置是固定的，当码盘随被测轴一起转动时，电刷和码盘的位置就发生相对变化。若电刷接触到导电区域，则该回路中的取样电阻上有电流流过，产生压降，输出为"1"。反之，若电刷接触到的是绝缘区域，则不能形成回路，取样电阻上无电流流过，输出为"0"，由此可根据电刷的位置得到由"1""0"组成的四位二进制码。例如，从图 5-71 中可以看到，此时输出的是 0101。

由以上分析可知，码道的圈数（不包括最里面的公用码道）就是二进制的位数，且最高位在内，低位在外。由此可以判断出，若是 n 位二进制码盘，就有 n 圈码道，且圆周均分为 2^n 个数据来分别表示其不同位置，所能分辨的角度 α 为

$$\alpha = 360°/2^n \tag{5-29}$$

$$\upsilon = 1/2^n \tag{5-30}$$

式中，υ——分辨率。

显然，码道越多，位数 n 越大，所能分辨的角度 α 就越小。所以若要提高分辨率，就必须增加码道数，即二进制位数。例如，某 12 码道的绝对式角编码器，其每圈的位置数为 $2^{12}=4\,096$，能分辨的角度为 $\alpha=360°/2^{12}=5.27'$；若为 13 码道，则能分辨的角度为 $\alpha=360°/2^{13}=2.64'$。

另外，在实际应用中，对码盘的制作和电刷安装要求十分严格，否则会产生非单值性误差。例如，当电刷由位置（0111）向位置（1000）过渡时，若电刷安装位置不准或接触不良，则可能出现 8 ~ 15 的任意十进制数。为了消除这种非单值性误差，可采用二进制循环码盘（格雷码盘）。

图 5-71（c）所示为四位二进制格雷码盘，与图 5-71（b）所示的四位 8421BCD 码盘相比，其不同之处在于码盘旋转时，任何两个相邻数码间只有一位是变化的，所以每次只切换一位数，可把误差控制在最小单位内。

（2）光电式编码器。光电式编码器与接触式编码器结构相似，只是其中的黑白区域不表示导电区和绝缘区，而是表示透光或不透光区，如图 5-72 所示。其中，黑的区域为不透光区，用"0"表示；白的区域为透光区，用"1"表示。这样，在任意角度都有对应的二进制编码，与接触式编码器不同的是，不必在最里面一圈设置公用码道，同时取代电刷的是在每一码道上都有一组光电元件。

图 5-72　光电式编码器

（a）光电码盘的平面结构（8 码道）；（b）光电码盘与光源、光敏元件的对应关系（4 码道）

由于径向各码道有的透光，有的不透光，因此各光敏元件中，受光的输出"1"电平，不受光的输出"0"电平，从而组成 n 位二进制编码。

光电码盘的特点是没有接触磨损，码盘寿命长，允许转速高，精度也比较高。就码盘材料而言，不锈钢薄板所制成的光电码盘要比玻璃码盘抗振性好。但由于槽数受限，因此分辨率较后者低。

2. 增量式光电编码器

增量式光电编码器通常为增量式光电码盘，其外形和结构如图 5-73 所示。

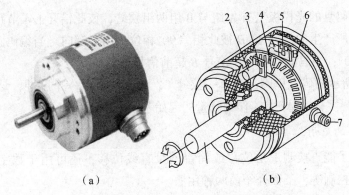

（a） （b）

1—转轴；2—发光二极管；3—光栏板；4—零位标志光槽；
5—光敏元件；6—码盘；7—电源及信号线连接座。

图 5-73 增量式光电码盘的外形和结构

（a）外形；（b）结构

光电码盘与转轴连在一起，码盘可用玻璃材料制成，表面镀上一层不透光的金属铬，然后在边缘制成向心透光狭缝。透光狭缝在码盘圆周上等分，数量从几百条到几千条不等。这样，整个码盘圆周上就被等分成 n 个透光的槽。增量式光电码盘也可用不锈钢薄板制成，然后在圆周边缘切割出均匀分布的透光槽，其他部分均不透光。

光电码盘的光源最常用的是自身有聚光效果的发光二极管。当光电码盘随工作轴一起转动时，在光源的照射下，透过光电码盘和光栏板狭缝形成忽明忽暗的光信号，光敏元件把此光信号转换成电脉冲信号，通过信号处理电路的整形、放大、细分、变向后，向数控系统输出脉冲信号，也可由数码管直接显示位移量。

增量式编码器的测量精度取决于它所能分辨的最小角度，这与码盘圆周上的狭缝条纹数 n 有关，则有

$$\alpha = \frac{360°}{n} \tag{5-31}$$

$$v = \frac{1}{n} \tag{5-32}$$

例如，盘边缘的透光槽数为 1 024 个，则能分辨的最小角度 $\alpha = 360°/1\ 024 = 0.352°$。

为了判断码盘旋转的方向，使光栏板上的两个狭缝距离是码盘上的两个狭缝距离的 $(m + 1/4)$ 倍，m 为正整数，并设置了两组光敏元件 A、B（有时又称为 sin、cos 元件）。

增量式光电码盘的输出波形如图 5-74 所示。为了得到码盘转动的绝对位置，还须设置一基准点，即图 5-73 中的零位标志光槽。码盘每转一圈，零位标志光槽对应的光敏元件产生一个脉冲，称为"一转脉冲"，见图 5-74 中的 C_0 脉冲。

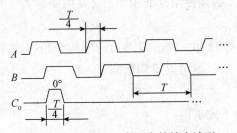

图 5-74 增量式光电码盘的输出波形

增量式光电码盘的光栅板上有 A 组与 B 组两组狭缝，彼此错开 1/4 节距，两组狭缝相对应的光敏元件所产生的信号 A、B 彼此相差 90°相位，用于辨向。当编码正转时，信号 A 超前信号 B 达 90°；当码盘反转时，信号 B 超前信号 A 达 90°。

在图 5-73 所示的码盘里圈，还有一狭缝 C，每转能产生一个脉冲，该脉冲信号又称"一转信号"或"零标志脉冲"，作为测量的起始基准。

3. 角编码器的应用

角编码器除了能直接测量角位移或间接测量直线位移，还可用于数字测速、工位编码、伺服电动机控制等，下面介绍前两种用法。

（1）数字测速。由于增量式角编码器的输出信号是脉冲形式，因此可以通过测量脉冲频率或周期的方法来测量转速，如图 5-75 所示。增量式角编码器可代替测速发电机的模拟测速，而成为数字测速装置。数字测速可分为 M 法测速和 T 法测速。

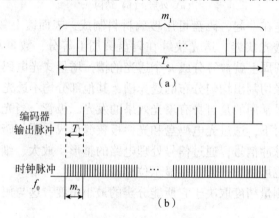

图 5-75　数字测速

（a）M 法测速；（b）T 法测速

①M 法测速。在一定的时间间隔 T_c 内（如 10 s、1 s、0.1 s 等），用编码器所产生的脉冲数来确定速度的方法称为 M 法测速。

若编码器每转产生 N 个脉冲，在 T_c 时间间隔内得到 m_1 个脉冲，则编码器所产生的脉冲频率为

$$f = m_1/T_c \tag{5-33}$$

则转速（r/min）为 $n = 60f/N = 60 \ (m_1/T_c)/N = 60m_1/(NT_c)$。

②T 法测速。用编码器所产生的相邻两个脉冲之间的时间来确定被测转速的方法称为 T 法测速。在 T 法测速中，必须使用标准频率 f_c（其周期为 T_c，如 1 μs）作为测量编码周期 T 的时钟。

设编码器每转产生 N 个脉冲，测出编码器输出两个相邻脉冲上升（即周期 T_c）之间所能填充的标准时钟个数 m_2，就可以得到周期 T，即

$$T = m_2 T_c \tag{5-34}$$

转速 n（r/min）可由下式求得：

$$n = 60f/N = 60/(TN) = 60/(m_2 T_c N) = 60/[\ (m_2/f_c) \ N] = 60f_c/(Nm_2) \tag{5-35}$$

T法测速适用于转速较慢的场合。例如，编码器输出脉冲的频率$f=10$ Hz，$f_c=10$ kHz时，测量精度可达 0.1% 左右；而当转速较快（编码器输出脉冲周期较短）时，测量精度会降低。f_c 也不能取得太低，以避免在 T 时段内得到的脉冲太少，而使测量精度降低。

（2）工位编码。由于绝对式角编码器每一转角位置均有一固定的编码输出，若角编码器与转盘同轴相连，则转盘上每一工位安装的被加工工件均可以有一编码相对应，转盘工位编码如图 5-76 所示。当转盘上某一工位转到加工点时，该工位对应的编码由角编码器输出给控制系统。

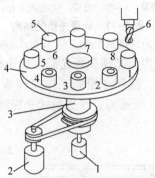

1—绝对式角编码器；2—电动机；3—转轴；4—转盘；5—工件；6—刀具。

图 5-76　转盘工位编码

例如，要使处于工位 4 上的工件转到加工点等待钻孔加工，计算机就控制电动机通过带轮带动转盘逆时针旋转。与此同时，绝对式角编码器（假设为 4 码道）输出的编码不断变化。当输出为 0100（假设为 BCD 码）时，表示转盘已将工位 4 转到加工点，电动机停转。这种编码方式在加工中心（一种带刀库和自动换刀装置的数控机床）的刀库选刀控制中广泛应用。

5.6.3　光栅传感器

1. 光栅的结构和类型

光栅种类很多，可分为物理光栅和计量光栅。物理光栅利用光的衍射，常用于分析光谱和光波定长测试，而在检测中经常使用的是计量光栅。计量光栅主要是利用光的透射和反射现象，常用于位移测量，有很高的分辨率，可达到 0.1 μm。另外，计量光栅的脉冲读数速率可达每毫秒几百次，非常适用于动态测量。

计量光栅可分为透射式光栅和反射式光栅，均由光源、光栅副、光敏元件组成。光敏元件可以是光敏二极管，也可以是光电池。

透射式光栅一般是用光学玻璃作为基体，在其上均匀地刻划出间距、宽度相等的条纹，形成连续的透光区和不透光区，如图 5-77（a）所示；反射式光栅一般使用不锈钢作基体，在其上用化学方法制出黑白相间的条纹，形成反光区和不反光区，如图 5-77（b）所示。

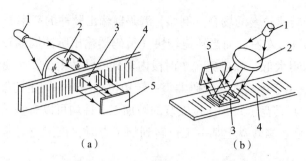

1—光源；2—透镜；3—指示光栅；4—标尺光栅；5—光敏元件。

图5-77　计量光栅的结构

(a) 透射式光栅；(b) 反射式光栅

计量光栅按形状不同又可分为长光栅和圆光栅。长光栅用于直线位移测量，故又称直线光栅；圆光栅用于角位移测量，两种光栅的工作原理基本相似。图5-78所示为直线光栅外观及内部结构剖面，图5-79所示为直线透射式光栅测量示意。

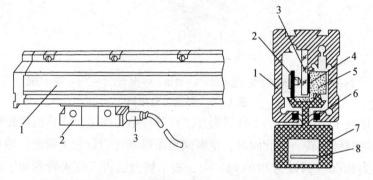

1—铝合金外壳尺寸；2—带聚光镜的LED；3—标尺光栅；4—指示光栅；
5—装有光敏元件的游标；6—密封唇；7—读数头；8—信号处理电路。

图5-78　直线光栅外观及内部结构剖面

(a) 外观图；(b) 剖面图

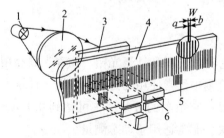

1—光源；2—透镜；3—指示光栅；4—标尺光栅；5—零位光栅；6—光敏元件。

图5-79　直线透射式光栅测量示意

计量光栅由标尺光栅（主光栅）和指示光栅组成，因此，计量光栅又称光栅副。标尺光栅和指示光栅的刻线宽度和间距完全一样。将指示光栅和标尺光栅叠合在一起，两者之间保持很小的间隙（0.05 mm或0.1 mm）。在长光栅中标尺光栅固定不动，指示光栅安装在运动部件上，所以两者之间形成相对运动。在圆光栅中，指示光栅通常固定不动，而标尺光栅随轴转动。

在图5-79中，a为栅线宽度，b为栅缝宽度，$W=a+b$称为光栅常数，或称栅距，通常$a=$

$b = W/2$，栅线密度一般为 10、25、50、100、200 线/mm。

对于圆光栅，两条相邻刻线之间夹角称为角节距，每周的栅线数从较低精度的 100 线到高精度等级的 21 600 线不等。

无论长光栅或圆光栅，由于刻线很密，若不进行光学放大，则不能直接用光敏元件来测量光栅移动所引起的光强变化，必须采用莫尔条纹来放大栅距。

2. 光栅传感器的工作原理

在直线透射式光栅中，把主光栅与指示光栅的刻线面相对叠合在一起，中间留有很小的间隙，并使两者的栅线保持很小的夹角 θ。在两光栅的刻线重合处，光从缝隙透过，形成亮带，如图 5-80 所示 a-a 线；在两光栅刻线的错开处，由于相互挡光作用而形成暗带，如图 5-80 所示 b-b 线。这种由亮带和暗带形成明暗相间的条纹称为莫尔条纹，条纹方向和刻线方向近似垂直，通常在光栅的适当位置（图 5-80 中的 sin 位置或 cos 位置）安装光敏元件。

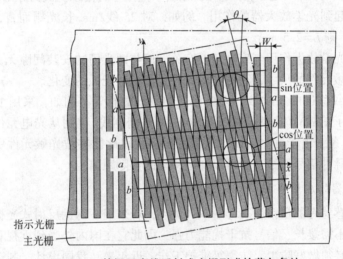

图 5-80 等栅距直线透射式光栅形成的莫尔条纹

当指示光栅沿 x 轴自左向右移动时，莫尔条纹的亮带和暗带（a-a 线和 b-b 线）将按顺序自上而下（图中 y 轴方向）不断地掠过光敏元件。光敏元件"观察"到莫尔条纹的光强变化近似于正弦波变化，光栅移动一个栅距 W，光强变化一个周期，如图 5-81 所示。

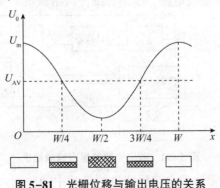

图 5-81 光栅位移与输出电压的关系

莫尔条纹具有如下特征。

（1）莫尔条纹是由光栅的大量刻线共同形成的，对光栅的刻划误差有平均作用，从而能在很大程度上消除光栅刻线不均匀引起的误差。

（2）当两光栅沿与栅线垂直的方向作相对移动时，莫尔条纹沿光栅刻线方向移动（两者的运动方向相互垂直）；光栅反向移动，莫尔条纹亦反向移动。在图5-80中，当指示光栅向右移动时，莫尔条纹向上运动。

（3）莫尔条纹的间距是放大了的光栅栅距，它随着光栅刻线夹角而改变。由于 θ 很小，因此其关系为

$$L = W/\sin\theta \approx W/\theta \tag{5-36}$$

式中，L——莫尔条纹间距；

$\quad\quad\ W$——光栅栅距；

$\quad\quad\ \theta$——两光栅刻线夹角，必须以弧度（rad）为单位。

由式（5-37）可知，θ 越小，L 越大，相当于把微小的栅距扩大为原来的 $1/\theta$ 倍。由此可见，计量光栅起到光学放大器的作用。例如，对25线/mm长光栅而言，$W = 0.04$ mm，若 $\theta = 0.016$ rad，则 $L = 2.5$ mm。

计量光栅的光学放大作用与安装角度有关，而与两光栅的安装间隙无关，莫尔条纹的宽度必须大于光敏元件的尺寸，否则光敏元件无法分辨光强的变化。

（4）莫尔条纹移过的条纹数与光栅移过的刻线数相等。例如，采用100线/mm光栅时，若光栅移动了 x mm（也就是移过了 $100x$ 条光栅刻线），则从光电元件面前掠过的莫尔条纹也是 $100x$ 条，由于莫尔条纹比栅距宽得多，因此能够被光敏元件所识别。将此莫尔条纹产生的电脉冲信号计数，就可以知道移动的实际距离。

3. 光栅传感器的应用

由于光栅传感器有测量精度高等一系列优点，若采用不锈钢反射式光栅，测量范围可达数十米，而且不需接长，信号抗干扰能力强，因此它在国内外受到重视和推广。但使用光栅传感器时，必须做好防尘、防震等维护工作。近年来，我国设计、制造了很多光栅式测量长度和角度的计量仪器，并成功地将光栅传感器作为数控机床的位置检测元件，用于精密机床和仪器的精密定位、长度检测，以及速度、振动和爬行的测量等。

（1）微机光栅数显表。图5-82所示为微机光栅数显表组成框图。在微机光栅数显表中，放大、整形采用传统的集成电路，变向、细分可由微机来完成。

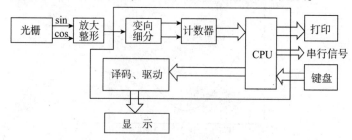

图5-82 微机光栅数显表组成框图

图5-83所示为微机光栅数显表在机床进给运动中的应用。在机床的操作过程中，由于用数字显示方式代替了传统的标尺刻度读数，因此大大提高了加工精度和加工效率。以

横向进给为例，光栅读数头固定在工作台上，尺身固定在床鞍上，当工作台沿着床鞍左右运动时，工作台移动的位移量（相对值/绝对值）可通过数字显示装置显示出来。同理，床鞍前后移动的位移量可按同样的方法进行显示。

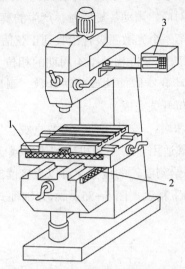

1—横向进给位置光栅检测；2—纵向进给位置光栅检测；3—数字显示装置。

图 5-83　微机光栅数显表在机床进给运动中的应用

（2）轴环式光栅数显表。轴环式光栅数显表简称轴环式数显表，图 5-84 所示为 ZBS 型轴环式光栅数显表，它的主光栅用不锈钢圆薄片制成，可用于角位移的测量。

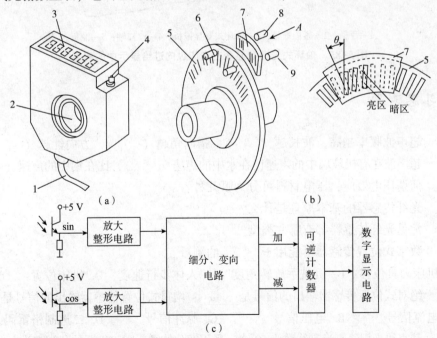

1—电源线（+5 V）；2—轴套；3—数字显示器；4—复位开关；5—主光栅；6—红外发光二极管；

7—指示光栅；8—sin 光敏三极管；9—cos 光敏三极管。

图 5-84　ZBS 型轴环式光栅数显表

（a）外形；（b）内部结构；（c）测量电路框图

它的指示光栅（定片）固定，主光栅（动片）可与外接旋转轴相连并转动，动片表面有均匀镂空的500条透光条纹，如图5-84（b）所示，定片为圆弧形薄片，在其表面有两组透光条纹（每组3条），定片上的条纹与动片上的条纹成一个角度θ。两组条纹分别与两组红外发光二极管和光敏三极管相对应。当动片旋转时，产生的莫尔条纹亮暗信号由光敏三极管接收，相位正好相差$\pi/2$，即第一个光敏三极管接收到正弦信号，第二个光敏三极管接收到余弦信号。经整形电路处理后两者保持相差1/4周期的相位关系。经过细分、变向电路处理，根据运动方向来控制可逆计数器做加法或减法计数。测量电路框图如图5-84（c）所示，测量显示的零点由外部复位开关完成。

轴环式光栅数显表具有体积小、安装简便、读数直观、工作稳定、可靠性好、抗干扰能力强、性/价比高等优点，既适用于中小型机床的进给或定位测量，也适用于老机床的改造。例如，把它装在车床进给刻度轮的位置，可以直接读出进给尺寸，减少停机测量的次数，从而提高工作效率和加工精度。图5-85所示为轴环式光栅数显表在车床纵向进给显示中的应用。

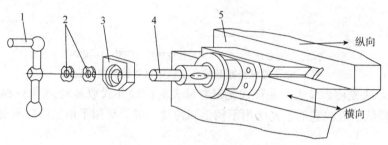

1—手柄；2—紧固螺母；3—轴环式数显拖板；4—丝杠轴；5—溜板。

图5-85　轴环式光栅数显表在车床纵向进给显示中的应用

复习思考题

5-1　超声波频率越高，波长越（　　），指向角越（　　），方向性越（　　）。

5-2　超声波在有机玻璃中的声速比在水中的声速（　　），比在钢中的声速（　　）。

5-3　何谓压电效应，压电材料可分为哪几种？

5-4　光纤传感器的基本原理是什么？

5-5　常见光纤传感器都有哪些类型？

5-6　数字式位置传感器不能用于_____的测量。

A. 机床刀具位移　　B. 机械手旋转角度　　C. 人体步行速度　　D. 机床位置

5-7　绝对式位置传感器输出的信号是_____；增量式位置传感器输出的信号是_____。

A. 电流信号　　　　B. 电压信号　　　　C. 脉冲信号　　　　D. 二进制格雷码

5-8　某直线光栅每毫米刻线数为50线，采用四分技术，则该光栅的分辨率为_____μm。

A. 1.5　　　　　　B. 50　　　　　　　C. 4　　　　　　　D. 20

5-9　光栅中采用sin和cos两套光电元件是为了_____。

A. 提高信号幅度　　B. 变向　　　　　　C. 抗干扰　　　　　D. 作三角函数运算

5-10 光栅传感器利用莫尔条纹来达到_____。

A. 提高光栅的分辨率的目的

B. 变向的目的

C. 使光敏元件能分辨主光栅移动时引起的光强变化的目的

D. 细分的目的

第6章
智能传感器及智能测试系统

🔹 内容提要 >>> ▶

本章介绍智能测试系统和智能传感器的基本概念、特点及类型，以及数据采集和以数据处理技术为基础的智能测试系统的实现方法，包括智能传感器的设计、应用案例及其发展前景。

> **教学提示。** 主要知识点包括智能传感器的概念、特点、功能、分类，智能传感器的设计及实现方法。
>
> **教学要求。** 理解智能测试系统及智能传感器、数据采集、数据处理技术等相关的概念，了解智能传感器的分类方法、原理结构及智能传感器的实现方法和设计思路。了解智能传感器的发展前景及热点，能够举例说明智能传感器的基本应用方法。

6.1 概述

智能传感器技术是正在蓬勃发展的现代传感器技术，涉及微机械与微电子技术、计算机技术、信号处理技术、电路与系统、传感技术、神经网络技术及模糊控制理论等多种学科，是当今世界正在发展中的高新技术之一。在智能传感器发展进程中，随着对"智能"含义理解的不断深化，各个时期的学者给予智能传感器的定义也不断演变。目前，智能传感器的种类越来越多，应用领域越来越广，功能也日趋完善，被广泛应用于军事、航空航天、科研、工业、农业、医疗、交通、现代办公设备、家用电器等领域。

6.1.1 智能传感器的概念

20 世纪 80 年代，美国国家航空航天局（NASA）在研发宇宙飞船的过程中提出了智能传感器的概念。由于飞船本身的速度、位置、姿态及宇航员生活的舱内温度、气压、加速度、空气成分等都需要相应的传感器来检测，而用一台大型计算机很难同时处理如此庞杂的数据，因此引入了分布处理的智能传感器概念，其思想是赋予传感器智能处理的功能，以分担中央处理器（CPU）集中处理的海量计算。

目前，智能传感器尚无公认的科学定义，但普遍认为智能传感器是由传统传感器与专用微处理器组成，具备信息检测和信息处理功能的传感器。智能传感器可分为基本传感器和信息处理单元两大部分。

（1）基本传感器是构成智能传感器的基础，其性能很大程度上决定着智能传感器的性能，由于微机械加工工艺的逐步成熟以及微处理器的补偿作用，基本传感器的某些缺陷（如输入、输出的非线性）得到较大程度的改善。

（2）信息处理单元以微处理器为核心，接收基本传感器的输出，并对该输出信号进行处理，如标度变换、线性化补偿、数字调零、数字滤波等，处理工作大部分由软件完成。

智能传感器的两大部分可以集成为一个整体，封装在一个壳体内，也可分开设置，以利于电子元器件和微处理器的保护，尤其在测试环境较恶劣时，更应该分开设置。

智能传感器系统的基本结构如图6-1所示。其中，作为系统"大脑"的微处理器，可以是单片机、单板机，也可以是微型计算机系统。

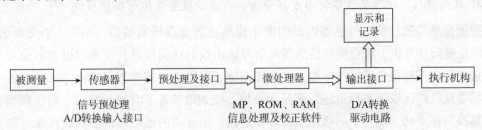

图6-1　智能传感器系统的基本结构

6.1.2　智能传感器的功能

传统的传感器只有对某一物体精确"感知"的本领，而不具有"认知"（智慧）的能力。智能传感器则可将"感知"和"认知"结合起来，起到人的"五感"功能的作用。从一定意义上讲，它具有类似于人工智能的作用。

1. 自补偿和计算功能

智能传感器的自补偿和计算功能为传感器的温度漂移和非线性补偿开辟了新道路，即使传感器加工得不太精密，只要保证其重复性好，通过传感器的计算功能也能获得较精确的测量结果。例如，美国凯斯西储大学制造出的含有10个敏感元件、带有信号处理电路的pH传感器芯片，可计算其平均值、方差和系统的标准差。如果某一敏感元件输出的误差大于±3倍标准差，输出数据就将它舍弃，但输出这些数据的敏感元件仍然是有效的，只是因为某些原因使所标定的值发生了漂移。智能传感器的计算能够重新标定单个敏感元件，使它重新有效。

2. 自检、自诊断、自校正功能

普通传感器需要定期检验和标定，以保证它在正常使用时有足够的准确度。这些工作一般要求将传感器从使用现场拆卸送到实验室或检验部门进行，对于在线测量传感器出现异常则不能及时诊断。而采用智能传感器，情况则大有改观。首先，自诊断功能在电源接通时进行自检，诊断测试以确定组件有无故障。然后，根据使用时间可以在线进行校正，微处理器利用储存在 EEPROM（带电可擦除可编程只读存储器）内的计量特性数据进行对比校对。

3. 复合敏感功能

人们观察周围的自然现象，常见的信号有声、光、电、热、力、化学等。智能传感器具有复合敏感功能，能够同时测量多种物理量和化学量，给出能够较全面反映物质变化规律的信息，如光强、波长、相位和偏振度等反映光的运动特性；压力、真空度、温度梯度、热量和熵、浓度、pH 值等反映物质的力、热、化学特性的参数。例如，美国加利福尼亚大学研制的复合液体传感器，可同时测量介质的温度、流速、压力和密度；复合力学传感器，可同时测量物体某一点的三维振动加速度（加速度传感器）、速度（速度传感器）、位移（位移传感器）等。

4. 双向通信、标准化数字输出或符号输出、显示报警及掉电保护功能

智能传感器通过装在传感器内部的电子模块或智能现场通信器（SFC）来交换信息。SFC 像是微型计算机，将它挂在传感器两信号输出线的任何位置，可通过键盘的简单操作进行远程设定或变更传感器的参数，如测量范围、线性输出或平方根输出等。这样，无须把传感器从危险区取下来即可进行测量和维护，极大地节省了时间和费用。由于微型计算机使其接口标准化，能与上一级微型机方便连接，因此可由远距离中心计算机来控制整个系统工作。

微型计算机连接数码管或显示器，可选点显示或定时循环显示各种测量值及相关参数，也可以由打印机输出，并通过与给定值比较实现上下值的报警功能。由于微型计算机的 RAM 内部数据在掉电时会自动消失，给仪器的使用带来很大的不便。为此，在智能传感器内装有备用电源，当系统掉电时，能自动把后备电源接入 RAM，以保证数据不丢失。

总之，智能传感器含有控制、数据处理和数据传输功能。在传感器系统设计时，可考虑预留一路模拟量输入通道，以通过计算机编程实现自校正，方便地实现键盘控制功能、量程自动切换功能、多路与多路通道切换功能、数据极限判断与越限报警功能。

6.1.3　智能传感器的特点

与传统的传感器相比，智能传感器主要有以下特点。

（1）精度高。由于智能传感器具有信息处理的功能，因此通过软件不仅可以修正各种确定性系统误差（如传感器输入、输出的非线性误差，温度误差，零点误差，正反行程误差等），而且可以适当地补偿随机误差、降低噪声，从而使传感器的精度大大提高。

（2）高可靠性与高稳定性。智能传感器能自动补偿因工作条件与环境参数发生变化引起的系统特性漂移（如因温度变化而产生的零点和灵敏度的漂移），被测参数变化后能自动改换量程，能实时自动进行系统的自我检验，分析、判断所采集到的数据的合理性，并给出

异常情况的应急处理（报警或故障提示），因此保证了其高可靠性与高稳定性。

（3）高信噪比与高分辨率。智能传感器具有数据存储、记忆与信息处理功能，通过软件可进行数字滤波、数据分析等处理，可以去除输入数据中的噪声并将有用信号提取出来，通过数据融合、神经网络技术，可以消除多参数状态下交叉灵敏度的影响，确保在多参数状态下对特定参数测量的分辨能力，因此具有较高的信噪比与分辨率。

（4）自适应性强。由于智能传感器具有判断、分析和处理功能，能根据系统工作情况决策各部分的供电情况、与上位机的数据传输速率，因此使系统工作在最优低功耗状态，优化了传输速率。

（5）性价比高。智能传感器所具有的上述高性能，不是像传统传感器技术那样为追求传感器本身的完善，对传感器的各个环节进行精心设计与调试来获得，而是通过与微处理器相结合，采用廉价的集成电路工艺和芯片以及强大的软件来实现，所以其具有较高的性价比。

6.1.4 智能传感器的分类

智能传感器按其结构不同可分为模块式（非集成式）、混合式和集成式智能传感器。

（1）模块式智能传感器。模块式智能传感器是初级的智能传感器，由许多互相独立的模块组成。将微处理器、信号处理电路模块、输出电路模块、显示电路模块和传感器装配在同一壳体内，组成模块式智能传感器。模块式智能传感器的工作原理如图 6-2 所示。这种传感器的集成度不高、体积较大，但其系统实现方式方便、快捷，是比较实用的智能传感器。

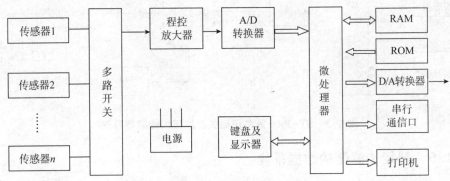

图 6-2 模块式智能传感器的工作原理

（2）混合式智能传感器。混合式智能传感器将传感器、微处理器和信号处理电路等各个部分以不同的组合方式集成在几个芯片上，然后装配在同一壳体内。目前，混合式智能传感器作为智能传感器的主要类型而被广泛应用。

（3）集成式智能传感器。集成式智能传感器将一个或多个敏感元件与微处理器、信号处理电路集成在同一芯片上。它的机构一般是三维器件，即立体器件。这种结构是在平面集成电路的基础上，一层一层向立体方向制作多层电路。这种传感器具有类似于人的五官与大脑相结合的功能，它的智能化程度是随着集成化程度提高而不断提高的。目前，集成式智能传感器技术正在迅猛发展，势必在未来的传感器技术中发挥重要的作用。

世界上第一个智能传感器是美国霍尼韦尔（Honeywell）公司在 1983 年开发的 ST-

3000 系列压阻式智能压力（差）传感器。它具有多参数传感（差压、静压和温度）与智能化的信号调理功能。后来，美国 SMAR 公司生产出 LD302 系列电容式智能压力（差）传感器、日本横河电机株式会社生产出谐振式 EJA 型智能压力（差）传感器，它们都可用于现场总线控制系统。

ST-3000 系列压阻式智能压力传感器原理如图 6-3 所示。它包括检测和变送两部分，是根据扩散硅应变电阻原理进行工作的。在硅片上除制作了感受差压的应变电阻外，还同时制作出感受温度和静压的元件，即把差压、温度、静压 3 个传感器中的敏感元件都集成在一起，组成带补偿电路的传感器，将差压、温度、静压这 3 个信号经多路开关分时采集后送入 A/D 转换器中，变成数字信号后送到变送部分，由微处理器处理这些数据，并用 ROM 中的主程序控制传感器工作的全过程，产生一高精确度的输出。PROM 负责进行温度补偿和静压校准，RAM 中存储设定的数据，EEPROM 作为 ROM 的后备存储器，现场通信器发出的通信脉冲叠加在传感器输出的电流信号上。I/O 既可将来自现场通信器的脉冲从信号中分离出来送到微处理器中，又可将设定的传感器数据、自诊断结果、测量结果送到现场通信器中显示。ST-3000 系列压阻式智能压力传感器的测量精度优于 ±0.1%，输出信号有 4~20 mA 标准模拟信号（精度为 0.075% FS）和数字信号（精度为 0.062 5% FS）两种，有 -40~110 ℃ 的宽域温度及 0~21 MPa 的静压补偿。

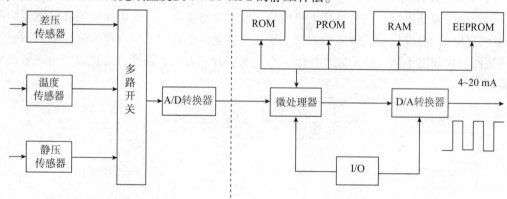

图 6-3　ST-3000 系列压阻式智能压力传感器原理

6.1.5　智能传感器的数据采集

在使传感器智能化之前，必须对传感器输出信号进行预处理。由于被检测信号种类繁多，输出的信号有模拟量、数字量、开关量等，绝大多数传感器输出信号不能直接作为 A/D 转换的输入量，必须先通过各种预处理电路，将传感器输出信号转换成统一的电压信号或周期信号。

1. 信号的预处理

（1）开关信号的预处理。当传感器输入的物理量小于某阈值时，传感器处于"关"状态；大于阈值时，传感器处于"开"状态。

（2）模拟信号的预处理。模拟脉冲式传感器信号一般需接脉冲限幅电路，使输出变成窄脉冲后，方可使用脉冲瞬值保持电路将脉冲扩展，以便进行 A/D 转换。

2. 数据采集

传感器信号经预处理后，成为 A/D 转换器所需要的电模拟信号。模拟电压的数字化要依赖 A/D 转换器，它通过采样、量化和编码将输入电信号变换为数字信号。

数据采集的周期如下：

（1）数据采集的配置；

（2）采样周期的选择；

（3）A/D 转换器的选择。

6.1.6 智能传感器的数据处理技术

传感器的输出信号经过 A/D 转换器转换后，获得的数字信号一般不能直接输入微处理器供应用程序使用，还必须根据需要进行加工处理，如标度转换、非线性补偿、温度补偿、数字滤波等，以上这些处理称为数据处理，也称为软件处理。

数据处理包含以下一个或几个方面的工作。

（1）数据收集：汇集所需要的信息。

（2）数据转换：把信息转换成适用于微处理器使用的方式。

（3）数据分组：按有关信息进行有效的分组。

（4）数据组织：整理数据或用其他方法安排数据，以便进行处理和误差修正。

（5）数据计算：进行各种算术和逻辑运算，以便得到进一步的信息。

（6）数据存储：保存原始数据和计算结果，供以后使用。

（7）数据搜索：按要求提供有用格式的信息，然后将结果按要求输出。

6.2 智能传感器的实现方法

6.2.1 传感器和信号处理装置的功能集成化

传感器和信号处理装置的功能集成化是实现传感器智能化的主要技术途径。集成式或混合集成式智能传感器是以硅作为基本材料，采用微机械加工技术和大规模集成电路工艺技术，制作敏感元件、信号处理电路、微处理器单元，并把它们集成在一块芯片上，利用驻留在集成体内的软件，实现对测量过程的控制、逻辑判断、数据处理及信息传输等功能，构成集成式智能传感器。这类传感器具有小型化、性能可靠、可批量生产、价格便宜等优点，被认为是智能传感器的主要发展方向。

多功能继承 FET 生物传感器是将多个具有不同固有成分选择的 ISFET（单个有选择性的场效应管）和多路转换器集成在同一芯片上，实现多成分分析。例如，日本电气公司研制出能检测葡萄糖、尿素、维生素 K 和白蛋白 4 种成分的集成 FET 传感器。另一种集成式智能传感器是将多个具有不同特性的气敏元件集成在一块芯片上，利用图像识别技术处理传感器而得到不同灵敏度模式，然后将这些模式所获取的数据进行计算，与被测气体的模式比较，从而辨别出气体种类和确定各自的浓度。

随着微电子技术的飞速发展和微米/纳米技术的问世，大规模集成电路工艺技术日趋完善，集成电路器件的集成度越来越高，它已成功地使各种数字芯片、模拟电路芯片、微处理器芯片、存储器芯片等芯片的性价比大幅度提高。大规模集成电路工艺技术促进了微机械加工技术的发展，形成了与传统的经典传感器制作工艺完全不同的现代传感器技术。

6.2.2　新的检测原理与信号处理的智能化相结合

采用新的检测原理，通过微机械精细加工工艺和纳米技术设计新型结构，使之能真实地反映被测对象的完整信息，这也是传感器智能化的重要技术途径之一。

现在已经研究成功的多振动智能传感器就是利用这种方式实现传感器智能化的。工程中的振动是多种振动模式的综合效应，常用频谱分析方法解析振动。由于传感器在不同频率下的灵敏度不同，势必会造成分析上的失真，因此现在采用微机械加工技术，在硅片上制作出极其精细的沟、槽、孔、膜、悬臂梁和共振腔等，构成性能优异的微型传感器。

6.2.3　研制人工智能材料

人工智能材料的研究是当今世界高新技术领域中的研究热点，也是全世界有关科学家和工程技术人员主要的研究课题。

所谓人工智能，就是研究和完善达到或超过人的思维能力的人造思维系统。人工智能主要内容包括机器智能和仿生模拟两大部分。前者是利用现有的高速、大容量电子计算机的硬件设备，研究以计算机的软件系统来实现新型计算机的原理论证、策略制订、图像识别、语言识别和思维模拟，这是人工智能的初级阶段。后者则是在生物学已有成就的基础上对人脑及思维过程进行人工模拟，设计出具有人类神经系统功能的人工智能机。为了达到上述目的，计算机科学无疑是实现人工智能的必要手段，而仿生学和材料学是推动人工智能研究不断前进的两个"车轮"。

人工智能材料是继天然材料、人造材料、精细材料后的第四代功能材料。它有 3 个基本特征：能感知环境条件的变化（普通传感器的功能）；能进行自我判断（处理器的功能）；能发出指令和自行采取行动（执行器的功能）。显然，人工智能材料除具有功能材料的一般属性（即电、磁、声、光、热、力等特定功能），以及能对周围环境进行检测的硬件功能外，还应具有能按照反馈的信息，进行调节和转换等软件功能。这种材料具有自适应、自诊断、自修复、自完善、自调节和自学习的特性，是制造智能传感器的好材料。因此，人工智能材料和智能传感器是不可分割的两部分。

人工智能材料是一种结构灵敏性材料，其种类繁多、性能各异。按电子结构和化学键不同，人工智能材料可分为金属、陶瓷、聚合物和复合材料等几大类；按功能特性不同，人工智能材料可分为半导体、压电体、铁弹体、铁磁体、铁电体、导电体、光导体、电光体和电子流变体等几种；按形状不同，人工智能材料可分为块材、薄膜和芯片智能材料。前两者常用于分离式智能元器件或者传感器，后者则主要用于智能混合电路和集成智能电路。

6.3　智能传感器设计

根据对智能传感器提出的技术指标，其设计过程主要包括总体结构设计、敏感元件设计、传感器工艺设计、软件设计等。下面以智能压力传感器设计为例，对智能传感器的设计思路作简单介绍。

6.3.1　总体结构设计

智能压力传感器由半导体力敏元件（制作力敏元件时，同时制作两个温度二极管）、放大器、转换开关、双积分 A/D 转换器、单片机、接口电路、IEEE-488 标准接口和存储器（EPROM）组成。

敏感元件测到的压力、温度两组信号经放大后进入二选一模拟开关，在事先编制好并存入 EPROM 的程序的控制下，分时进行 A/D 转换，转换后的数字量送入单片机进行分析、运算、处理，处理结果可经 D/A 转换后直接输出模拟量，对某些系统进行控制；也可由 IEEE-488 接口以标准接口总线与其他智能仪器互联；也可以通过接口电路与普通外设（如打印机、显示器、记录仪等）连接，如图 6-4 所示。

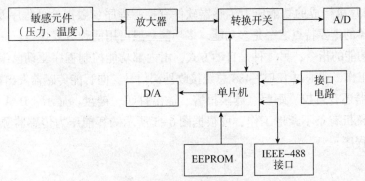

图6-4　智能压力传感器的组成

6.3.2　敏感元件设计

利用集成电路工艺，根据圆形平膜片上各点应力分布，在半导体圆形基片上扩散出 4 个电阻，同时生成两个温度二极管。这 4 个电阻通常接成电桥形式，使输出信号与测量压力成正比，并将阻值增加的两个电阻对接，阻值减少的两个电阻对接，使电桥的灵敏度最大。

半导体材料的压阻系数随温度变化而变化，引起了敏感元件的灵敏度漂移、温度漂移。对灵敏度的温度漂移，可采用改变电源压力大小的方法进行补偿。温度升高时，设法让电桥供电电源的电压提高，使得电桥的输出变大；反之，则设法让电桥供电电源电压下降，使电桥输出变小，以达到补偿的目的。因此，将一个二极管串入电桥供电回路，利用 PN 结正向电压 U_F 与温度 T 的关系，调整电桥电源回路，以电压的大小来补偿灵敏度漂移和温度漂移。

敏感元件的零点温度漂移在设计时也要注意加以克服。零点温度漂移是由扩散电阻的阻值随温度变化引起的，如果将电桥 4 个桥臂的扩散电阻做得大小一样，零点温度漂移就需测量温度信号。将另一个二极管作为测量温度的感温元件，测量瞬时温度，送入单片机修正零点温度漂移即可。

6.3.3 传感器工艺设计

智能压力传感器中的微处理器采用 MCS-51 系列 8031 单片机，它通过锁存器 74LS373 等与外部存储器 EPROM（可擦除可编程传感器）相连。可选用 2716（2 KB）、2732（4 KB）、2764（8 KB）、27128（16 KB）、27256（32 KB）等不同芯片作为存储器，用来存放控制程序、修正值、数据等。其他电路（放大器、A/D 转换器、IEEE-488 标准接口、接口电路等）可合理分布在不同的模板上，组装在一个壳体内。注意：连线要尽可能短，模拟地点与数字地点彻底分开，各个模板电源分别滤波等事项。为减小体积，其他电路应尽可能利用可编程逻辑控制器和集成电路工艺中的焊接、封装等技术，把这些电路的芯片制作在一块基座上，构成混合集成式信号处理电路。

6.3.4 软件设计

用 8031 单片机构成的智能压力传感器软件有控制程序、数据处理程序及辅助程序。

智能传感器的重要特点之一是多功能。多功能一般可用两种方式执行：一种是用户通过键盘发出所选功能的指令；另一种是自动方式，由内部功能控制程序驱动已编制好的数据采集与处理程序工作，或通过 IEEE-488 总线接收外部信号，向智能传感器发出控制指令。

智能传感器还有自校、跟踪、越限报警、输出打印、键盘、显示、D/A 转换等电路及接口。为保证整机有条不紊地工作，可根据图 6-5 所示的智能压力传感器源程序流程图设计可靠的管理程序。

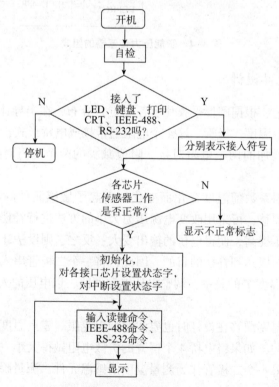

图 6-5 智能压力传感器源程序流程图

智能传感器装成以后，还要进行标定。对这种简单智能压力传感器，可将其温度特性曲线、非线性曲线转换成数字码，存入 EPROM 中。对于测试数据，可通过编制的修正程序进行修正。经过修正，最后给出比较理想的输出。智能压力传感器修正、显示流程图如图 6-6 所示。

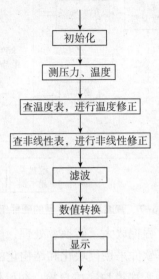

图 6-6　智能压力传感器修正、显示流程图

这种智能压力传感器可利用集成电路、传感器的封接技术，将带有感温二极管的硅力敏元件与单片机、A/D 转换器、接口电路等部分混合集成在一起，使整个系统具有程控、运算、处理等功能，对测试输出信号自动修正与补偿，可长期稳定地工作在环境温度变化的场合。

6.4　智能传感器的应用及其发展

6.4.1　智能传感器应用实例

目前，虽然智能传感器尚处于研究开发阶段，但市场上已经出现了一些实用的智能传感器。与传统的传感器相比，智能传感器提高了检测准确度，具有可设置灵活的检测窗口、快捷方便的编程按钮等优点，使传统传感器的适用范围得到延伸。

1. 智能应力传感器

智能应力传感器可用于测量飞机机翼上各个关键部位的应力大小，判断机翼的工作状态，以及分析故障情况。它共有 6 路应力传感器和 1 路温度传感器，其中每一路应力传感器都由 4 个应变片构成的全桥电路和前置放大器组成，用于测量应力大小。温度传感器用于测量环境温度，从而对应力传感器进行误差修正。采用 8031 单片机作为数据处理和控制单元。多路开关根据单片机发出的命令轮流选通各个传感器通道，0 通道作为温度传感器通道，1 ~ 6 通道分别为 6 个应力传感器通道。程控放大器则在单片机的命令下分别选择不同的放大倍数对各路信号进行放大。该智能传感器具有较强的自适应能力，它可以判断工作环境因素的变化，并进行必要的修正，以保证测量的准确性。智能应力传感器的硬件组成如图6-7所示。

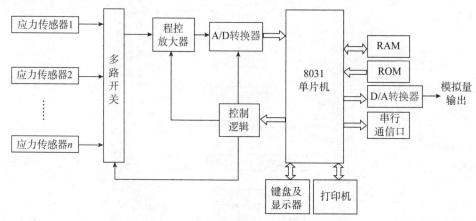

图6-7　智能应力传感器的硬件组成

智能应力传感器具有测量、程控放大、转换、处理、模拟量输出、打印键盘监控及通过串口与计算机通信的功能，其软件采用模块化和结构化的设计方法。智能应力传感器的软件组成模块如图6-8所示。主程序模块完成自检、初始化、通道选择及各个功能模块调用的功能。其中，信号采集模块主要完成数据滤波、非线性补偿、信号处理、误差修正及检索查表等功能；故障诊断模块的任务是对各个应力传感器的信号进行分析，判断飞机机翼的工作状态，以及是否存在损伤或故障。

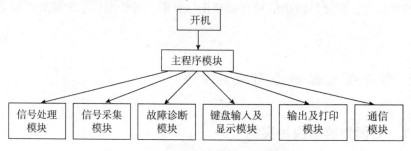

图6-8　智能应力传感器的软件组成模块

2. 三维多功能单片智能传感器

目前，已开发的三维多功能单片智能传感器是把传感器、数据传输、存储及运算模块集成为以硅片为基础的、内含超大规模集成电路的智能传感器。它已将平面集成（二维集成）发展成三维集成，实现了多层结构，如图6-9所示。它在硅片上分层集成了敏感元件、电源、信号处理、存储器、传输器等多个部分，如日本的三维集成电路（3DIC）研制计划中设计的视觉传感器，它将光电转换等检测功能和特征抽取等信息处理功能集成在硅基片上。其基本工艺是先在硅衬底上制成二维集成电路，然后在上面依次用CVD法淀积 SiO_2 层，腐蚀 SiO_2 后再用CVD法淀积多晶硅，再用激光退火，晶化形成第二层硅片，在第二层硅片上制成二维集成电路，依次一层一层地做成3DIC。目前，用这种技术已制成两层十位线性图像传感器，上面一层是 PN 结光敏二极管，下面一层是信号处理电路，其光谱效应线宽为 $400 \sim 700$ mm。这种将二维集成发展成三维集成的技术，可实现多层结构，将传感器功能、逻辑功能和记忆功能等集成在一个硅片上，这是智能传感器的重要发展方向。

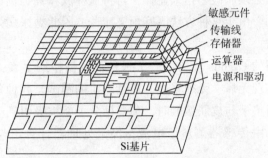

敏感元件
传输线
存储器
运算器
电源和驱动

Si基片

图6-9　三维多功能单片智能传感器的结构

3. 单线智能温度传感器

单线智能温度传感器属于单片智能温度传感器，单线总线技术是美国 DALLAS 公司独特的专有技术，该技术通过串行通信口直接输出被测温度值，输出 $9 \sim 12$ 位的二进制数据，分辨率可达 $0.062\,5 \sim 0.500\,0$ ℃。DS18B20 智能温度传感器是美国 DALLAS 公司继 DS1820 之后推出的一种改进型智能温度传感器，其内部测温电路的工作原理如图 6-10 所示。DS18B20 智能温度传感器是利用特有的专利技术来测量温度的，其传感器和数字转换电路都被集成在一起，每个 DS18B20 智能温度传感器都具有唯一的 64 位序列号。DS18B20 智能温度传感器只需一个数据 I/O 口，因此，多个 DS18B20 智能温度传感器可以并联到 3 根或 2 根线上，CPU 只需 1 根端口线就能与诸多 DS18B20 智能温度传感器进行通信，而它们只需简单的通信协议就能加以识别，占用微处理器的端口较少，可节省大量的引线和逻辑电路。

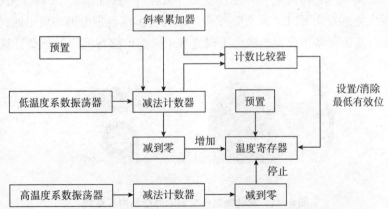

图6-10　DS18B20 智能温度传感器内部测温电路的工作原理

DS18B20 智能温度传感器可编程设定 $9 \sim 12$ 位的二进制数据，用户还可自行设定非易失性温度报警的上、下限值，并可用报警搜索命令识别温度超限的 DS18B20 智能温度传感器。由于温度计采用数字输出形式，故不需要 A/D 转换器。因此，DS18B20 智能温度传感器非常适用于远距离多点温度检测系统。

4. 葡萄糖检测手表

糖尿病人需要随时掌握血糖水平，以便调整饮食和注射胰岛素，防止其他并发症的发生。通常，测血糖时，必须刺破手指采血样，再将血样放在葡萄糖试纸上，最后把试纸放到专用仪器上进行检测。由于这种方法既麻烦又痛苦，因此糖尿病人希望找到一种无创伤且方便的血糖检测方法。

美国加利福尼亚州的 Cygnus 公司生产了一种葡萄糖检测手表，其外观就像普通手表一样，人戴上它就能实现无痛、无须采血、连续的血糖测试。此种葡萄糖检测手表上有一块涂着试剂的垫子，当垫子与皮肤接触时，葡萄糖分子就被吸引到垫子上，与试剂发生电化学反应，产生电流。由传感器测量该电流，经微处理器计算出与该电流对应的血糖浓度，并以数字显示出来。

该产品中的一些关键问题，如怎样保证血糖的渗滤不受试剂的用量变化和温度波动的影响，如何协调控制电极的活化时间等，都因利用微处理器建立的流体动力学模型进行仿真和计算而得到了很好的解决。

近年来，智能传感器已经广泛应用在航天、航空、国防、科技和工农业生产等各个领域中，随着高科技的发展，智能传感器备受青睐。

6.4.2　新型智能传感器

1. 智能微尘传感器

智能微尘传感器是具有计算机功能的超微型传感器。用肉眼看时，它和一颗沙粒没有多大区别，但内部包含了从信息采集、信息处理到信息发送所需的全部部件。目前，直径约为 5 mm 的智能微尘传感器已经问世。智能微尘传感器的外形及内部结构如图 6-11 所示。未来的智能微尘传感器甚至可以悬浮在空中几个小时，搜集、处理并无线发射信息。另外，智能微尘传感器还可以"永久"使用。因为它不仅自带微型薄膜电池，还有一微型的太阳能电池。美国英特尔公司也致力于研究基于微型传感器网络的新型计算机的智能微尘传感器。

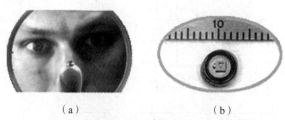

（a）　　　　　　　　　（b）

图 6-11　智能微尘传感器的外形及内部结构

（a）智能微尘传感器的外形；（b）智能微尘传感器的内部结构

2. 生物传感器

生物传感器又称生物芯片，不仅能模拟人的嗅觉（如电子鼻）、视觉（如电子眼）、听觉、味觉、触觉等，还能实现某些动物的特异功能（如海豚的声呐导航测距、蝙蝠的超声波定位、犬类极灵敏的嗅觉、信鸽的方向识别、昆虫的复眼），而且其效率是传统检测手段的成百上千倍。德国英飞凌（Infineon）公司已开发出具有活神经细胞、能读取细胞所发出的电子信息的"神经元芯片"，此芯片上有 16 384 个传感器，每个传感器之间的距离仅为 8 μm。当人体受到电击时，利用它可获取神经组织的活动数据，再将这些数据转换成彩色图片。

3. 微机电系统智能传感器

微机电系统（Micro Electro-Mechanical System，MEMS）智能传感器在一硅基板上集成了微传感器、微处理器、微执行器（机械零件）和电路芯片，可对声、光、热、磁、运动等自然信息进行检测，并且具有信号处理器和执行器功能，外形轮廓尺寸在毫米量级以下。

MEMS 智能传感器含有微热传感器、微辐射传感器、微力学量传感器、微磁传感器、微生物（化学）传感器等。因为 MEMS 智能传感器涉及的力学量种类繁多，不仅涉及静态和动态参数，如位移、速度和加速度，还涉及材料的物理性能，如密度、硬度和黏度，所以微力学量传感器是 MEMS 智能传感器中最重要的传感器，用它可测量各种物理量、化学量和生物量。

4. 虚拟传感器和网络传感器

虚拟传感器是基于软件开发的智能传感器。它是在硬件的基础上通过软件来实现测试功能，利用软件，还可完成传感器的校准及标定，使之达到最佳性能指标。虚拟传感器可缩短产品开发周期、降低成本、提高可靠性。

智能传感器的另一发展方向就是网络传感器。网络传感器是包含数字传感器、网络接口和处理单元的新一代智能传感器。美国霍尼韦尔公司开发的 PPT 系列、PPTR 系列和PPTE 系列智能精密压力传感器就属于网络传感器。在构成网络时，网络传感器能确定每个传感器的全局地址、组地址和设备识别号（ID）地址。用户通过网络就能获取任何一个传感器的数据，并对该传感器的参数进行设置。

6.4.3 智能传感器的发展前景

智能传感器是新兴的研究方向，在最近几年以及今后若干年的时间里，它仍然是传感器研究的前沿热点问题。随着新材料、新技术的不断出现，智能传感器的研究必然沿着高精度、小型化和多功能等方向发展。今后的研究内容将主要集中在以下几个方面。

（1）与微电子技术相结合，使传感器和微处理器结合在一起，实现功能更加完备的单片智能传感器。例如，利用三维集成（3DIC）及异质结技术研制高智能传感器"人工脑"，这是科学家近期的奋斗目标。日本正在用 3DIC 技术研制视的觉传感器就是其中一例。

（2）微型化是今后智能传感器的重要发展方向之一。微型结构是指超出了人们的视觉辨别能力，尺寸在 1 μm ~ 1 mm 之间的结构。在这个范围内加工出微型结构或系统，不仅需要传统的硅平面技术和知识，还需要掌握微切削加工、微制造、微机械和微电子领域的知识，这 4 个领域是完成智能传感器或微型传感器系统设计的基本知识来源。

随着 MEMS 的迅速发展，微电子与微机械的集成相应地也会带动智能传感器微型化的步伐。未来，微机械技术的作用将会同微电子所起的作用一样，全球微型系统市场价值将十分巨大，批量生产微型结构和将其置入微型系统的能力必将迅速提高，微型工程技术将会像显微镜一样影响人类的生活，促使人类进步和科学技术进一步发展。

（3）利用生物工艺和纳米技术新方法研制传感器功能材料，并以此技术为基础研制分子和原子生物传感器。纳米科学是集基础科学与应用科学于一体的新兴科学，主要包括纳米电子学、纳米材料、纳米生物学等。纳米科学具有很广阔的应用前景，它促使现代科学技术从目前的微米尺度上升到纳米或原子尺度，并成为推动 21 世纪人类基础科学研究和产业技术革命的巨大动力。利用生物工艺、纳米技术等新方法研制传感器功能材料，必将成为传感器（包括智能传感器）的一种革命性技术。

目前，在世界范围内，已有公司利用纳米技术研制出了分子级的电器，如纳米开关、纳米马达（其直径只有 10 nm）和纳米电机等。可以预料，纳米级传感器不久也将应运而生，使传感器技术产生一次新的飞跃。

（4）完善智能器件的设计方法也将是今后智能传感器的发展方向之一。利用新材料、新技术完善智能器件的设计方法，将会减轻人类繁重的脑力劳动，实现智能化、自动化。

当前，人们要优先研究以各种类型记忆材料和相关智能技术为基础的初级智能器件（如智能探测器、智能控制器、智能红外摄像仪、智能天线、智能太阳能收集器、智能自动调光窗口等），同时研究智能材料（如功能金属、功能陶瓷、功能聚合物、功能玻璃、功能复合材料及功能分子原子材料）在智能传感器中的应用途径，完善智能器件的设计方法，从而达到发展高级智能器件、纳米级微型机器人、人工脑等系统的目的。

复习思考题

6-1　什么是智能传感器？

6-2　简述智能传感器的特点及结构。

6-3　智能传感器可以分为哪几类？

6-4　数据采集系统的配置有哪些？

6-5　简述 ST-3000 系列压阻式智能压力传感器的工作原理。

6-6　简述 DS18B20 智能温度传感器的工作原理及结构。

第7章
工程测试仪器、仪表

内容提要 ▶▶ ▶

在现代工业生产过程中，为了保证产品质量、提高生产效率，必须对生产过程进行监督和控制，这就要利用各种测试仪器、仪表进行测量和记录。因此，测试仪器、仪表是获取生产过程中各种信息，从而进一步认识、研究和控制生产过程的重要手段与工具。本章就工程测试仪器、仪表进行简要的介绍，内容包括模拟式工程仪器、仪表的类型及工作原理，智能仪器的组成、功能特点及其发展趋势，数字式仪表的概念、数字式显示仪器三要素，智能化工业仪器、仪表的组成、功能特点及其发展趋势，虚拟仪器、仪表的发展、组成和网络化测试技术及测控系统等。

> **教学提示。**主要知识点有模拟仪器、仪表，以及数字式仪表的基本概念，数字式显示仪器、智能仪器、虚拟仪器的概念、特点、功能及其发展趋势。
>
> **教学要求。**理解模拟式仪器、仪表的基本工作原理，了解数字式仪表的组成及其构成方案，数字式显示仪器、智能仪器、虚拟仪器的功能特点及其发展趋势。了解数据采集、数据处理技术等相关的概念，了解基于现场总线的仪表单元的优点。

7.1 模拟式仪器、仪表

7.1.1 动圈式仪器

在自动检测和控制中，动圈式仪器是一种发展较早的模拟式仪器，它可以显示直流毫伏信号，也可以显示非电位信号但能转换成电位信号的参量。

1. 动圈测量机构的工作原理

动圈测量机构是利用永久磁铁与载流线圈（动圈）相互作用的原理制成的。动圈测量机构的工作原理如图7-1所示。在均匀辐射的磁场里放入一个动圈，当动圈中通过电流 I 时，它与磁力线垂直的两个侧边将产生作用力 F，F 的方向可用左手定则确定。在磁场中，动圈里通入图示方向的电流，则动圈将按顺时针方向旋转，在转动力矩的作用下，动圈将产生偏转。若没有反作用力矩与其平衡，则不论被测电流的大小如何，动圈都将转到极限位置。因此，为了指示出被测量的数值，必须加反作用力矩。在动圈测量机构中，反作用力矩通常由游丝或张丝的扭矩产生，而且反作用力矩的大小与可动部分的转角成正比。当反作用力矩与电磁作用力矩相平衡时，动圈就稳定在某一位置上。也就是说，偏转角与通过动圈的电流 I 成正比，被测量的大小可以用偏转角表示。

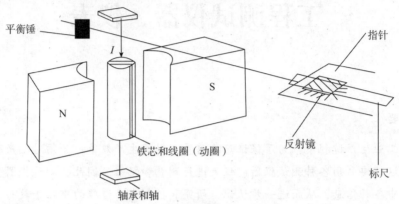

图 7-1　动圈测量机构的工作原理

采用上述动圈测量机构，可以构成一系列的动圈式仪器。下面介绍比较常用的动圈式笔式记录仪。

2. 动圈式笔式记录仪

动圈式笔式记录仪（简称笔式记录仪）是用笔尖（墨水笔、电笔等）在记录纸上描绘被测量相对于时间或某一参考量之间函数关系的记录仪器。

图 7-2 所示为笔式记录仪的核心部件，它也是前面所讲的动圈测量机构。将记录笔与动圈固定在一起，动圈的有效边（工作边）置于永久磁铁所形成的磁场空隙中。当动圈内有信

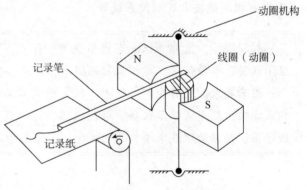

图 7-2　笔式记录仪的核心部件

号电流流过时，动圈将受到电磁作用力矩的作用。在电磁作用力矩和张丝所产生的反作用力矩的共同作用下，动圈带动记录笔一起偏转，记录笔与记录纸的运动配合，就可以把被测量信号的变换情况记录在记录纸上。

7.1.2　平衡式记录仪器

1. 平衡式记录仪器的工作原理

平衡式记录仪器的组成如图 7-3 所示，它由测量电路、放大电路、可逆电动机、平衡机构和指示记录机构组成。在工作时，其将已知的信号与未知的被测信号进行比较，若两

者不等，则差值将经放大电路放大，驱动可逆电动机和平衡机构，带动指示记录机构动作，与此同时改变已知信号的大小，直到与被测信号平衡，使输送给放大电路的信号等于零。此时，指示记录机构反映的读数即为被测量的大小。

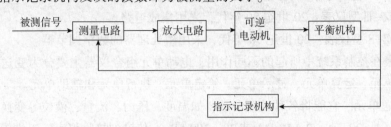

图7-3　平衡式记录仪器的组成

2. 常用的平衡式记录仪器——函数记录仪

通常，函数记录仪由变换器（即信号测量元件）、信号放大器、伺服电动机-测速机组、齿轮系及绳轮等组成，其工作原理如图7-4所示。该系统的输入（给定量）是待记录电压，被控对象是记录笔，笔的位移是被控量。该系统的任务是控制记录笔位移，在纸上描绘出待记录的电压曲线。

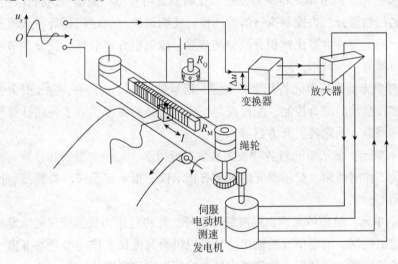

图7-4　函数记录仪的工作原理

在图7-4中，测量元件是由电位器 R_Q 和 R_M 组成的桥式测量电路，记录笔固定在电位器 R_M 的滑臂上，因此，测量电路的输出电压 u_p 与记录笔位移成正比。当有交变的输入电压 u_r 时，在放大元件输入口得到偏差电压 $\Delta u = u_r - u_p$，经放大后驱动伺服电动机，并通过齿轮减速器及绳轮带动记录笔移动，同时使偏差电压减小。当偏差电压 $\Delta u = 0$ 时，电动机停止转动，记录笔也静止不动。此时 $u_p = u_r$，表明记录笔位移与输入电压成对应关系。如果输入电压随时间连续变化，记录笔就描绘出相应的电压曲线。

7.1.3　电动单元组合仪器

电动单元组合仪器是把各个仪表之间用统一规格的电信号进行联系，将各种独立仪表进行不同的组合，从而构成适用于各种不同场合的自动检测系统。

电动单元组合式仪器发展概况如下。

（1）DDZ-Ⅰ型仪表：20世纪60年代，放大元件为电子管、磁放大器。

（2）DDZ-Ⅱ型仪表：20世纪70年代，采用晶体管放大元件。

（3）DDZ-Ⅲ型仪表：20世纪80年代，采用集成电路。

（4）DDZ-S型仪表：20世纪90年代，采用微处理器的数字调节器。

根据仪表在控制系统中所起的不同作用，电动单元组合仪器主要分为变送单元、转换单元、调节单元、运算单元、显示单元、给定单元、执行单元和辅助单元。

（1）变送单元。它能将各种被测参数，如温度、压力、流量、液位等变换成相应的标准统一信号（4~20 mA，0~10 mA或20~100 kPa）传输到接收仪表，以供指示、记录或控制。变送单元的主要类型有温度变送器、压力变送器、差压变送器、流量变送器等。

（2）转换单元。转换单元将其他系列仪表的输出信号（如电压、频率等电信号）转换为标准统一信号，或者进行标准统一信号之间的转换（如20~100 kPa的气压信号转换成相应的0~10 mA或4~20 mA直流电流信号）。转换单元的种类有直流毫伏转换器、频率转换器、电-气转换器、气-电转换器等。

（3）调节单元。调节单元将来自变送单元的测量信号与给定信号进行比较，按偏差给出一定规律的控制信号，去控制执行器的动作，使测量值与给定值相等，从而实现自动控制。调节单元的主要种类有比例积分微分调节器、比例积分调节器、微分调节器、具有特种功能的调节器等。

（4）运算单元。运算单元将几个标准统一信号进行加、减、乘、除、开方、平方等运算，适用于多种参数的综合控制、配比控制，流量信号的温度压力水补偿计算等。运算单元的种类有加减器、乘除器、开方器等。

（5）显示单元。显示单元对各种被测参数进行指示、记录、报警和计算，供操作人员监视控制系统工作时使用。显示单元的种类有指示仪、指示记录仪、报警器、比例计算器和开方计算器等。

（6）给定单元。给定单元输出标准统一信号，并将其作为被控变量的给定值送到调节单元，实现定值控制。给定单元的输出信号可以供给其他仪表作为参考基准值。给定单元的种类有恒流给定器、定值器、比值给定器和时间程序给定器等。

（7）执行单元。执行单元按照调节器输出的控制信号或手动操作信号，操作执行元件，改变控制变量的大小。执行单元的种类有角行程电动执行器、直行程电动执行器、气动薄膜调节阀等。

（8）辅助单元。辅助单元是为了满足自动控制系统某些要求而增设的仪表，如操作器、阻尼器、限幅器、安全栅等。其中，操作器用于手动操作；阻尼器用于对压力或流量等信号进行平滑；限幅器用以限制电流或电压的上、下极限；安全栅用来将危险场所隔开，起安全防爆作用。

图7-5所示为电动单元组合仪器构成的简单调节系统。图中，被测量一般是非电的工艺参数，如温度、压力等，必须经过一定的检测元件，将其变换为易于传输和显示的物理量。由于检测元件输出的能量很小，一般不能直接驱动显示和调节仪表，必须经过放大或

再一次的能量转换，才能将检测元件输出的微弱信号变换为能远距离传输的标准统一信号。在图7-5中，起上述作用的环节就是变送单元（或称变送器），它有若干不同的类型，与相应的检测元件相配合。由变送单元输出的标准统一信号，送到显示单元供记录或指示的同时，也送到调节单元与给定值进行比较。给定值可以由专门的给定单元取得，也可由调节单元内部取得。目前，多数调节单元内部都有设定给定值的装置。调节单元（又称调节器）按比较得出的偏差，以一定的调节规律，如比例、微分、积分等运算关系发出调节信号，通过执行单元改变阀门的开度，控制进入调节对象的工艺介质流量，达到自动调节的目的。

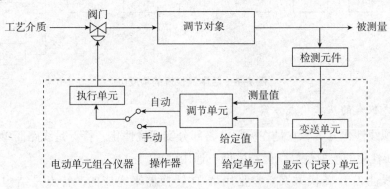

图7-5 电动单元组合仪器构成的简单调节系统

7.2 数字式仪表

7.2.1 数字式仪表的分类与构成

1. 数字式仪表的分类

（1）按输入信号的形式分类，可分为电压型和频率型。

（2）按被测信号的点数分类，可分为单点和多点。

（3）按仪表的功能分类，可分为显示仪、显示报警仪、显示输出仪、显示记录仪、具有复合功能的数字显示报警输出记录仪等。

（4）按调节方式分类，可分为继电器触点输出的二位调节、三位调节、时间比例调节和连续PID调节。

2. 数字式仪表的构成

数字式仪表的构成如图7-6所示，包括检测元件、变送器、前置放大器、模拟-数字信号转换器（A/D转换器）、非线性补偿、标度变换及显示装置等部分。由检测元件送来的信号，经变送器转换成电信号。由于该信号较小，因此通过前置放大器放大为有用信号，然后把连续输入的电信号转换成数码输出，即进行A/D转换。被测变量经过检测元件及变送器转换后的电信号与被测变量之间有时为非线性函数关系，这在模拟式仪器、仪表中可以采用非等分刻度标尺的方法加以解决。对于不同量程和单位的转换系数，可以使用相应的标尺来显示，但在数字式仪表中，所观察到的是被测变量的绝对数字值，因此，对 A/D 转换器输出的数码必须进行数字式的非线性补偿，以及各种系数的标度变换，最后送往计数器计数并显示，同时送往报警系统和打印设备打印出数字来。当有其他需要时，也可把数码输出，供计算装置等使用。

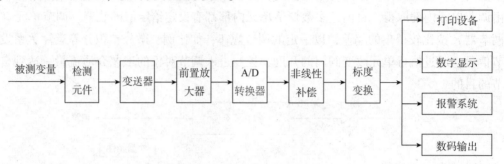

图 7-6 数字式仪表的构成

3. 数字式仪表的基本构成方案

（1）模拟线性化方案。它是在模拟电路部分实现线性化，特点是线路简单、可靠，可以直接输出线性化的模拟信号，但精度低、通用性差。

（2）非线性 A/D 转换方案。它是用 A/D 转换器来完成的，特点是结构紧凑、精度高，但通用性差、测量范围窄。

（3）数字线性化方案。它是在数字电路部分实现线性化，特点是精度高、适用面广，但是线路较复杂，会给仪表的可靠性带来一些影响。

7.2.2 数字式面板仪器

数字式面板仪器即数字显示仪器，通常是将检测元件、变送器或传感器送进来的电流或电压信号，经前置放大器放大，然后经 A/D 转换器转换成数字信号，最后由数字显示仪器显示其读数。由于检测元件的输出信号与被测变量之间往往具有非线性关系，因此数字显示仪器必须进行非线性补偿。在生产过程中，显示仪表须直接显示参数值，如温度、压力、流量、物位等参数大小，而经 A/D 转换后的数字量与被测变量值往往并不相等，故数字显示仪器的显示值并不是被测变量值。为了使读数直观，必须进行信号的标准化和标度变换，使仪器显示的数字即为参数值。因此，A/D 转换、非线性补偿、信号的标准化和标度变换是组成数字显示仪器的三要素。

1. A/D 转换

A/D 转换过程分为两步完成：第一步使用传感器将生产过程中连续变化的物理量转换为模拟信号；第二步由 A/D 转换器把模拟信号转换成为数字信号。为将时间连续、幅值也连续的模拟信号转换成时间离散、幅值也离散的数字信号，A/D 转换需要经过采样、保持、量化、编码 4 个阶段。通常，采样、保持用采样-保持电路来完成，而量化和编码在转换过程中实现。

（1）采样与保持。将一时间上连续变化的模拟量转换成时间上离散的模拟量称为采样。采样脉冲的频率越高，所取得的信号越能真实地反映输入信号，合理的采样频率由采样定理确定。

采样定理：设采样脉冲 $S(t)$ 的频率为 f_s，输入模拟信号 $X(t)$ 的最高频率分量的频率为 f_{max}，则 f_s 与 f_{max} 必须满足

$$f_s \geq 2f_{max}$$

因此，只有当采样频率 f_s 大于或等于输入模拟信号 $X(t)$ 的最高频率分量 f_{max} 的 2 倍时，采样所取得的信号 $Y(t)$ 才可以正确地反映输入信号。通常，取 f_s = （2.5～3）f_{max}。由于每次把采样电压转换为相应的数字信号时都需要一定的时间，因此在每次采样以后，需把采样电压保持一段时间，这称为保持。而进行 A/D 转换时所用的输入电压实际上是每次采样结束时的采样电压值。根据采样定理，用数字方法传递和处理模拟信号，并不需要信号在整个作用时间内的数值，只需要采样点的数值。因此，在前后两次采样之间可把采样所得的模拟信号暂时存储起来，以便将其进行量化和编码。

（2）量化和编码。数字信号不仅在时间上是离散的，而且在幅值上也是不连续的，任何一个数字量的大小只能是某个规定最小量值的整数倍。为了将模拟信号转换成数字信号，在 A/D 转换中必须将采样-保持电路的输出电压按某种近似方式规划到与之相应的离散电平上。

将采样-保持电路的输出电压规划为数字量最小单位所对应最小量值整数倍的过程称为量化。这个最小量值称为量化单位，用二进制代码来表示各个量化电平的过程称为编码。

由于数字量的位数有限，一个 n 位的二进制数只能表示 $2n$ 个值，因而任何一个采样-保持信号的幅值，只能近似地逼近某一个离散的数字量。因此，在量化过程中，不可避免地会产生误差，通常把这种误差称为量化误差。显然，在量化过程中，量化级分得越多，量化误差就越小。

2. 非线性补偿（线性化）

非线性补偿的方法很多，放在 A/D 转换之前的称为模拟线性化；放在 A/D 转换之后的称为数字线性化；在 A/D 转换中进行非线性补偿的称为非线性 A/D 转换。模拟线性化精度较低，但调整方便，成本低；数字线性化精度高；非线性 A/D 转换则介于两者之间。

（1）模拟线性化。在线性化器的仪表构成中，可用串联方式接入，也可用反馈方式接入。由此，模拟线性化又分为串联式线性化和反馈式线性化两种。

①串联式线性化。串联式线性化的原理如图 7-7 所示。由于检测元件或传感器的非线性，因此当被测变量 x 被转换成电压量 U_1 时，它们之间为非线性关系，而放大器一般具有线性特性，故经放大后的 U_2 与 x 之间仍为非线性关系，因此应加入线性化器。利用线性化器来补偿检测元件或传感器的非线性，使 A/D 转换之前的 U_o 与 x 之间具有线性关系。

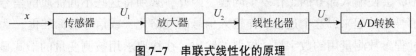

图 7-7　串联式线性化的原理

②反馈式线性化。反馈式线性化是利用反馈补偿原理，引入非线性的负反馈环节，用负反馈环节本身的非线性来补偿检测元件或传感器的非线性，使 U_o 和 x 之间的关系具有线性特性。反馈式线性化的原理如图 7-8 所示。

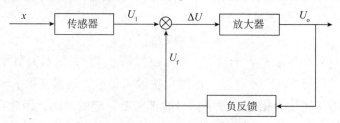

图 7-8　反馈式线性化的原理

（2）数字线性化。数字线性化是在 A/D 转换之后的计数过程中，进行系数运算而实现非线性补偿的一种方法。基本原则仍然是"以折代曲"。将不同斜率的斜线乘以不同的系数，使非线性的输入信号转换为有着同一斜率的线性输入，以达到线性化的目的。图 7-9 所示为数字线性化器的逻辑原理。

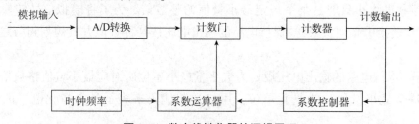

图 7-9　数字线性化器的逻辑原理

（3）A/D 转换线性化（非线性 A/D 转换）。它是通过 A/D 转换直接进行线性化处理的一种方法。例如，利用 A/D 转换后的不同输出量，经过逻辑处理后发出不同的控制信号，反馈到 A/D 转换网络中去改变 A/D 转换的比例系数，使 A/D 转换最后输出的数字量与被测量呈线性关系。

3. 信号的标准化和标度变换

对检测元件或传感器送来的信号进行标准化或标度变换，是数字信号处理的一项重要任务，也是数字显示仪器设计中必须解决的基本问题。

一般情况下，由于需要测量和显示的过程参数（包括其他物理量）多种多样，因而仪器、仪表输入信号的类型、性质千差万别。即使是同一种参数或物理量，由于检测元件和装置的不同，输入信号的性质、电平的高低等也不相同。以测温为例，用热电偶作为测温元件，输出的是电位信号；以热电阻作为测温元件，输出的是电阻信号；采用温度变送器时，其输出又变换为电流信号。不仅信号的类别不同，而且电平的高低也相差极大，有的高达伏级，有的低至微伏级。这样就不能满足数字式仪表或数字系统的要求，尤其在巡回检测装置中，会使输入部分的工作发生问题。因此，必须将这些不同性质的信号，或者不同电平的信号统一起来，这个过程叫作输入信号的规格化，或信号的标准化。

对于过程参数测量用的数字显示仪器的输出，往往要求用被测变量的形式显示，如温度、压力、流量、物位等。这就存在一个量纲还原问题，通常称之为标度变换。

图 7-10 所示为一般数字显示仪器的标度变换原理。显示值 y 与测量值 x 之间的关系为

$$y = S_1 S_2 S_3 x = Sx$$

式中，S——数字显示仪器的总灵敏度，也称标度变换系数；

S_1、S_2、S_3——模拟部分、A/D 转换部分、数字部分的灵敏度或标度变换系数。

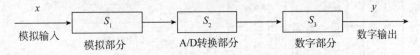

图 7-10 一般数字显示仪器的标度变换原理

标度变换可以通过改变 S 来实现，使显示值的单位和测量值的单位一致。通常，当 A/D 转换装置确定后，A/D 转换部分的标度变换系数 S_2 也就确定了。要改变标度变换系数 S，可以改变模拟部分的标度变换系数 S_1，如传感器的转换系数以及前置放大级的放大系数等，也可以通过改变数字部分的标度变换系数 S_3 来实现。前者称为模拟量的标度变换，后者称为数字量的标度变换。因此，标度变换既可在模拟部分进行，也可在数字部分进行。

7.3 智能仪器

7.3.1 智能仪器的组成

智能仪器是计算机技术与测量仪器相结合的产物，是含有微型计算机或微处理器的测量（或检测）仪器，它拥有对数据的存储、运算、逻辑判断及自动化操作功能，能产生一定的智能作用（表现为智能的延伸或加强等）。

20 世纪 80 年代，微处理器被用到仪器中，仪器前面板开始朝键盘化方向发展，测量系统常通过 IEEE-488 总线连接。20 世纪 90 年代末，随着计算机、网络和通信技术的发展，智能化、数字化、网络化已成为仪器发展的大趋势。仪器、仪表的智能化突出表现在以下几个方面：微电子技术的进步更深刻地影响仪器、仪表的设计；DSP（数字信号处理）芯片的问世，使仪器、仪表的数字信号处理功能大大加强；微型计算机的发展，使仪器、仪表具有更强的数据处理能力；图像处理功能的增加十分普遍；VXI 总线得到广泛的应用。

智能仪器实际上是一台专用的微型计算机系统，它由硬件和软件两大部分组成。

1. 硬件部分

智能仪器的硬件基本结构如图 7-11 所示。传感器获取被测参量的信息并转换成电信号，经滤波器去除干扰后送入多路模拟开关。由单片机逐路选通模拟开关将各输入通道的信号逐一送入程控增益放大器，放大后的信号经 A/D 转换器转换成相应的脉冲信号后送入单片机中；单片机根据仪器所设定的初值进行相应的数据运算和处理（如非线性校正等）。运算的结果被转换为相应的数据进行显示和打印，同时单片机把运算结果与存储于芯片内 FlashROM（闪速存储器）或 EEPROM（带电可擦除可编程只读存储器）内的设定

参数进行运算比较后，根据运算结果和控制要求，输出相应的控制信号（如报警装置触发、继电器触点等）。另外，智能仪器还可以与程序计数器组成分布式测控系统，由单片机作为下位机采集各种测量信号与数据，通过串行通信将信息传输给上位机——程序计数器计算机，由程序计数器计算机进行全局管理。

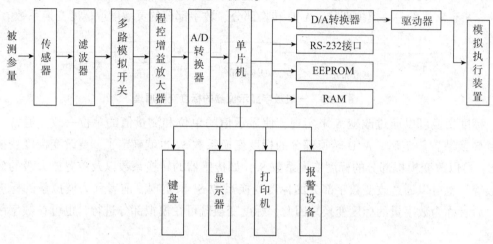

图 7-11　智能仪器的硬件基本结构

2. 软件部分

智能仪器的软件部分包括监控程序和接口管理程序。

（1）监控程序是面向仪器面板键盘和显示器的管理程序，其主要内容包括：

①通过键盘输入命令和数据，对仪器的功能、操作方式与工作参数进行设置；

②根据仪器设置的功能和工作方式，控制 I/O 接口电路进行数据采集和存储；

③按照仪器设置的参数，对采集数据进行相关处理；

④以数字、字符等形式显示测量结果、数据处理结果及仪器的状态信息。

（2）接口管理程序是面向通信接口的管理程序，其主要内容是接收并分析来自通信接口总线的远程控制命令，包括：

①描述功能、操作方式与工作参数的代码，进行有关的数据采集与数据处理；

②通过通信接口输出仪器的测量结果、数据处理结果及仪器的现行工作状态信息。

7.3.2　智能仪器的功能特点

随着微电子技术的不断发展，集成 CPU、存储器、定时器/计数器、并行和串行接口、"看门狗"、前置放大器、A/D 和 D/A 转换器等电路在一块芯片上的集成电路芯片（即单片机）出现了。以单片机为主体，将计算机技术与测量控制技术结合在一起，又组成了智能化测量控制系统，也就是智能仪器。与传统仪器相比，智能仪器具有以下功能特点。

（1）操作自动化。智能仪器的整个测量过程如键盘扫描，量程选择，开关的启动和闭合，数据的采集、传输与处理，以及显示打印等都用单片机或微处理器来控制操作，实现测量过程的全部自动化。

（2）具有自测功能。自测功能包括自动调零、自动故障与状态检验、自动校准、自诊断及量程自动转换等。智能仪器能自动检测出发生故障的部位，以及发生故障的原因。这种自测功能可以在仪器启动时运行，也可在仪器工作时运行，极大地方便了仪器的维护工作。

（3）具有数据处理功能。这是智能仪器的主要优点之一。智能仪器由于采用了单片机或微处理器，使许多原来用硬件逻辑难以解决或根本无法解决的问题，现在可以用软件非常灵活地加以解决。例如，传统的数字万用表只能测量电阻、交流电压、直流电压、电流等，而智能型的数字万用表不仅能进行上述测量，而且具有对测量结果进行诸如零点平移、取平均值、求极值、统计分析等复杂的数据处理功能，不仅将用户从繁重的数据处理中解放出来，而且有效地提高了仪器的测量精度。

（4）具有友好的人机对话功能。智能仪器使用键盘代替传统仪器中的切换开关，操作人员只需通过键盘输入命令，就能实现某种测量功能。与此同时，智能仪器还通过显示屏将仪器的运行情况、工作状态及对测量数据的处理结果及时告诉操作人员，使仪器的操作更加方便、直观。

（5）具有可程控操作功能。一般智能仪器都配有 GPIB、RS-232、RS-485 等标准的通信接口，可以与计算机和其他仪器一起组成具有用户所需要的多种功能的自动测量系统，完成更复杂的测试任务。

7.3.3　智能仪器的发展趋势

智能仪器的出现，有效地扩大了传统仪器的应用范围。智能仪器凭借其体积小、功能强、功耗低等优势，迅速地在家用电器、科研单位和工业企业中得到了广泛的应用。今后，智能仪器将主要向着以下几个方面发展。

（1）微型化。微型化是指将微电子技术、微机械技术、信息技术等综合应用于仪器的生产中，从而使仪器成为体积小、功能齐全的智能仪器的过程。这种体积小、功能齐全的智能仪器称为微型智能仪器，它能够实现信号的采集、线性化处理、数字信号处理，控制信号的输出、放大，与其他仪器的对接、与人的交互等功能。随着微电子、微机械技术的不断发展，其技术不断成熟，价格不断降低，因此应用领域也将不断扩大。它不但具有传统仪器的功能，而且能在自动化技术、航天、军事、生物技术、医疗领域起到独特的作用。例如，目前要同时测量一个病人的几个不同的参量，并进行某些参量的控制。通常，病人的体内要插进几根管子，这样增加了病人感染的机会。而微型智能仪器能同时测量多参数，而且体积小，可植入人体，使这些问题得到解决。

（2）多功能。多功能本身就是智能仪器的一个特点。例如，为了设计速度较快和结构较复杂的数字系统，仪器生产厂家制造了具有脉冲发生器、频率合成器和任意波形发生器等功能的函数发生器。这种多功能的综合型产品，不但在性能上（如准确度）比专用脉冲发生器和频率合成器高，而且在各种测试功能上提供了较好的解决方案。

（3）人工智能化。人工智能是计算机应用的崭新领域，利用计算机模拟人的智能，用于机器人、医疗诊断、专家系统、推理证明等各方面。智能仪器的进一步发展将含有一定的人工智能，即代替人的部分脑力劳动，从而在视觉（图形及色彩辨读）、听觉（语音识别及语言领悟）、思维（推理、判断、学习与联想）等方面具有一定的功能。这样，智能仪器无须人的干预即可自主地完成检测或控制功能。显然，人工智能在现代仪器、仪表中的应用，不仅可以解决用传统方法很难解决的一类问题，而且可望解决用传统方法根本不能解决的问题。

（4）网络化。融合系统编程技术（In-System Programming，ISP）和嵌入式微型因特网互联技术（Embedded Micro Internetworking Technology，EMIT），实现了仪器、仪表系统的互联网接入。伴随着网络技术的飞速发展，互联网技术正在逐渐向工业控制和智能仪器系统设计领域渗透，实现智能仪器系统的网络化后，能够对设计好的智能仪器系统进行远程升级、功能重置和系统维护。

7.4　虚拟仪器及网络化测控系统

7.4.1　虚拟仪器的发展

20 世纪 80 年代，随着计算机技术的发展，个人计算机可以带有多个扩展槽，就出现了插在计算机里的数据采集卡。它可以进行一些简单的数据采集，数据的后处理由计算机软件完成，这就是虚拟仪器的雏形。1986 年，美国 National Instruments 公司（简称 NI 公司）提出了"软件即仪器"的口号，推出了 NI-LabVIEW 开发和运行程序平台，以直观的流程图编程风格为特点，开启了虚拟仪器的先河。

所谓虚拟仪器（Virtual Instruments，VI），就是基于计算机的软硬件测试平台，它可代替传统的测量仪器，如示波器、逻辑分析仪、信号发生器、频谱分析仪等，也可以集成于自动控制、工业控制系统，还可以自由构建成专有仪器系统。它由计算机、应用软件和仪器硬件组成。无论哪种虚拟仪器系统，都是将仪器硬件搭载到笔记本电脑、个人台式计算机或工作站等各种计算机平台（甚至可以是掌上电脑），再加上应用软件而构成，也就是通过软件，将计算机硬件资源与仪器硬件有机地融合为一体，从而把计算机强大的计算处理能力和仪器硬件的测量、控制能力结合在一起，大大缩小仪器硬件的体积，降低了成本。这种硬件功能的软件化是虚拟仪器的一大特征，操作人员在计算机显示屏上用鼠标和键盘控制虚拟仪器程序的运行，就像操作真实的仪器一样，从而完成测量和分析任务。

从发展史看，电子测量仪器经历了由模拟式仪器、仪表，数字式仪表，智能仪器到虚拟仪器的发展历程。由于计算机性能以摩尔定律（每半年提高一倍）飞速发展，虚拟仪器已把传统仪器远远抛到后面，并给虚拟仪器生产厂家不断带来较高的技术更新速率。

与传统仪器相比，虚拟仪器最大的特点是其功能由软件定义，可以由用户根据应用需要进行调整，用户选择不同的应用软件就可以形成不同的虚拟仪器。传统仪器的功能是由厂商事先定义好的，用户无法变更其功能。当虚拟仪器用户需要改变仪器功能或需要构造新的仪器时，可以通过改变应用软件来实现，而不必重新购买新的仪器。因此，虚拟仪器应用面极为广泛，尤其在科研、开发、测量、检测、计量、测控等领域更是不可多得的好工具。虚拟仪器与传统仪器的比较如表 7-1 所示。

表7-1 虚拟仪器与传统仪器的比较

项目	虚拟仪器	传统仪器
开发与维护费用	开发与维护费用降至最低	开发与维护费用高
技术更新周期	技术更新周期短（1～2年）	技术更新周期长（5～10年）
关键环节	软件	硬件
价格	价格低、可复用与可重配置性强	价格昂贵
功能定义方式	用户定义仪器功能	厂商定义仪器功能
开放性与发展性	开放、灵活，可与计算机技术保持同步发展	封闭、固定
互联性	与网络及其他周边设备方便互联、面向应用的仪器系统	功能单一、互联有限的独立设备

7.4.2 虚拟仪器的组成

与传统仪器一样，虚拟仪器也由3个功能模块构成：信号的采集与控制、信号的分析与处理、结果的表达与输出。虚拟仪器的功能框图如图7-12所示，输入通道插卡由采样开关和A/D转换两部分组成。计算机在通过输入通道插卡完成了对被测量参数的实时采样后，首先利用所安装的数据库对采样所得的实时数据进行管理。在此基础上再对数据进行各种计算处理，包括线性化处理、温度热电动势的冷端补偿等，然后根据用户所选择的显示模式，在多媒体上显示。下面从硬件和软件系统两个方面来介绍虚拟仪器的组成。

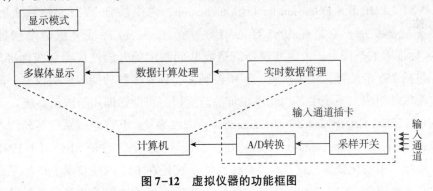

图7-12 虚拟仪器的功能框图

1.硬件系统

虚拟仪器的硬件系统一般分为计算机硬件平台和测控功能硬件。计算机硬件平台可以是各种类型的计算机，如个人计算机、便携式计算机、工作站、嵌入式计算机等。计算机管理着虚拟仪器的软硬件资源，是虚拟仪器的硬件基础。计算机技术在显示、存储能力、处理性能、网络、总线标准等方面的发展，推动着虚拟仪器系统的发展。

按照测控功能硬件的不同，虚拟仪器可分为数据采集系统、通用接口总线、VXI总线系统、PXI总线系统和RS-232串行接口总线5种标准体系结构，主要完成被测输入信号的采集、放大、A/D转换等工作。

（1）数据采集（Data Acquisition，DAQ）系统。DAQ 系统是指基于个人计算机标准总线（如 ISA、PCI、USB 等）的数据采集功能模块。它充分地利用计算机的资源，大大增加了测试系统的灵活性和扩展性。利用 DAQ 系统，可方便快速地组建基于计算机的仪器，实现"一机多型"和"一机多用"。在性能上，随着 A/D 转换技术、信号处理技术的迅速发展，DAQ 系统精度可高达 24 位，通道数高达 64 个，并能任意结合数字 I/O、计数器/定时器等通道。各种性能和功能的 DAQ 功能模块可供选择使用，如示波器、数字万用表、串行数据分析仪、动态信号分析仪、任意波形发生器等。在个人计算机上挂接 DAQ 功能模块，配合相应的软件，就可以构成具有若干功能的个人仪器。这种基于个人计算机的仪器，既可享用个人计算机固有的智能资源，具有高档仪器的测量品质，又能满足测量需求的多样性。对大多数用户来说，这种方案不仅实用性强，应用广泛，而且具有很高的性价比，是一种特别适合我国国情的虚拟仪器方案。

（2）通用接口总线（General Purpose Interface Bus，GPIB）。这种接口总线是计算机和仪器间的标准通信协议。通过 GPIB，可以把具备 GPIB 接口的测量仪器与计算机连接起来，组成计算机虚拟仪器测试系统。GPIB 接口有 24 线（IEEE-488 标准）和 25 线（IEC-625 标准）两种形式，其中以 IEEE-488 标准的 24 线 GPIB 接口应用最多。GPIB 测试仪器通过 GPIB 接口和 GPIB 电缆与计算机相连，形成计算机测试仪器。与 DAQ 系统不同的是，GPIB 测试仪器是独立的设备，能单独使用。GPIB 设备可以串联在一起使用，但系统中 GPIB 电缆的总长度不应超过 20 m，过长的传输距离会使信噪比下降，对数据的传输质量有影响。

（3）VXI（VME Bus Extension for Instrumentation）总线系统。VXI 总线系统是 VME 总线在仪器领域的扩展，它是在 1987 年 VME 总线、Eurocard 标准（机械结构标准）和 IEEE-488 标准等的基础上，由主要仪器制造商共同制定的开放性仪器总线标准。VXI 总线系统可包括 256 个装置，由主机箱、零槽控制器、具有多种功能的模块仪器、驱动软件和系统应用软件组成。系统中各功能模块可随意更换，可即插即用组成新系统。

（4）PXI（Pci Extension for Instrumentation）总线系统。PXI 总线系统是外围器件互联（Peripheral Component Interconnect，PCI）在仪器领域的扩展。它是 NI 公司于 1997 年发布的新的开放性、模块化仪器总线规范。PXI 总线系统是在 PCI 内核技术上增加了成熟的技术规范和要求形成的。PXI 总线系统增加了用于多板同步的触发总线和参考时钟，用于精确定时的星形触发总线，以及用于相邻模块间高速通信的局部总线，来满足试验和测量的要求。PXI 总线系统兼容 Compact PCI 机械规范，并增加了主动冷却、环境测试（温度、湿度、振动和冲击试验）等功能，从而保证多厂商产品的互操作性和系统的易集成性。

（5）RS-232 串行接口总线。很多仪器带有 RS-232 串行接口，可通过连接电缆与计算机相连，构成计算机虚拟仪器测试系统，实现用计算机对仪器进行控制。

2. 软件系统

虚拟仪器的核心思想是利用计算机的硬件和软件资源，代替传统仪器的某些硬件，特别是在系统中采用计算机直接参与测试信号的产生和测量特性的分析，使仪器中的一些硬件甚至整个仪器从系统中消失，而由计算机的软硬件资源来实现它们的功能，以便最大限度地降低系统成本，增强系统的功能与灵活性。"软件即仪器"这一口号正是基于软件在虚拟仪器系统中的重要作用而提出的。虚拟仪器的软件框架从底层到顶层，包括虚拟仪器软件结构、仪器驱动程序、仪器开发软件（应用软件）。

（1）虚拟仪器软件结构（Virtual Instrument Software Architecture，VISA）。在虚拟仪器系统中，I/O 接口软件作为 VISA 中承上启下的一层，其模块化与标准化越来越重要。VISA 实质是标准的 I/O 函数库及其相关规范的总称，它驻留于计算机系统之中实现仪器总线的特殊功能，是计算机与仪器之间的软件层连接，以实现对仪器的程序控制。作为通用 I/O 标准，VISA 具有与仪器硬件接口无关联的特点，即这种软件结构是面向器件功能而不是面向接口总线。应用工程师为带 GPIB 接口仪器所写的软件，也可以用于 VXI 系统或具有 RS-232 标准接口的设备上。这样不仅大大缩短了应用程序的开发周期，而且彻底改变了测试软件开发的方式和手段。

（2）仪器驱动程序。任何一种硬件功能模块，要与计算机进行通信，都需要在计算机中安装该硬件功能模块的驱动程序，仪器驱动程序使用户不必了解详细的硬件控制原理和 GPIB、VXI、DAQ、RS-232 等通信协议就可以实现对特定仪器硬件的使用、控制与通信。因此，仪器驱动程序是完成对某一特定仪器控制与通信的软件程序集，它是应用程序实现仪器控制的桥梁。每个仪器模块都有自己的仪器驱动程序，仪器厂商以源码的形式提供给用户。

（3）仪器开发软件。应用软件是虚拟仪器的核心，建立在仪器驱动程序之上，直接面对操作用户，通过提供直观、友好的操作界面、丰富的数据分析与处理功能，来完成自动测试任务。虚拟仪器硬件功能模块生产商一般会提供虚拟示波器、数字万用表、逻辑分析仪等常用虚拟仪器应用程序，对用户的特殊应用需求，则可以利用 Labview、Agilent VEE 等虚拟仪器开发软件平台来开发。

7.4.3 网络化测试技术及测控系统

智能仪器、虚拟仪器等微机化仪器技术的应用，使组建集中和分布式测控系统变得更为容易。但集中测控越来越满足不了复杂的远程（异地）测控任务和范围较大的测控任务的需求，因此组建网络化的测控系统就显得非常必要。

网络的最大特点是可以实现资源共享，它解决了已有总线在仪器台数上的限制，使一台机器为更多的用户所使用，实现了测量信息的共享，以及整个测试过程的高度自动化、智能化，同时减少了硬件的设置，有效降低了测试系统的成本。另外，网络可以不受地域的限制，这就使网络化测控系统可以实现远程测控，随时随地获取所需信息，同时可以实现测试设备的远距离测试与诊断，进一步提高测试效率。正是网络化测控系统的这些优点，使网络化测试技术与具备网络功能的新型仪器备受关注。

1. 基于现场总线技术的网络化测控系统

现场总线是用于过程自动化和制造自动化的现场设备或仪表互联的现场数字通信网

络，它嵌入在各种仪表和设备中，具有可靠性高、稳定性好、抗干扰能力强、通信速率快、造价低廉、维护成本低的特点。

现场总线面向工业生产现场，主要用于实现生产过程领域的基本测控设备（现场级设备）之间以及与更高层次测控设备（车间级设备）之间的互联，这里现场级设备指的是最低层次的控制、监测、执行和计算设备，包括传感器、控制器、智能阀门、微处理器、存储器等各种类型的工业仪表产品。现场总线种类繁多，基于现场总线技术，由现场总线测量、变送和执行单元组成的网络化测控系统如图 7-13 所示。

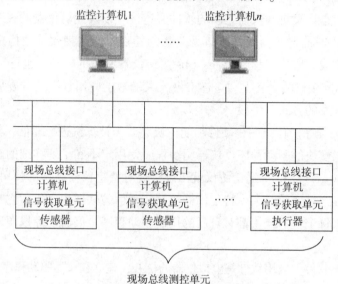

图 7-13　基于现场总线技术的网络化测控系统

与传统测控仪表相比，基于现场总线的仪表单元具有以下优点。

（1）彻底网络化。从最底层的传感器和执行器到上层的监控/管理系统，均通过现场总线网络实现互联，同时可以进一步通过监控/管理系统连接到企业内部网甚至互联网。

（2）节省安装和维护的成本。n 台仪表单元能双向传输多个信号且接线简单、工程周期短、安装费用低、维护容易，彻底避免了传统测控仪表一台仪器、一对传输线只能单向传输一个信号的缺陷。

（3）可靠性高。现场总线采用数字信号实现测控数据，抗干扰能力强、精度高。传统测控仪表由于采用模拟信号传输，往往需要提供辅助的抗干扰和提高精度的措施。

（4）操作性好。操作员在控制室即可了解仪表单元的运行情况，且可以实现对仪表单元的远程参数调整、故障诊断和控制过程监控。

（5）综合功能强。基于现场总线的仪表单元是以微处理器为核心构成的智能仪表单元，可同时提供检测、变换和补偿功能，实现一表多用。

（6）组态灵活。不同厂商的设备既可以互联，也可以互换，现场设备间可以实现相互操作，通过结构重组，实现系统任务的灵活调整。

基于现场总线技术的网络化测控系统（基于现场总线的现场总线控制系统）目前已在实际生产环境中得到成功应用，由于其内在的开放性和互操作能力，基于现场总线技术的网络化测控系统已有逐步取代集散型控制系统的趋势。

2. 面向互联网的网络化测控系统

如今，以互联网为代表的计算机网络正迅速发展，相关技术日益完善，互联网突破了传统通信方式的时空限制和地域障碍，使得大范围内的通信变得更加容易，其拥有的硬件和软件资源正在越来越多的领域中得到应用，如电子商务、网上教学、远程医疗、远程数据采集与控制、高档测量仪器设备资源的远程实时调用、远程设备故障诊断等。与此同时，网络互联设备的进步，又方便了互联网与不同类型测控网络、企业网络间的互联。利用现有互联网资源，在不需建立专门的拓扑网络的情况下，就能组建测控网络、企业内部网络，实现它们与互联网的互联。

典型的面向互联网的网络化测控系统的结构如图 7-14 所示。

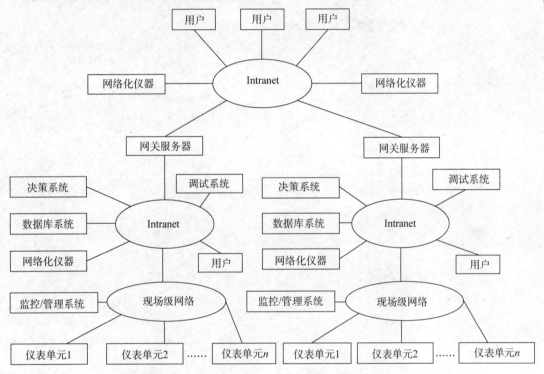

图7-14　面向互联网的网络化测控系统的结构

在图 7-14 中，现场智能仪表单元通过现场级测控网络与 Intranet（企业内部网）互联，而具有互联网接口能力的网络化测控仪器通过嵌入其内部的 TCP/IP 直接连接于企业内部网上，如此，测控系统在数据采集、信息发布、系统集成等方面都以企业内部网为依托。将测控网络、企业内部网及互联网互联，便于实现测控网络和信息网络的统一。在这样构成的测控网络中，网络化仪器设备充当着网络中独立节点的角色。信息可跨越网络传输至所及的任何领域，实时、动态（包括远程）的在线测控成为现实，将这样的测控技术与过去的测控技术相比不难发现，现在的测控技术能节约大量的现场布线，以及扩大测控系统的范围。

复习思考题

7-1 动圈式仪器的动圈测量机构的工作原理是什么？

7-2 电动单元组合仪器有哪些单元？

7-3 数字式仪表构成的基本方案有哪些？各有哪些特点？

7-4 简述数字显示仪器的三要素。

7-5 智能仪器的功能特点有哪些？

7-6 简述基于现场总线的仪表单元的优点。

第8章

测试系统及其设计

🎯 **内容提要** ▶▶ ▶

学习测试技术除了需要掌握前面所述的传感器、信号调理等环节的基础知识，更重要的是需要掌握如何根据具体的测试任务来构建一个符合测试要求的测试系统。为此，本章重点介绍测试系统设计的基本原则、一般步骤、设计过程中的抗干扰技术，以及计算机测试系统的概述、测量信号和数据预处理，最后给出典型测试系统设计实例。

> **教学提示。** 计算机测试系统概述，测试系统中测量信号预处理——输入通道及预处理方法，典型测试系统设计实例。
>
> **教学要求。** 了解计算机测试系统设计的基本原则、一般步骤及设计过程中的抗干扰技术，了解计算机测试系统的基本概念、组成与发展历程，理解计算机测试系统的功能特点，了解信号预处理功能，理解测试系统设计的基本概念，学会相关的分析方法，并理解基本的设计思路。

8.1 测试系统的设计

8.1.1 测试系统设计的基本原则

一个测试系统（测量系统）通常包括测试对象、传感器、信号处理电路、显示与记录等部分。对于非仪器专业的工程技术人员来说，测试系统实质上就是根据测试任务，针对具体的测试对象，选用相应的传感器、信号处理电路、显示与记录等测量装置而组建的测量系统。除此之外，随着计算机技术的发展，测试系统向自动化、集成化和智能化的方向发展，自动测试技术应运而生，并得到突飞猛进的发展。因此，测试系统的概念早已不仅停留在硬件构成形式上，软件也成为仪器的重要组成。对于复杂的测试任务，测试系统的设计有时除了选用传感器、信号处理电路，利用计算机系统或虚拟仪器系统来组建实用、高效的智能测试也成为一种发展趋势。

为保证测试系统圆满完成测试任务，测试系统设计的基本原则如下：

（1）测试系统应具有良好的特性，能够满足各种静、动态性能指标；

（2）测试系统应具有较高的性价比；

（3）测试系统应具有良好的可靠性和足够的抗干扰能力；

（4）测试系统的组建应容易实现，且便于维护。

8.1.2　测试系统设计的一般步骤

1. 确定测试任务

在测试系统设计中，应确定测试任务，根据测试任务确定需测量的信息与相应的物理参数，此时应防止信息过多和信息不足两种情况发生。第一种情况是不断提高测试系统的测量水平和不断扩大测量范围，以致形成了一种过分高精度采集信息的趋势，其结果会导致有用的数据混在大量无关的信息中。这些无关数据的存在，会给系统的数据处理带来沉重的负担。第二种情况是数据与信息不足，使测试难以达到测试任务所要求的测试目的。因此，弄清楚测试任务是测试系统设计的关键步骤。

2. 根据测试任务选择测量方法

测试系统的测量方法有许多，如接触式测量和非接触式测量、在线测量和离线测量等。

具体选择时，应根据测试任务对测试精度与测试成本的要求，以及测试对象和测试条件等因素进行选择。

接触式测量往往具有测量方法简单、信噪比大的特点。但在机械系统中，运动部件的被测参数（如回转轴的误差、振动、扭力矩）往往采用非接触式测量，这是因为对运动部件的接触式测量有许多实际困难，如测量头的磨损、接触状态的变动、信号的获取等问题都不易妥善解决，且容易造成测量误差。这种情况下采用非接触式测量较好。

在线测量是与实际情况更趋于一致的测量方法，特别是在自动化过程中，对测试和控制系统往往要求进行实时反馈，这就必须在现场实时条件下连续进行测量工作。但是在线测量往往对测试系统有一定的特殊需求，如对环境的适应能力和高可靠性、稳定性等。若条件不能满足，则必须采取离线测量。另外，相对于离线测量来讲，在线测量对测量仪器的性能要求比较高，系统也比较复杂。因此，对于不需要实时测量数据的场合，可以采取离线测量。

另外，选择测量方法时，应考虑的重要因素是测量精度与测量成本，不同的测量方法具有不同的测量精度，当然也对应不同的测量成本。一般来讲，精度越高，成本越大，因此测量方法的选择，不宜因追求过高的精度而增加不必要的成本。

3. 根据测量方法选择传感器

传感器（转换器）是整个测试系统的首要环节，若选取不当，则可能导致干扰信号窜入系统并被放大，这在一定程度上会大大加重后续测试系统的设计难度。因此，它们的正确选取至关重要，将直接影响后续测试系统的设计和整个测试系统的测量精度。

传感器的选择应根据上述测量方法进行选定，首先确定相应的传感器类型，然后根据测试系统的精度要求选择不同型号的传感器。

4. 后续测试系统的选定

测试系统一般由传感器、信号处理电路、显示与记录等几部分组成，因此当传感器确定之后，应根据传感器性能特点选定后续测试系统。其中，必须考虑如下问题。

（1）传感器与信号处理装置的匹配问题。不同的传感器对应着不同的后续放大器以及后续处理装置。例如，电感式传感器一般配接交流放大器，压电式传感器一般配接电荷放大器。也就是说，实际测试系统必须依据传感器输出信号的特征、大小等选择适宜的处理装置。

（2）各个测量装置的静态、动态特性匹配问题。在后续的测试系统中，所选用的各个测量装置的静态特性指标，如灵敏度、量程、非线性等都必须与待测参数的属性以及整个测试系统的要求相适应。同样，测量装置的动态特性也必须满足系统的性能要求。为了达到测试系统所规定的测量精度，测试装置的频响特性必须与被测信号的频率结构相适应，这要求被测信号的有意义的频率成分必须包含在测试装置的可用频率范围内。

（3）测试系统的精度设计。在确定及选用后续测试系统时，应根据测试精度要求预估测试系统各环节的误差精度要求。也就是说，进行误差分配，根据整个测试系统的测量误差确定测试系统各环节，包括传感器、信号处理电路及显示记录装置等误差要求。

（4）其他因素。除上述必须考虑的因素外，选用测试系统时还应尽量兼顾体积小、质量轻、结构简单、易于安装与维修、价格便宜、通用化和标准化高等一系列因素。

5. 相应的软件设计与编制

上述步骤实际上属于测试系统的硬件设计。在机械工程测试领域，为了实现测试系统的自动化、智能化，采用计算机采集系统是必需的。对于测试系统，除了硬件设计，还应包括软件设计。也就是说，需要进行计算机的操作系统和工程应用软件的编制。这些软件设计除了应考虑实现测试系统功能，还应考虑系统的实时性、稳定性、可靠性和人机界面的友好程度。

6. 测试系统的性能评定

完成以上步骤后，一个测试系统就被建成了，但并不表示设计工作就此结束。为了保证所设计的测试系统达到规定的性能，应该对系统的各方面性能指标，特别是它的经济合理性、抗干扰能力和测试精度进行评判。若测试系统的设计达到了系统的设计要求，则设计过程结束，否则应重复上述步骤直至达到最终设计要求。

8.1.3　测试系统抗干扰设计

在测量过程中，常会有各种各样的干扰使测量仪器无法正常工作，因此如何提高仪器的抗干扰能力，保证其在规定条件下正常运行是设计中必须考虑的问题。要想提高仪器的抗干扰能力，首先应研究干扰产生的原因及干扰窜入的途径，然后有针对性地解决干扰问题。

1. 干扰因素

对于测量仪器来说，干扰可分为外部干扰和内部干扰。

外部干扰是指使用环境中的电磁场、振动、温度和湿度等因素，它们都可能干扰仪器的正常运行。因此，在实际使用中，必须了解仪器的使用环境条件，尽可能减少外部干扰；在设计仪器时，也必须保证其具备较强的环境防护能力。

内部干扰是指仪器内部的元器件干扰、信号回路干扰、负载回路干扰、电源电路干扰、数字电路干扰等。测试仪器在设计和使用中，必须设法减少这些内部干扰。

2. 干扰的传播途径

干扰是一种破坏性因素，但它必须通过一定的传播途径才能影响测量仪器。因此，有必要对干扰的传播途径进行深入的分析，以便找到消除干扰的方法。一般来说，干扰的传播途径主要包括以下几个方面。

（1）静电感应干扰。任何通电导体之间或者通电导体与地之间都存在着分布电容。干扰电压通过分布电容的静电感应作用耦合到有效信号造成干扰。

（2）电磁感应干扰。由于电流产生磁通，当磁通随时间变化时，它可通过互感作用在另一回路引起感应电动势。例如，当印制电路板中两根导线平行铺设时，会有互感存在。

（3）公共阻抗干扰。图 8-1 所示为公共阻抗连接示意，公共点 C 为接地点，R_C 是公共阻抗；Z_1、Z_2 分别是两个电路的等效阻抗，点 C 电压可以看作 Z_1 和 R_C 对电源 U 的分压以及 Z_2 和 R_C 对电源 U 的分压。若 Z_1、Z_2 不相等，则 Z_1、Z_2 彼此产生干扰。

（4）电磁辐射和漏电流干扰。在电能频繁交换的地方和高频换能装置周围存在着强烈的电磁辐射，会对仪器产生干扰电压；而电气元件绝缘不良或者功率元器件间距不够也会产生漏电现象，并由此引入干扰。

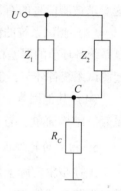

图 8-1　公共阻抗
连接示意

3. 抗干扰技术

在测试系统设计过程中，必须考虑电磁兼容性的问题。电磁兼容性是指以电为能源的电气设备，在其使用场合运行时，自身的电磁信号不影响外界，也不受外界电磁干扰的影响，更不会因此发生误动作或遭到破坏，并能完成预定功能的能力。要做到这一点，常采取屏蔽、隔离、接地、滤波等抗干扰技术。

（1）屏蔽技术。屏蔽技术是利用金属材料对电磁波具有良好的吸收和反射能力来抗干扰的，一般分为静电屏蔽、磁屏蔽和电磁屏蔽。

①静电屏蔽：用导体制成的屏蔽外壳处于外电场时，由于壳内场强为 0，可保护放置其中的电路不受外电场干扰；或将带电体放入接地的导体外壳内，则壳内电场不能穿透到外面。

②磁屏蔽：是用一定厚度的铁磁材料做成外壳，由于磁力线无法穿入壳内，因此可以保护内部的仪器不受外部磁场的影响。

③电磁屏蔽：用一定厚度的导电材料做成外壳，由于交变电磁场在导体中按指数规律衰减，因此可以使壳内仪器不受外界电磁场影响。

导线是信号有线传播的唯一通道，干扰将通过分布电容耦合到信号中，因此导线的选取要考虑电磁屏蔽问题。导线可选用同轴电缆，不仅其屏蔽层要接地，而且同轴电缆的中心轴出线要尽量短。仪器的机箱为金属材料时，也可作为屏蔽体；采用塑料机箱时，可在其内壁喷涂金属屏蔽层。

(2) 隔离技术。隔离是抑制干扰的有效手段之一。仪器中的隔离可分为空间隔离和器件隔离。空间隔离的手段包括：包裹干扰源；功能电路合理布局，如使数字电路与模拟电路、微弱信号通路与高频电路、智能单元与负载回路相隔一段距离以减少互扰；信号之间的隔离，如多路信号输入时也会产生互扰，可在信号之间用地线隔离。

器件隔离一般使用隔离放大器、隔离变压器和光隔离器。

(3) 接地技术。正确的接地能够有效地抑制外来干扰，提高仪器本身的可靠性，减少仪器自身产生的干扰因素，这也是屏蔽技术的重要保证。

仪器中所谓的"地"是一个公共基准电位点。该基准电位点用于不同的场合就有了不同的名称，如大地、基准地、模拟地、数字地等。接地的目的在于保证仪器的安全性和抑制干扰。因此，常见的接地方法有保护接地、屏蔽接地、信号接地等。

(4) 滤波技术。共模干扰并不是直接干扰电路，而是通过输入信号回路的不平衡，来转换成串模干扰影响电路。抑制串模干扰最常用的方法是滤波。滤波器是一种选频器件，可根据串模干扰与信号频率分布特性选择合适的滤波器抑制串模干扰的影响。串模干扰的频率一般比实际信号高，因此可采用无源阻容低通滤波器将其滤掉。

8.2 计算机测试系统概述

随着科学技术的迅速发展，现代工业不断地向着大型化和连续化的方向发展，同时生产过程也日趋复杂，对各项生产指标以及生态环境保护测量与控制的要求越来越高，因此对于现代化企业的需要大量数据处理和统计运算的工作，仅靠常规仪表和传感器所组成的传统测试系统已无法满足要求。计算机技术的迅猛发展，使传统测试系统发生了根本性变革，即采用微型计算机作为测试系统的主体和核心，代替传统测试系统的常规电子线路，从而成为新一代的微机化测试系统。将计算机引入测试系统中，不仅可以解决传统测试系统不能解决的问题，而且能简化电路、降低成本、增强或增加功能，提高测量精度和可靠性，使测试系统的自动化和智能化程度得到显著提高，将现代测试技术推向新的发展阶段。

8.2.1 计算机测试系统的基本概念与组成

1. 计算机测试系统的概念

计算机测试系统又称为数据采集系统，是以微型计算机为核心，单纯以"检测"为目的的系统。它一般用来对被测过程中的一些物理量进行测量并获得相应的精确测量数据。此过程通常是在人工参与最少的情况下，由计算机统一调配并自动完成测试过程中的数据采集、数据分析处理，以及测试结果的显示、输出等功能。通常，把能完成上述功能的自动测试设备总称为计算机测试系统。

2. 计算机测试系统的组成

计算机测试系统实现测试过程的一切操作都是在计算机控制下自动完成的，人的作用在于根据测试任务完成组建系统和编制测试软件等必要操作，如开机等。当系统正常工作时，各种操作均由系统本身自动完成。计算机测试系统的构成，不仅要从硬件上将计算机与传感器联系起来，而且要配以合适的软件才能完成整个测量任务。因此，计算机测试系统由硬件系统和软件系统两大部分组成。

（1）硬件系统。计算机测试系统硬件系统的组成如图 8-2 所示。

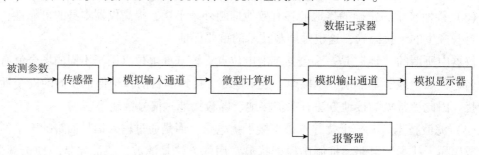

图 8-2 计算机测试系统硬件系统的组成

由图 8-2 可知，被测参数经传感器转换成模拟信号，再经过模拟输入通道进行信号处理和数据采集，转换成符合微型计算机要求的数字形式送入微型计算机（微型计算机是整个系统的核心），进行必要的数据处理后，送到存储器和打印机等数据记录器中记录下来，这样就得到了可供今后进一步分析和处理的测量数据。为了对测量过程进行集中实时监测，可将微型计算机处理后的测量数据经模拟输出通道转换成模拟信号在示波器、指示记录仪等模拟显示器上显示，也可以直接在微型计算机显示器、数字显示仪器、数据记录器上显示。在某些对生产过程进行监控的场合，当被测参数超过规定限度时，微型计算机还将及时启动报警器，发出报警信号，并进行联锁控制。

（2）软件系统。计算机测试系统的软件系统包括系统管理、数据采集、数据管理、系统控制、网络通信与系统支持等软件。

系统管理软件具有系统配置、系统功能测试诊断、传感器标定校准等功能。系统配置软件通过对配置的实际硬件环境进行一致性检查，建立逻辑通道与物理通道的映射关系，生成系统硬件配置表。

数据采集软件具有系统初始转换、试验信号发生器、数据采集等，以及完成数据采集所需的各种参数初始化和数据采集等功能。

数据管理软件具有对采集数据的实时分析、处理、显示、打印、存储、传输，以及各类数据的查询、浏览、更改、删除等功能。日益完善的数据管理软件，除了上述功能，还具有工程单位制转换、曲线拟合、数据平均化处理、数字滤波、几何建模与仿真等功能。

系统控制软件可根据选定的控制策略进行控制参数设置及实现控制。控制软件的复杂程度取决于系统具体的控制任务。计算机控制任务按设定值性质不同可分为恒值调节、伺服控制和程序控制。通常采用的控制策略有程序控制、PID（比例-积分-微分）控制、前馈控制、最优控制与自适应控制等。

网络通信与系统支持软件是指系统中微型计算机在网络中实现通信时必须遵守的约定，也就是通信协议，主要是对信息传输的速率、传输代码、代码结构、传输控制步骤、出错控制等作出规定。

通常，系统支持软件可提供在线帮助与系统演示功能，以帮助使用者学习并掌握系统的具体使用方法。

8.2.2　计算机测试系统的发展历程

计算机测试技术创始于 20 世纪 50 年代，其最终目标是不必依靠任何有关的测试技术文件，由非熟练人员上机进行几乎全自动的操作，借助电子计算机完成各种必要的测试项目。20 世纪 50 年代末，市场上就有了成套的计算机测试系统。到了 20 世纪 70 年代，就出现了仪器、仪表与计算机融为一体的智能仪器。现在各种仪器功能卡应用于微型计算机，使计算机成为微型计算机仪器，又称 PC 仪器或个人仪器。在 PC 仪器中，许多复杂的仪器功能和仪器操作都是用软件实现的，因此它又称为虚拟仪器。从自动检测技术发展过程来看，20 世纪 50 年代至今，计算机测试系统大致经历了以下 3 个发展阶段。

1. 第一代计算机测试系统

早期的计算机测试系统多为专家系统，是针对某项具体测试任务而设计的，通常称为第一代计算机测试系统。它主要用于大量重复性的、可靠性高的复杂测试，或者工作于测试人员不准停留的场合。常见的第一代计算机测试系统，主要有数据自动采集系统、产品自动检测检验系统、自动分析系统。

第一代计算机测试系统至今仍在应用，它们能完成大量的、复杂的测试任务，承担繁重的数据分析、信息处理工作，快速、准确地给出测试结果。第一代计算机测试系统与人工测试相比在很多方面有明显改进，甚至可以完成不少人工测试无法完成的任务，显示出很大的优越性。

2. 第二代计算机测试系统

20 世纪 70 年代，计算机测试系统解决了标准化的通用接口总线问题，由此目前应用最为广泛的第二代计算机测试系统诞生。在这种计算机测试系统中，各个设备都用标准化的接口和总线系统按积木的形式连接起来。在第二代计算机测试系统中，各个设备包括计算机、可程控仪器、可控开关等都称为器件或装置，各器件均配以标准化的接口电路，用统一的无源总线电缆连接。这种系统组建方便，组建者无须自行设计接口电路，更改、增加测试内容也很灵活，因此得到了广泛的应用。

采用标准化通用接口总线是第二代计算机测试系统的主要特征。

3. 第三代计算机测试系统

在第三代计算机测试系统中，用计算机软件代替传统仪器的某些硬件，用人的智力资源代替很多物质资源。尤其在这种系统中用微型计算机直接参与测试信号的产生和测试特性的解析，即通过计算机直接产生测试信号和测试功能。这样，仪器中的一些硬件甚至整件仪器都从系统中"消失"了，而由计算机及其软件来完成它们的功能，形成了虚拟仪器。

8.2.3 计算机测试系统的功能特点

计算机测试系统从功能上看，主要是在微型计算机的直接控制下，对生产现场随时间产生的大量数据诸如流量、速度、压力、温度等以巡回方式进行数据采集，并由计算机进行必要的数据分析和数据处理后，作为指导生产过程的人工操作信息，供操作人员掌握和分析生产情况。由于计算机测试系统的各项测试工作都是在计算机控制与人工参与下自动完成的，因此这种系统具有以下功能。

（1）自动清零功能：在每次采样前可对传感器的输出值自动清零，从而大大降低因计算机测试系统漂移变化造成的误差。

（2）多点快速巡回检测功能：在同一计算机测试系统中可对多种不同的物理量、不同测量范围的工艺参数进行多点快速巡回测量，同时各种自动检测过程都按计算机编好的程序自动进行，其测试速度要比常规人工测试速度快 50～150 倍。例如，有一种变压器自动测试系统，可以同时对 7 种不同对象的 6 种参数进行自动测试，整个过程在 10 s 内就可完成。

（3）量程自动切换功能：系统可以根据测量值的大小自动改变测量范围，在保证测量范围的同时提高分辨率。

（4）数字滤波功能：系统可以根据被测信号的特点和所受干扰的类型，灵活选用适合的数字滤波程序，对硬件电路滤波后的测量数据进行处理，从而能有效地抑制各种干扰和脉冲信号，进一步提高测量的准确性。

（5）数据处理功能：利用计算机软件不仅可以实现传统仪器、仪表无法实现的各种复杂的处理和运算功能（如统计分析、函数值变换、差值近似、频谱分析等），而且可以对测试结果自动进行分析、判断，甚至进行某种测量域的变换，极大地提高了测量域设置的灵活性；根据所测数据通过计算机的运算推导出其他参数，这样不仅可以减少系统的复杂性，还可以检测一些用常规手段难以得到的参数；通过软件进行测量数据受环境参数变化等影响的自动修正等。

（6）多媒体功能：利用计算机的多媒体技术，可以使检测系统具有声光、语音、图像等多种功能，增强检测系统的个性和特色，实现多样化的显示。

（7）通信和网络功能：利用计算机的数据通信功能，可以大大增强检测系统的外部接口功能和数据传输功能。

8.3 计算机测试系统测量信号预处理

在计算机测试系统中，在计算机和生产过程之间传递信息的只有过程输入通道（输入通道）。过程输入通道对传感器输出的测量信号进行预处理，将其转换成符合微型计算机（微机）要求的数字量信号后，送入微机进行必要的数据处理和控制。过程输入通道又分为模拟量输入通道和数字量输入通道，本节重点介绍过程输入通道的分类、基本结构和对信号的预处理功能。

8.3.1　模拟量输入通道的基本组成与类型

1. 模拟量输入通道的作用及组成

模拟量输入通道是计算机测试系统中被测对象与微型计算机之间的联系通道。因为微型计算机只接收数字信号，而被测对象常常是一些非电量，所以模拟量输入通道的作用如下：将被测非电量转换为电信号；将转换后的电信号经滤波、放大、隔离、变换及非线性化处理后得到适合 A/D 转换的电压信号，即信号调理（信号处理）；将处理后的电压信号经 A/D 转换器转换为数字信号。

由模拟量输入通道的作用可知，模拟量输入通道一般由传感器、信号调理电路（信号处理电路）、数据采集电路等组成，如图 8-3 所示。

传感器 → 信号调理电路 → 数据采集电路 → 微型计算机

图 8-3　模拟量输入通道的基本组成

2. 模拟量输入通道的常见类型与结构

实际的计算机测试系统往往需要同时测量多种物理量（即多参数测量）或对同一种物理量进行多点测量（多点巡回测量）。因此，多路模拟量输入通道更具有普遍性。按照系统中各路共用一个还是每路各用一个数据采集电路的不同，多路模拟量输入通道可分为集中采集式（简称集中式）和分散采集式（简称分布式）两种类型。

（1）集中采集式（集中式）。集中采集式多路模拟量输入通道可分为分时采集型和同步采集型两种，其典型结构分别如图 8-4（a）、（b）所示。

由图 8-4（a）可知，来自传感器的多路被测信号分别通过各自的信号调理电路进入多路转换开关，经其切换后进入公用的采样/保持器（Sample/Hold，S/H）和 A/D 转换器进行相应的数据采集。这类结构的特点是多路信号共同使用一个 S/H 和 A/D 转换器，简化了电路的结构，降低了成本。但是它对信号的采集由多路转换开关分时切换，轮流接通，因而相邻两路信号在时间上是依次被采集的，不能同时获得同一时刻的数据，这样就产生了时间偏斜误差。尽管这种时间偏斜很短，但是对于要求多路信号严格同步采集测试的系统是不适用的。然而对于许多中速和低速的测试系统，这种结构仍然被广泛采用。

由图 8-4（b）可知，同步采集型的特点是在多路切换开关之前，给每路信号通路各加一个 S/H，以保持各自的采样信号，然后由多路转换开关分时切换进入公用的 S/H 和 A/D 转换器，并将保持的采样值转换成数字量输入微型计算机，这样就能使多路信号的采样在同一时刻进行，即同步采样。同步采集型的优点是可以消除分时采集型结构的时间偏斜误差。但是这种结构在被测信号路数较多的情况下，同步采得的信号在保持器中保持的时间就会加长，而保持器总是有一些泄漏，使信号有所衰减，加之各路信号保持的时间又不能绝对相同，导致各个保持信号的衰减量也有所不同，因此严格来讲，采用这种结构还是没能获得真正意义上的同步输入。

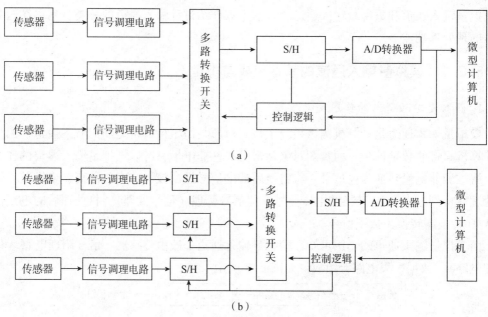

图8-4 集中采集式多路模拟量输入通道典型结构

（a）分时采集型；（b）同步采集型

（2）分散采集式（分布式）。分散采集式多路模拟量输入通道典型结构如图8-5所示。分散采集式多路模拟量输入通道的特点是每一路信号都有一个S/H和A/D转换器，因而不需要多路转换开关。每一个S/H和A/D转换器只对本路模拟信号进行转化，即数据采集之后，按照一定的顺序或随机地输入计算机。

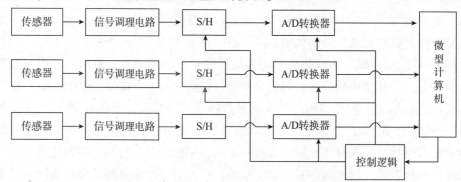

图8-5 分散采集式多路模拟量输入通道典型结构

由此可见，多路转换开关、S/H和A/D转换器都是多路模拟信号数字化采集电路中不可缺少的器件。

3. 模拟量输入信号的处理

在计算机测试系统中，传感器输出的信号一般不适合A/D转换器的要求，需要进行相应的处理。对模拟信号的处理及变换称为信号调理，其对应的实现电路称为信号调理电路（简称调理电路）。信号调理的任务比较复杂，根据实际需要，一般包括信号放大、信号滤波、阻抗匹配、量程切换、电平变换、线性化处理、电流/电压转换等。

在计算机测试系统中，模拟量输入信号主要有传感器输出信号和变送器输出信号。

（1）传感器输出信号包括：电压信号、电阻信号和电流信号。

①电压信号：单位一般为 mV 或 μV 的信号。

②电阻信号：单位为 Ω，如热电阻信号，通过电桥电路可转换成单位为 mV 的信号。

③电流信号：单位一般为 mA 或 μA 的信号。

以上信号往往不能直接送入 A/D 转换器，因为信号的幅值太小，需要通过放大器放大后，变换成标准电压信号（如 0~5 V、1~5 V、0~10 V、-5~+5 V 等），再经滤波送往 A/D 转换器或 V/F（电压/频率）变换器进行采样。

（2）变送器输出信号包括：电流信号和电压信号。

①电流信号：一般为 0~10 mA（0~1.5 kΩ 负载）或 4~20 mA（0~500Ω 负载）。

②电压信号：一般为 0~5 V 或 1~5 V 信号。

这类信号一般不需要放大处理。若是电压信号，经滤波后，就可以送往 A/D 转换器或 V/F 变换器进行采样；若是电流信号，则应通过 I/V（电流/电压）变换器，将电流信号转换成标准电压信号，再经滤波后送入 A/D 转换器或 V/F（电压/频率）变换器进行采样。

综上所述，由于模拟量输入信号的形式和幅值、现场环境和干扰程度各不相同，为了使其能够满足 A/D 转换器（或数据采集）的输入要求，必须对其进行相应的变换与处理，即信号调理。典型的信号调理电路结构如图 8-6 所示。

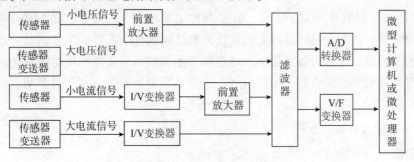

图 8-6 典型的信号调理电路结构

（1）前置放大器。由图 8-6 可以看出，采用大信号输出的传感器，可以省去小信号放大环节。但实际上多数传感器输出的信号都比较小，因此必须选用前置放大器进行放大。电路内部有许多噪声源的存在，使得电路在没有信号输入时，输出端仍然存在一定幅值的波动电压，即电路的输出噪声。把电路输出端得到的噪声有效值折算到该电路的输入端（即除以该电路的增益），得到的电平值称为该电路的等效输入噪声。为了使测量的小信号不被电路噪声所淹没，调理电路的前端必须是低噪声前置放大器，即调理电路中放大器设置在滤波器前面有利于减少电路的等效输入噪声。由于电路的等效输入噪声决定了电路所能输入的最小信号电平，因此减少电路的等效输入噪声实际上就是提高了电路接收弱信号的能力。

（2）I/V 变换器。在计算机测试系统的设计中，为了增加系统的可靠性，加快研制速度，实现系统功能的模块化，经常选用电动组合单元或变送器作为测量单元，其输出一般为 4~20 mA（或 0~10 mA）的标准电流信号。因此，一般要经过 I/V 变换器变换，将 4~20 mA（或 0~10 mA）的标准电流信号转换成 0~5 V（或 0~10 V）的电压信号，再送往 A/D 转换器进行转换。

目前常用的 I/V 变换电路（I/V 变换器）有两种：第一种是利用电阻网络进行 I/V 变换；第二种是利用专用集成电路（如 RCV420）组成的 I/V 变换电路。此处介绍常用的第二种。图 8-7 所示为无源 I/V 变换电路。图中，R_2 为精密电阻。对于 0~10 mA 的输入信号，可以取 $R_1 = 100\Omega$，$R_2 = 500\Omega$，其输出电压为 0~5 V。对于 4~20 mA 的输入信号，可取 $R_1 = 100\Omega$，$R_2 = 250\Omega$，其输出电压为 1~5 V。

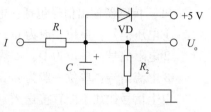

图 8-7 无源 I/V 变换电路

（3）滤波器。计算机测试系统在不同的工作环境下，不可避免地会受到来自自然界、周围设备和由元器件物理性质所造成干扰的影响。干扰窜入的途径一般归纳为以下几种：静电感应干扰、电磁感应干扰、公共阻抗干扰、电磁辐射和漏电流干扰。为了保证系统稳定可靠地工作，必须周密考虑和解决抗干扰的问题。抗干扰的具体措施主要从硬件和软件两方面进行，即硬件滤波和软件滤波，具体内容见本章 8.4 节。

8.3.2 数字量输入通道

在计算机测试系统的过程输入通道中，除了模拟量输入通道，通常使用各种按键、继电器或无触点开关（如晶体管、可控硅等）来处理生产现场的各种开关量信号，这类信号（包括脉冲信号）只有开、关（或高、低）两种电平状态，对应于二进制的 1 和 0，称为开关量或数字量。通常，把计算机测试系统主机从现场获取各种开关量信号的连接通路称为开关量输入通道，也称为数字量输入通道。开关量输入通道的作用是将现场的开关信号转换成微型计算机能够接收的电平信号（二进制数字量）并输入微型计算机，从而进行必要的处理和操作。

1. 数字量输入通道的结构

数字量输入通道的结构如图 8-8 所示，该通道主要由输入缓冲器、输入调理电路、地址译码器（通常将后两部分称为接口电路）等组成。

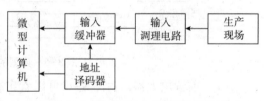

图 8-8 数字量输入通道的结构

2. 数字量输入通道各部分的作用

（1）输入缓冲器：缓冲或选通外部输入的器件，CPU 通过缓冲器读入外部开关量的状态，通常采用三态门缓冲器。

（2）输入调理电路：主要完成对现场开关信号的滤波、电平转换、隔离等。

（3）地址译码器：主要完成数字量输入通道的选通和关闭。

3. 数字量输入信号的处理

数字量输入通道的基本功能是接收外部装置或生产过程的状态信号。这些状态信号往往是电流、电压或开关与继电器触点的动作，若处理不当，容易引起瞬时高压、过电压、接触抖动等现象。为了将外部数字信号输入微型计算机，必须将现场的输入状态信号经过转换、保护、滤波、隔离等措施，转换成 CPU 能接受的逻辑电平信号，此过程称为信号调理，与之相应的电路称为信号调理电路。

（1）小功率数字量信号调理电路。若输入的数字信号的电平幅值不符合 I/O 芯片的要求，则应经过电平转换后才能输入接口和 CPU。小功率数字量信号调理电路如图 8-9 所示，此电路可将输入的小电流信号或小电压信号转换成 TTL 电平（晶体管-晶体管逻辑电平）或 CMOS（互补金属氧化物半导体）电平与微型计算机相连。其中，电阻 R_1 和 R_2 的阻值可以根据输入电流或输入电压的大小来确定。

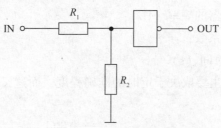

图 8-9　小功率数字量信号调理电路

（2）大功率数字量信号调理电路。在大功率系统中，需要从电磁离合器等大功率器件的接点输入信号。在这种情况下，为了使接点工作可靠，接点两端至少要加 24 V 的直流电压。由于这种电路电压高，又来自现场，有可能带有干扰信号，通常的方法是采用光耦合器进行隔离。光耦合器是将发光元件和光电接收元件合并，以光作为媒介传递信号的光电器件。光耦合器中的发光元件通常是半导体的发光二极管，光电接收元件有光敏电阻、光敏二极管、光敏三极管或光集成电路等。光耦合器主要用来实现电隔离。当发光二极管通过的电流大于或等于导通电流时，光耦合器处于导通状态。大功率数字量信号调理电路如图 8-10 所示。

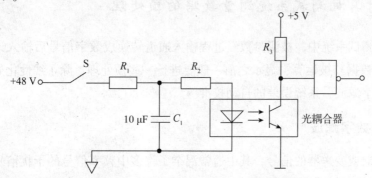

图 8-10　大功率数字量信号调理电路

8.3.3　频率信号的预处理

频率信号是介于数字信号和模拟信号之间的信号。就其信号分布而言，应归属于连续变换的模拟量，但它又具有数字信号的某些特性，如频率信号经过整形后都变成了只有高、低电平两种状态的方波。这种具有 0、1 状态的方波信号可以直接输入计算机，也可以通过频率-数字转换电路（即频率计数电路）对频率脉冲方波进行计数，将其变成纯数字量后再输入计算机。频率-数字转换电路如图 8-11 所示，频率信号经过整形后变成方波信号，输入控制门的一端，在控制门打开期间，脉冲方波通过控制门进入计数器对脉冲进行计数，这样就将脉冲频率转换成了数字量。计数器所计得的数字量 N_x 一方面取决于脉冲频率，另一方面取决于控制门的打开时间 t，其数学表达式为

$$N_x = f_x t = \frac{N}{f_0} f_x \tag{8-1}$$

式中，N_x——计数器所得的数字量；

$\quad$ f_x——输入信号脉冲频率（Hz）；

$\quad$ f_0——标准脉冲发生器的频率（Hz）；

$\quad$ N——分频器的分频系数；

$\quad$ t——控制门打开的时间（s）。

频率-数字转换的精度主要取决于定时的准确程度，而这又与标准脉冲发生器的频率 f_0 有关。

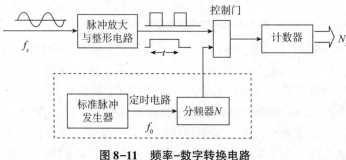

图 8-11　频率-数字转换电路

8.4　计算机测试系统测量数据的预处理

在计算机测试系统中，被测参数经过程输入通道转换成数字信号后输入计算机中。这些数字信号（数据）被运算、显示之前一般要进行一些预处理，除了线性化处理、标度变换，还包括数字滤波、系统误差的自动校准等。

8.4.1　数字滤波

来自传感器或变送器的信号，其中通常混杂了许多中频率信号的干扰信号。为了抑制或削弱这些干扰信号，通常在信号入口处采用 RC 低通滤波器。RC 硬件滤波能抑制高频干扰信号，但是对低频信号的滤波效果较差，故在此引入数字滤波以弥补 RC 低通滤波器的不足。

所谓数字滤波，就是通过一定的计算机程序对采样信号进行某种处理，从而消除或减弱干扰信号在有用信号中的密度，提高测量的可靠性和精度，因此，数字滤波也被称为程序滤波。与模拟装置相比，采用数字滤波克服干扰信号具有如下优点。

（1）节省成本。数字滤波只是程序滤波，无须添加硬件，而且滤波程序可以用于处理

多处通道，无须每个通道专设滤波器，因此可以大大地节省成本。

（2）可靠性高。数字滤波不仅不像硬件滤波需要阻抗匹配，而且不容易产生硬件故障，因此可靠性高。

（3）功能强。数字滤波可以对频率很高或很低的信号进行滤波，尤其适合对低频信号滤波，这是模拟滤波器难以实现的。数字滤波器的滤波手段有很多种，而模拟滤波器只局限于频率滤波。

（4）方便灵活。只要适当地改变滤波程序的运行参数，就可以很方便地改变滤波功能。

（5）不会丢失原始数据。在要求记录信号波形不失真的现场数据采集系统中，为了更多地采集有用信号，应当尽可能地避免在 A/D 转换之前进行频率滤波。虽然这样在采集有用信号的同时，会把部分干扰信号也采集进来，但是可以在采集之后用数字滤波的方法把干扰消除。由于数字滤波只把已经采集存储到存储器中的数据读出来进行数字滤波，即只"读"不"写"，因此不会破坏采集得到的原始数据。

由于数字滤波具有上述优点，因此其得到了广泛的应用。本节主要讨论的数字滤波方法如下：算术平均值滤波法、中位值滤波法、递推平均滤波法、加权递推平均滤波法、限幅滤波法和一阶惯性滤波法。

1. 算术平均值滤波法

算术平均值滤波法就是对 y 的 N 个连续测量值 y_i 进行算术平均，其数学表达式为

$$\bar{y} = \frac{1}{N} \sum_{i=1}^{N} y_i \tag{8-2}$$

随机干扰信号往往有一平均值，它在该值附近上下波动。算术平均值滤波法适用于受随机干扰信号干扰的场合。例如，在一些流量或压力系统中，由于使用了活塞式压力泵之类的设备，流量或压力会出现周期性的波动；又如，储油罐因液体的流进、流出，其液面自然也会产生波动。对这样的流量、压力和液位进行测量时，仅取一次样本来代表当前值的测量值显然是不正确的。因此，在这种情况下，就可以考虑采用算术平均值滤波法。算术平均值滤波法对信号的平滑度取决于 N。当 N 较大时，平滑度高，但灵敏度低；当 N 较小时，平滑度低，但灵敏度高。对于一般流量的测量，通常取 $N=8 \sim 12$；若为压力，则取 $N=4 \sim 8$。

2. 中位值滤波法

中位值滤波法是对某一被测参数连续采样 n 次（一般 n 取奇数），然后把 n 次采样值按大小排序，取中间值为本次采样值。如采样值是 y_1、y_2、y_3，且有 $y_1 \leqslant y_2 \leqslant y_3$，则 y_2 作为本次采样的有效信号。中位值滤波法能有效地克服偶然因素引起的波动或采样器不稳定引起的误码等造成的脉冲干扰，对缓慢变化的过程有良好的滤波效果。

在中位值滤波法中，只需要改变采样次数 n 就可以实现对任意次数采样值的中位值滤波。但是 n 的取值不宜过大，否则滤波效果会变坏，且总的采样时间将增长，影响测试系统的实时性。n 的取值一般为 $3 \sim 5$。这种方法能有效地滤除偶然因素引起的采样值波动或

采样器不稳定引起的脉冲干扰。

3. 递推平均滤波法

上述算术平均值滤波法每计算一次数据，需采样 N 次，对于采样速度较慢或者要求数据计算速度较高的系统，该方法是无法使用的。例如，某 A/D 芯片转换速率为 10 次/s，当要求每秒输入 4 次数据时，N 不能大于 2。下面介绍只需进行一次测量，就能得到当前算术平均滤波值（平均滤波值）的方法——递推平均滤波法。

递推平均滤波法是把 N 个采样数据看成一个队列，队列的长度固定为 N，每进行一次新的采样，把采样结果放入队尾，而扔掉队首数据，只要把队列中的 N 个数据进行算术平均，就可得到新的平均滤波值。这样每进行一次采样，就可计算得到一个新的平均滤波值，其数学表达式为

$$\bar{y}_n = \frac{1}{N} \sum_{i=1}^{N} y_{n-i} \tag{8-3}$$

式中，$\bar{y}_n$——第 n 次采样值经滤波后的输出；

y_{n-i}——未经滤波的第 $n-i$ 次采样值；

N——递推平均项数。

递推平均滤波法对周期性干扰有良好的抑制作用，平滑度高，灵敏度低。但其对偶然出现的脉冲性干扰的抑制作用差，因此它不适用于脉冲干扰比较严重的场合，而适用于高频振荡的系统。递推平均项数 N 的经验值如表 8-1 所示。

表 8-1　递推平均项数 N 的经验值

变量类型	流量	压力	液面	温度
N	12	4	4 ~ 12	1 ~ 4

4. 加权递推平均滤波法

算术平均值滤波法和递推平均滤波法中，N 次采样值在输出结果中的密度是均等的，即为 $1/N$。如果采用这两种滤波方法，那么均会对测量结果带来滞后，N 越大，滞后越严重。为了增加最新采样数据在递推平均值中的密度，提高系统对当前值的灵敏度，可以采用加权递推平均滤波法。对不同采样时刻的数据赋予不同的权，通常越接近当前采样时刻的数据，权值取得越大。加权递推平均滤波法的数学表达式为

$$\bar{y}_n = \sum_{i=0}^{N-1} C_i y_{n-i} \tag{8-4}$$

式中，C_0，C_1，$\cdots$，C_{N-1}——常数，且满足的条件为

$$C_0 + C_1 + \cdots + C_{N-1} = 1 \quad (C_0 > C_1 > \cdots > C_{N-1} > 0)$$

C_0，C_1，$\cdots$，C_{N-1} 的选取有多种方法。其中，最常用的方法是加权系数法。假设 t 为系统的纯滞后时间，且 $R = 1 + e^{-t} + e^{-2t} + \cdots + e^{-(N-1)t}$，则 $C_0 = \dfrac{1}{R}$，$C_1 = \dfrac{e^{-t}}{R}$，$\cdots$，$C_{N-1} = \dfrac{e^{-(N-1)t}}{R}$。$t$ 越大，赋予新的采样值的权就越大，从而提高了新采样值在平均值中的密度，因此加权递推平均滤波法适用于采样周期较短和有较大滞后时间常数的对象。

5. 限幅滤波法

工业现场存在随机的脉冲干扰（随机干扰），若让其通过变送器进入输入端，则会造成测量信号的严重失真，这时就可以采用限幅滤波法消除此种干扰。限幅滤波的基本方法是比较相邻（n 和 $n-1$ 时刻）的两个采样值 y_n 和 y_{n-1}，若它们的差值过大，超过了参数的最大变化范围，则认为发生了随机干扰，并视后一次的采样值 y_n 为非法值，应予以剔除。剔除后，可以用第 $n-1$ 次采样值 y_{n-1} 的输出代替 y_n，其相应的算法为

$$\bar{y}_n = \begin{cases} y_n, & \Delta y_n = \mid y_n - y_{n-1} \mid \leqslant a \\ y_{n-1}, & \Delta y_n = \mid y_n - y_{n-1} \mid > a \end{cases} \tag{8-5}$$

上述限幅滤波法很容易用程序判断的方法实现，故又称程序判断法。应用这种方法的关键在于 a 值的选择。过程的动态特性决定其输出参数的变化速度，通常按照参数可能的最大变化速度 v_{max} 及采样周期 T 来决定 a 值。

6. 一阶惯性滤波法

在微机检测系统的工作环境中，经常存在许多频率很低的干扰，如电源干扰等。对于这类低频干扰信号，不宜采用 RC 硬件滤波，原因在于具有较大的时间常数和高精度的 RC 网络不易制作。因为增大网络的 R 值会引起信号较大幅度的衰减，而增加 C 值，一则体积加大，二则电容的漏电和等效串联电感也会随之增大，从而影响滤波的效果。因此，对于需要较大时间常数的场合，采用具有一阶滞后性能的数字滤波方法（一阶惯性滤波法）来模拟 RC 低通滤波器的 I/O 数学关系，既可以非常容易地滤除低频干扰，又可以避免上述缺点。

对于简单的一阶 RC 低通滤波器，描述其输入 $x(t)$ 和输出 $y(t)$ 的微分方程为

$$A\frac{\mathrm{d}y(t)}{\mathrm{d}t} + y(t) = x(t) \tag{8-6}$$

以采样周期 T 对 $x(t)$ 和 $y(t)$ 进行采样，得

$$Y_n = y(nT) \tag{8-7}$$

$$X_n = x(nT) \tag{8-8}$$

若 $T \ll RC$，则由微分方程可得差分方程为

$$A\frac{Y_n - Y_{n-1}}{T} + Y_n = X_n \tag{8-9}$$

令

$$a = \frac{T}{T+A} \tag{8-10}$$

将式（8-10）代入式（8-9）可得

$$Y_n = aX_n + (1-a)Y_{n-1} \tag{8-11}$$

式中，X_n——未经滤波的第 n 次采样值；

　　　Y_n——第 n 次滤波的输出值；

　　　Y_{n-1}——第 $n-1$ 次滤波的输出值；

　　　T——采样周期；

　　　A——滤波器的时间常数；

　　　a——滤波平滑系数，由试验确定，只要使被测信号不产生明显的纹波即可。

一阶惯性滤波法对周期性干扰具有良好的抑制作用，适用于参数波动频繁的滤波。其不足之处是带来了相位滞后，灵敏度降低，滞后的程度取决于滤波平滑系数 a 值的大小。

以上讨论了 6 种数字滤波方法，在实际应用中，究竟选取哪一种数字滤波方法，应视具体情况而定。递推平均滤波法适用于周期性干扰，中位值滤波法和限幅滤波法适用于偶然的脉冲干扰，一阶惯性滤波法适用于高频或低频的干扰信号，加权递推平均滤波法适用于纯滞后较大的被测对象。也可以同时采用几种滤波方法，如先用中位值滤波法或限幅滤波法，然后用递推平均滤波法。应注意的是，采用多种滤波方法时，若应用不恰当，则非但达不到滤波效果，反而会降低控制品质。

8.4.2　系统误差的校准

系统误差指在相同条件下，经过多次测量，误差的数值（包括大小符号）保持恒定或按某种已知规律变化的误差，其可以通过适当的技术途径来确定并加以校准。在系统的输入通道中，一般存在零点偏移和漂移、放大电路的增益误差及器件参数的不稳定等现象，由此产生的误差都属于系统误差。零点偏移校准在实际中应用最多，并且常采用程序来实现，称为数字调零。另外，还应对系统的增益误差进行校准，以下介绍自动校准的原理及方法。

自动校准的基本思想：在系统开机后或每隔一定时间自动测量基准参数，如数字电压表中的基准参数（基准电压和零电压），然后计算误差模型，获得并存储误差补偿因子。在正式测量时，根据测量结果和误差补偿因子计算校准方程，从而消除误差。下面介绍两种比较常用的自动校准方法。

1. 全自动校准

全自动校准由系统自动完成，其电路结构如图 8-12 所示。系统在刚通上电时或每隔一定时间自动进行一次校准。这时，先将开关接地，测出零输入时 A/D 转换器的输出 x_0；然后把开关接基准电压 V_R，测出输入值 x_1，并存放 x_0 和 x_1。在正式测量时，若测出的输入值为 x，则这时的 V_R 可用式（8-12）计算，即

$$V_x = \left(\frac{x-x_0}{x_1-x_0}\right)V_R \tag{8-12}$$

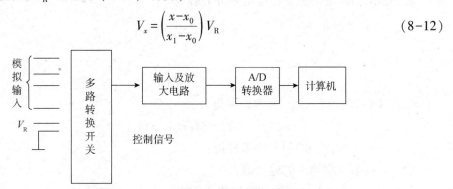

图8-12　全自动校准电路结构

采用这种方法，可消除输入电路、放大电路、A/D 转换器本身的偏移及随时间、温度变化而发生的各种漂移的影响，降低对这些电路器件偏移量的要求，从而降低硬件成本。

2. 人工自动校准

全自动校准只适用于基准参数是电信号的场合，而且它不能校准由传感器引入的误差。为了克服这种缺点，可采用人工自动校准。

当校准输入信号为 y_R 时，测出的数据为 x_R，可以按照式（8-13）来计算 y，即

$$y = \frac{y_R}{x_R} x \tag{8-13}$$

若校准输入信号不容易得到，则可采用现时的输入信号 y_i，计算机测出对应输入 x_i，再采用其他高精度仪器人工测出 y_i 并输入计算机中，以 y_i、x_i 代替前面的 y_R、x_R 计算校准系数。

人工自动校准特别适用于传感器特性随时间变化的场合，如常用的湿敏电容等湿度传感器，一般一年以上变换会大于精度容许值，故每隔一段时间（1 个月或 3 个月）用其他方法测出这时的湿度值，然后把它作为校准值输入测试系统，由计算机自动用该值来校准以后的测量值。

8.5 典型测试系统设计实例

8.5.1 高速机车轴温测试系统

温度是科学研究和工业生产中应用极为普遍又极为重要的热工参数。无论是在动力、机械、化工、冶金、制冷、电子、医药、食品、航天等工业部门，还是在国防、科学研究领域，都有大量的温度测量问题。

本节通过高速机车轴温测试系统，从测试任务、测试方案、测试系统硬件和软件设计、测试系统的可靠性和抗干扰设计 4 个方面介绍温度测试系统的设计。

1. 测试任务

火车高速重载是满足人民群众出行需要和国民经济发展的客观要求，是铁路运输发展的战略选择。随着高速重载战略的实施，机车速度提高（140～200 km/h）和牵引功率增大，使得机车与钢轨的冲击、动力效应和振动增大，导致机车行走部分的轴箱轴承、牵引电动机轴承、抱轴承及空心轴承的发热增多。当轴承存在磨损和生产缺陷时，这些轴承的不正常发热，轻则导致热轴、固死，造成机损，影响机车正常运转，重则造成疲劳破坏和热切轴，车毁人亡，严重影响铁路运输安全，造成巨大的生命和财产损失。因此，性能可靠优良的高速机车轴温测试系统对保证行车安全具有重要意义。

本测试任务是对高速机车的轴箱轴承、牵引电动机轴承、抱轴承、空心轴承等处的温度进行在线监测，在司机室向司机实时显示各测点的实际温度，温度超标时发出声音报警，用指示灯显示该点轴位，并存储报警信息。该系统能储存各测点的最大温升率和对应的时间，供分析故障时查询和参考。

（1）测试系统的主要技术参数。

①测温范围：−55～125 ℃。

②测温精度：±1 ℃（0~85 ℃）。

③测温点：38 个（可根据不同车型而增减）。

④报警温度：绝对温度（75 ℃）和相对温度（环境温度55 ℃）。

⑤供电电压：DC 110 V（波动范围：DC 65~140 V）；功耗小于15 W。

（2）对测试系统的其他要求。

①应考虑一系列比较完善的抗干扰措施，提高系统的抗干扰能力，能够使系统在强电干扰和恶劣环境下，稳定可靠地正常工作。

②车下各个接线盒之间应采用环形接线，不会因某处中断而影响系统工作。接线盒与主机之间应采用双总线传输方式，当一个总线因故障中断时，可自动转换到另一个总线工作，并用指示灯显示。

③有完善的自检功能。无论在初始化还是正常工作中，当某个传感器开路或者短路时，都应显示或报警。当环境温度传感器发生故障不能测出环境温度时，系统可自动设定环境温度为20 ℃，以维持系统正常工作。

④轴温数据的记录与查询。系统应能够自动记录和存储各测点的报警温度、最大温升率及其发生的时间，以供随时查询。系统应设有数据输出接口，可输出存储数据，以供机车检修时分析和参考。

⑤系统的车下部分（传感器、接线盒、接插件等）应全部采用防尘、防水的密封结构，对环境的适应能力强，性能可靠。

2. 测试方案

测试方案的选择主要包括两个方面：传感器类型的选择和监测计算机系统的选择。这两个方面常常是相关的。

（1）传感器类型的选择。温度测量技术在各行各业和科研部门均得到广泛的应用，温度传感器的选择与应用是测温工作的重要内容之一。目前，温度传感器的种类繁多，型号各异，即使同一类型温度传感器也可能由于温度传感器材料或工作介质的不同，使其适用范围和工作性能不同。

机车轴温监测可以采用半导体 PN 结温度传感器进行测量，配以恒流源，在二次仪表端根据电压的变化来反映轴温的变化，其不足之处有以下4点。

①测量误差较大，PN 结温度传感器容易老化、失效，引起较大的温度误差；采用二线制恒流源模拟量传输，测点到仪表的引线较长，引线误差较大。

②连线多，环节多，结构复杂，这是由于每个测点到仪表均需连线，每一路信号均需放大处理。

③需定期标定，工作量大，传感器的互换性差。

④传输弱小的模拟信号时抗干扰能力弱，测量结果的稳定性和可靠性差。因此对于本测试任务难以胜任。

机车轴温监测也可以使用地面红外线机车轴温监测仪，但它只能在机车通过红外线监测点时监测轴箱轴承的温度，不能对行车区间内的轴温变化进行监测，也不能监测牵引电动机轴承和抱轴承的温度，因此本测试也不能采取此方案。

为了克服传统温度传感器精度较低、抗干扰能力差、多点测量时不能串行通信等弱点，本设计采用新型数字式温度传感器，其核心是美国 DALLAS 公司的 DS1820 温度传感器芯片，与传统的温度传感器相比，这种单片数字式温度传感器具有外围电路简单、精度高、对电源要求不高、抗干扰能力强等优点。由于它的输入和输出均为数字信号，以串行方式与外部连接，因此可以将很多个测点串行集成到应用系统中，简化了系统的设计和减少了系统的连线。该传感器具有以下基本特征：

①无须连接外围器件，即可用 9 位二进制数字量形式输出温度值；

②温度测量范围为 $-55 \sim 125$ ℃，分辨率为 0.5 ℃；

③将温度转换为数字量的时间小于 200 ms；

④采用串行单总线结构传输数据，即仅用一根数据线接收命令和传输数据；

⑤测温误差小于 1 ℃；

⑥用户可自定义永久的报警温度设置；

⑦适用于工业现场的温度监测和控制，抗干扰能力强，能适应恶劣的工业环境，且工作稳定可靠。

该传感器有两种供电方式：一种是利用主机内部的电源通过数据线的高电平供电，不需外接电源和电源线，适用于数据总线上连接少量传感器的情况；另一种则需要外接 +5 V 电源和电源线，适用于数据总线上连接较多传感器的情况。本测试采用第二种方式供电。

（2）监测计算机系统的选择。目前工程实际中常用的监测计算机系统主要有工业控制计算机、基于 ARM 板的嵌入式计算机和单片计算机（简称单片机）。

①工业控制计算机是通用的计算机系统，其优点是功能强大、运算速度快、编程方便（采用高级计算机语言）、通用性强，其缺点是体积较大，价格也较高，常用于参量类型和数目较多、要求运算速度快的监测和控制任务。

②基于 ARM 板的嵌入式计算机简称 ARM 板计算机，是近些年才应用到工程实际的集成度比较高的计算机系统。其特点是功能和运算速度介于工业控制计算机与单片机之间，比工业控制计算机的运算速度慢，但比单片机的运算速度快；体积比工业控制计算机的体积小，但比单片机的体积大；价格比工业控制计算机的低，但比单片机的高。

③单片机于 20 世纪 80 年代已经应用于生产实际的测量、监测和控制任务，相对于工业控制计算机和 ARM 板计算机，单片机具有结构简单、价格低廉、功能相对简单等优点，其缺点是运行速度较慢和数据处理能力较弱。单片机常用于参量类型和数目较少、要求运算速度不高、显示界面简单的小型监测和控制任务，最典型的应用是自动（智能）监测仪表。

本节的高速机车轴温测试系统的测试任务，采用工业控制计算机、ARM 板计算机和单片机均可以实现，从成本、体积、计算性能要求等方面考虑，优先选择单片机。

3. 测试系统硬件和软件设计

（1）测试系统的硬件构成。测试系统的硬件构成如图 8-13 所示。EEPROM 用于存储各个传感器的编号，编号可以改写和读取，且切断电源后编号不会消失。RS-485 接口用于读出存储器的报警信号和温升率数据。

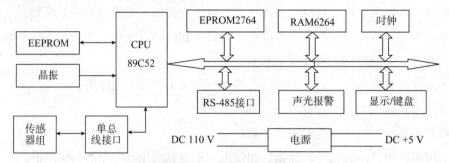

图 8-13　测试系统的硬件构成

（2）传感器与主机的数据传输。传感器为数字式，直接输出二进制数，且具有单总线数据输入、输出接口。本测试系统的温度测点达 38 个，为了提高数据传输的可靠性和节省连线，传感器和主机之间采用两根单总线串行连接。将两根单总线连接成环状，其工作状态自动切换（当正在工作的一根总线出现故障时，自动切换到另一根总线工作），同时只有一根单总线处于工作状态。所有传感器连接在环形总线上，实现了单总线多点温度监测。这样的连接保证了当总线任何部位发生断线等故障时，主机仍然能够接收到每个测点的数据，提高了总线的可靠性，且使连接简单。

采用串行单总线结构时，必须保证总线上一次只能接收或发送一个传感器数据，而其他传感器处于静止状态，否则总线无法正常工作。在传感器安装之前，将每个传感器分别唯一地连接在总线上，分别读出每个传感器 ROM 中的唯一编号，存入主机的 EEPROM，并存储唯一的轴位号。监测时，主机利用传感器 ROM 中的唯一编号，采用一次呼号的方式，呼叫到哪一个传感器，哪个传感器就完成温度转换和数据传输，而其他传感器处于禁止状态，这样就能保证每个测点的温度都能唯一准确地发送给主机。

（3）测试系统的软件设计。测试系统主程序简化流程图如图 8-14 所示。测试系统自检流程判断传感器、指示灯和蜂鸣器等硬件是否完好。设置程序的核心是传感器编号的设置，须发送指令码，读出连接在总线上的传感器的内部编号，从键盘上读入该传感器安装的轴位号，将两者均存入主机的 EEPROM 中。测试程序的核心是主机与传感器的单总线串行通信程序，主机须发送一个测点的传感器编号。只有该传感器先响应进行温度转换，然后主机才能接收温度数据，进行判断处理，而总线上的其他传感器处于静止状态。查询程序将存储温升率和报警事件数据依次显示出来，供有关人员观察分析。

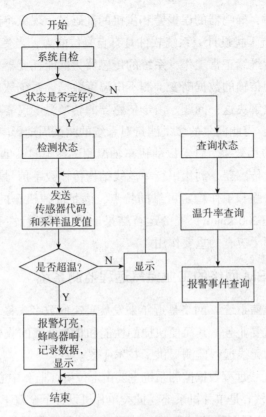

图8-14 测试系统主程序简化流程图

4. 测试系统的可靠性与抗干扰设计

铁路高速机车（以 SS7D 型为例）的牵引额定功率达 4 800 kW，其上存在多种大功率电气设备，如驱动电动机（每个 800 kW，共 6 个）、变压器（9 062 kW）、制动器（400 kW）、主断路器、整流机组、空压机组、前大灯和空调等。机车上存在多种电压：高达 29 kV（交流）的电网电压，主要作功率设备使用的 380 V（交流）电压，控制、监测电路使用的 110 V（直流）电压。电弓的起落、前大灯的开关和其他功率设备的启停会产生很大的电源干扰和电磁辐射干扰，因此这对测试系统的抗干扰能力和可靠性提出了很高的要求。

本测试系统作为应用于高速机车上的轴温测试系统，抗干扰能力是其能否在实际应用中正常工作的关键。本系统采用下列抗干扰措施。

（1）系统电源的抗干扰设计。机车上大功率设备的动作会使 110 V 直流电压产生的瞬时干扰进入测试系统，影响正常工作。例如，前大灯打开时，干扰有时可以使小继电器自动吸合。因此，系统电源将 110 V 直流电压转换为 5 V 直流电压，并根据抗干扰的要求进行专门设计，即电源的输入、输出端加有参数适当的吸收磁环，并在输入端加装参数适当的滤波器减少干扰。

（2）系统主板的抗干扰设计。将主电路板（系统主板）上的电源线和地线加粗，并使地线有效接地，可以使瞬态干扰的能量很快释放。除机壳屏蔽外，在主电路板和电源板之间加有屏蔽钢板，将主板上驱动蜂鸣器等部件的三极管改为小继电器。改进后，当电弓升起或者前大灯打开时，蜂鸣器的误报警和主机的乱码显示现象将彻底消除。

（3）系统软件的抗干扰设计。系统软件具有自复位能力，当受强干扰程序扰乱时，系统自动复位、初始化后继续正常工作，系统的传感器为低能耗元器件。当主机与测点较远时，瞬态干扰偶尔会使传输的数据畸变，测不出温度数据。系统软件对没有测到数据的测点采用多次测量的方法解决这一问题。由于传感器的转换温度仅需 200 ms，而主机显示一个测点的温度需近 2 s，因此偶尔的多次测量对系统的测试周期影响不大。

（4）测试系统的应用效果。针对以前机车轴温测试系统的不足，高速机车轴温测试系统采用新型数字式温度传感器，利用串行单总线结构传输数字信号等新技术，使其具有测温精度高、抗干扰能力强和工作稳定可靠的特点，满足高速机车的需要。该系统在 SS7D 型高速机车（最高时速 200 km/h）上的运行结果证明了其可行性和实用性，该系统为高速机车的安全运行发挥了应有的重要作用。

8.5.2 基于 GSM 网络的工业氯气远程监测系统

GSM（全球移动通信系统）网络是近年来发展迅速的数字式移动通信网络，而短消息服务是其提供的一项重要业务。其简便快捷的性能和相对低廉的收费赢得了广大用户的青睐，同时为许多类型的无线远程监测提供了技术手段。

基于 GSM 网络的无线远程数据监测系统主要由上位机（监测中心）和下位机（监测站）两部分组成。监测站的核心是单片机系统（此类单片机设置了全双工的串行接口，可以同时进行接收和发送，可以选择多种通信模式），实现的功能是数据采集、发送等，控制 GSM 模块向监测中心发出打包后的数据；监测中心的核心是个人计算机以及由 Visual C++语言编写的监测软件，主要功能是数据接收和存储、参数比较、发送报警消息等。该系统不仅用于煤气/天然气、电力等能源系统设备及网络的远程监测，而且用于自动化工厂的生产过程，机器和设备的远程控制和监测。当然，它也能用于对人有害环境下的远程监测和化工厂周围空气质量的远程监测。

本例是对工业氯气进行远程多点监测的系统，即基于 GSM 网络的工业氯气远程监测系统（简称工业氯气远程监测系统）。采用的是分布式数据采集原理，主要是把分散于各处的氯气含量采集到监测中心，以便进行管理和监测。根据氯气分子在近紫外光区域对特定的紫外光波具有最大的单峰吸收的特性，本例中将采用双波长紫外吸收法（双波长分析法），对氯气的含量进行检测。

1. 工业氯气远程监测系统的构成

基于 GSM 网络的工业氯气远程监测系统结构如图 8-15 所示。由于检测点比较分散，且工业现场和监测中心之间的距离比较远，因此用检测装置对氯气进行检测，然后将其浓度值按一定的时间间隔通过 GSM 网络传回监测中心的计算机。监测中心也可随时查看任意检测点的氯气浓度，一旦浓度值超标，系统将通过 GSM 网络启动监测中心的报警系统或拨打报警电话。

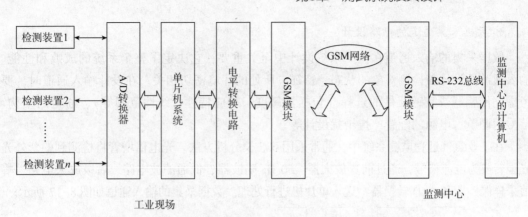

图8-15 基于 GSM 网络的工业氯气远程监测系统结构

（1）工业现场检测装置进行数据采集，然后按照双波长分析方法所得的数学模型进行数据处理、计算和修正，获得氯气的浓度值。

（2）获得的氯气浓度值通过 GSM 收发电路，并将其数据按一定格式传输到监测中心的计算机。

（3）监测中心的计算机通过 GSM 网络获取数据并进行显示，每隔 30 min 对数据刷新。可以通过系统管理软件随时访问各个检测点的检测数据，同时提供趋势分析。

（4）系统软件建立数据库，对各点传回的数据进行存储，建立以小时为单位的氯气含量数据库，提供按日、月、年排列的检测数据报表，并提供对数据的查询和分析。

（5）监测中心可以对检测点的检测装置进行远程控制，修改和设定检测装置的一些参数。

2. 光电检测系统的结构

图 8-16 为光电检测系统的结构框图，它由光路系统、光闸、斩光器、采样气室、电动机、光电倍增管、模拟信号处理电路、同步信号发生器、A/D 转换器和 GSM 收发电路等构成。

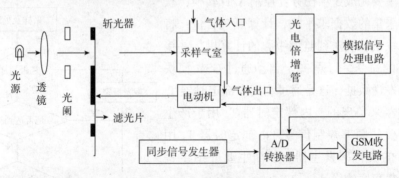

图 8-16 光电检测系统的结构

光路系统主要由光源和聚光准直系统构成。光源采用具有连续近紫外波谱辐射的氙灯，聚光准直系统由一石英透镜产生平行光束。斩光器是由一小电动机带动旋转的圆盘，上面装有对应于氯气吸收中心波长和非中心波长的两块滤光片。同步信号发生器由另外的两套发光二极管和光电三极管通过同一斩波器产生。

3. 数据采集通道的电路设计

数据采集的输入通道在检测系统设计中至关重要，它决定了整个系统的成败和性能。输入通道的设计与检测对象的状态、特征、所处的环境密切相关。在设计输入通道时，要考虑到传感器或敏感元件的选择（包括灵敏度、响应特性、线性范围等）、通道的结构、信号的调节、电源的配置、抗干扰设计等。

在工业氯气远程监测系统中，通常采用双波长分析方法。光电倍增管将检测到的紫外光光强转换为电流信号，通过前置放大器、50 Hz 陷波器、低通滤波电路、后级放大电路、峰值采样保持器和 A/D 转换器，送入单片机进行处理。数据采集的输入通道如图 8-17 所示。

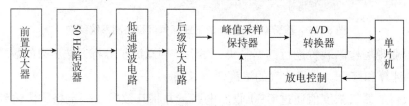

图 8-17　数据采集的输入通道

4. GSM 模块接口电路设计

目前，我国已经开始使用的通信模块有很多，这些模块的功能、用法差别不大。在本例中采用嵌入式 GSM 模块，它主要的优点是基于嵌入式实时操作系统的可靠性，充分发挥了 32 位 CPU 的多任务潜力，而且其性价比很高。GSM 模块接口电路设计较为简单，只需要在 GSM 模块和计算机之间加一个 RS-232 电平转换芯片即可。在 GSM 模块收到网络发来的短消息时，能够通过串行接口（串口）发送指示消息，数据终端设备可以向短消息模块发送各种命令。

5. 单片机程序设计

单片机主要完成 3 项任务：控制 A/D 转换，获取数据；对采集的数据求平均，计算氯气含量；将数据通过无线模块发送到监测中心的计算机，并接收监测中心的命令。每隔 30 s 自动通过 GSM 模块向监测中心发送数据，这是通过利用内部定时器 T_0 和软件计数器来实现的。内部定时器 T_1 用于产生陷波器所需的频率控制信号。内部定时器 T_2 用作串行接口的波特率发生器。下面主要介绍主程序、数据采集程序的设计。

（1）主程序设计。主程序流程图如图 8-18 所示。主程序首先完成调用系统初始化函数，启动定时器 T_0、定时器 T_1，从串行 EEPROM 中读取短消息服务中心号码、报警号码、双波长分析方法的线性回归方程系数等任务。然后调用 A/D 数据采集函

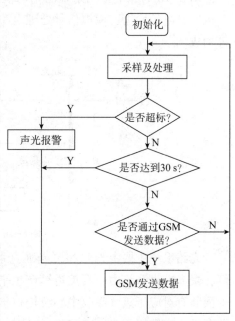

图 8-18　主程序流程图

数，进行数据采集。在进行 20 次采样后，求出其平均值。根据通过实验获得的线性回归方程，求解对应的氯气浓度值，判断其浓度是否超过安全指标，若超过则启动本地的声光报警中心，同时向监测中心发送相关的信息，然后从报警中心获取控制命令，或者是到 30 s 时对监测中心的数据进行刷新。

（2）数据采集程序设计。在数据采集部分，对与氯气中心吸收波长相对应的同步信号和与氯气非吸收波长相对应的同步信号分别进行数据采集和存储，在数据采集中同时控制峰值保持电路的保持和放电，以确保采集的数据是与峰值吸收波长所对应的信号。

在进行系统设计时，不仅要对硬件系统进行抗干扰设计，还要注意采用软件抗干扰设计。否则不仅会降低数据采集的可靠性，而且会使干扰侵入单片机系统的输入通道叠加在信号上，致使数据采集误差加大。

6. 监测中心软件的设计

监测中心的软件应满足对远程检测点传输的浓度数据或报警信息进行监听、对检测点回传数据进行分析、对各检测点回传数据进行图形化显示、对数据进行存储管理与打印，以及监测中心对监测系统进行远程控制等需求。

监测中心软件系统包含以下几个软件模块。

（1）GSM 模块。GSM 模块随时处于监听状态，它响应检测装置发送来的数据，也可以下传命令和数据。

（2）数据分析模块。数据分析模块对接收到的浓度数据进行简单的趋势分析，求出给定时间内的最大值和最小值，判定监测点在一定周期内的氯气排放是否符合国家标准，并在超标时给出警告信息。

（3）显示模块。显示模块将收到的浓度数据以彩色棒图的形式显示在计算机屏幕上，同时显示检测点编号和浓度数据；也可显示给定检测点、给定周期内的趋势曲线图。

（4）数据管理模块。数据记录可以有两种形式：一种是以数据文件（文本文件）形式保存数据；另一种是以数据库形式保存数据。数据管理模块提供将文本文件数据导入数据库以及将数据库数据导出到文本文件中的功能。

（5）远程控制模块。远程控制模块通过 GSM 网络对工业现场监测系统的采样平均次数、数据更新周期、斩光电动机的转速及回归方程系数的更新等进行控制。

本实时监测系统采用 VC++6.0 编程技术设计，使操作更为直观、方便和灵活，视窗界面更为友好；能实现数据动态显示、分析处理、远程控制和数据记录与回放等功能，满足了监测中心软件设计的要求。

本例通过对工业氯气的监测系统的设计和相关的实验，证明采用双波长紫外吸收分析法可实现对工业排放气体中氯气浓度的自动检测；利用 GSM 网络的现有资源，可实现有害气体的远程多点监测。该系统具有成本低廉、分布灵活和实时在线的优点，具有一定的工业应用价值。

到目前为止，基于 GSM 网络的无线远程监测系统在车辆调度、安全、导航、监测等领域已经有了一定的研究和应用。尤其在偏远地区，江海等架设通信线路困难或不经济的地方，利用 GSM 网络的短消息实现远程监测成为实用且有效的技术手段。

复习思考题

8-1 设计测试系统的一般步骤是什么？设计时应遵循哪些基本的原则？

8-2 何为计算机测试系统，计算机的作用是什么？

8-3 计算机测试系统数据预处理中，除线性化处理、标度变换外，还包括哪些主要的处理方法？

8-4 一般来说，工业生产实际应用的测试系统主要包括哪些基本的组成部分？

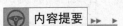

第9章 教学案例

作为机械设计制造及其自动化及相关专业本科生的主要课程，机械工程测试技术经过精品课程建设及多年的教学实践，积累了丰富的教学案例。本章以工程应用型教育教学为主要目的，力求适用、实用，从建好的课程案例库中精选出 3 个典型案例，内容包括测试原理及分析方法等。

教学提示。通过机加工表面轮廓测试方法及特征分析，自聚焦透镜端面图像采集及缺陷特征的分析，高速铣刀磨损状态测试及特征识别 3 个案例的分析与相关特征参数的计算，拓展所学知识，加深对工程测试及相关参数识别方法的理解。结合课程教学，使学生能够运用所学知识开展相关的测试实验活动，解决生产实际问题，培养学生严谨的工作作风。

教学要求。了解机械加工表面轮廓、自聚焦透镜端面图像及高速铣刀磨损状态等测试实验的基本方法及相关（特征）参数的统计分析原理，强化工程实际应用，突出学生能力培养，注意反映机械工程测试技术发展的新成果和新动向。

9.1 机加工表面轮廓测试及微观结构特征分析

本节教学案例的背景资料如下。

时间：2018 年 3 月。

地点：西安万钧航空动力科技有限公司。

公司设在西安市阎良国家航空高技术产业基地，该产业基地 2004 年 8 月由国家发展和改革委员会（简称发改委）批准设立，是国家依托陕西雄厚的航空产业资源而建立的我国第一个集航空技术研发、航空人才培养、整机制造、零部件加工、航空服务为一体的国家航空高技术产业基地，得到发改委、商务部、科学技术部、省市各级相关部门在政策和资金方面的合力支持，是我国发展航空产业的重要平台。

公司为国内首家先进叶轮叶盘精密加工技术应用示范及专业化制造基地，主要产品包括大推力航空发动机整体叶盘，中小型通用航空及无人机发动机叶轮叶盘及化工企业生产用离心压缩机核心部件叶轮等。

问题如下。

企业在生产实践中发现，在同等加工条件下，所加工零件（化工生产过程除尘设备的整体式叶轮，材料铝合金）的表面质量（表面轮廓的表面波纹度及表面粗糙度指标）下降，希望通过表面轮廓分析，寻找表面轮廓的表面波纹度（以下简称波纹度）及表面粗糙度（以下简称粗糙度）特征的变化规律，为进一步分析产品（机械加工表面）质量下降的原因奠定理论基础。

以下是本案例的主体部分，为校企合作进行的实验测试、试件轮廓特征分析及特征提取计算的整个过程，主要包括工程表面微观特征分析，表面特征的分解和合成，实验测试方法及计算结果分析。

9.1.1　工程表面微观特征分析

本案例中，整体式叶轮材料为铝合金，经铣削加工后形成的表面为典型的工程表面。一般地，通过实验测试可以获得表面微观轮廓的信号，而表面微观轮廓信号的结构分析及其特征识别，可以有效地分析零部件的性能及其工艺过程。由此，获得改进产品质量、监测设备运行状态的方法和途径。

典型工程表面信号的频谱包含一系列的空间频率，高频或短波长部分对应于粗糙度（Roughness），中频部分对应于波纹度（Waviness），而低频率部分则反映了表面的形态误差（Form Error）。显然，不同的工艺制造过程将产生不同波长的特征。工程表面分析的基本方法是将信号按不同的频段进行分解，并与有关的工艺、过程参数形成映射关系。通常，滤波是实现这一方法的主要途径。在表面信号分析中，有两个基本的问题：首先，选择分析方法，即确定滤波器及其参数，从而合理地区分粗糙度、波纹度、形态误差的分布，以及合理地确定由后两者构成的基准线；其次，基于分析方法建立相应的表面质量的评价理论。

本案例将小波分析方法作为主要的频域分析方法，它是实现工程表面纹理和拓扑结构特征分析的有效方法之一。小波分析技术广泛地应用于图像处理和信号理解，其原因是小波分析方法可有效地分解二维或三维信号。在工程表面分析的应用研究中，Y. Gao、S. Lu等提出了基于小波和分数维的工程表面分析方法，实现了表面拓扑特征的分离。Shengyu Fu 和 J. Raja 总结了有关的分析方法，并根据小波基函数及其尺度函数的转换特性，详细地研究了不同小波基函数在工程表面信号分析中的区别、优劣，据此提出了小波基函数的合理选择方法。本案例将详细讨论表面信号滤波、特征区分方法及小波分解层次确定等有关的问题。另外，在实验测试方法上，还描述了机加工表面轮廓的光学测量方法的基本原理，针对试件表面典型形貌特征进行了一系列的特征分离实验，本案例将详细论述相关的实验结果。

9.1.2　表面特征的分解和合成

若 $z(t)$ 表示表面综合形貌，则表面信号滤波的数学过程可描述为

$$\text{Input } z(t) \Rightarrow \text{Filtering } h(t) \Rightarrow \text{Output } g(t) \tag{9-1}$$

其数学运算可以简单地写作 $g(t) = z(t) * h(t)$。

显然，表面特征分离的理想的数学模型应为

$$z(t) = g_1(t) + g_2(t) + g_3(t) = z(t) * h_1(t) + z(t) * h_2(t) + z(t) * h_3(t) \tag{9-2}$$

设 $H_i(\omega)$ 为 $h_i(t)$ 的傅里叶变换，ω_i 表示信号中各成分的分界频率，则有

$$H_i(\omega) = \begin{cases} 1, & \omega_{i-1} < |\omega| < \omega_i \\ 0, & \text{其他} \end{cases} \quad i, = 1, 2, 3; \ \omega_0 < \omega_1 < \omega_2 < \omega_3$$

假定 $\psi_{a,b}(t) = \dfrac{1}{\sqrt{a}} \psi\left(\dfrac{t-b}{a}\right)$，其中 $b = n$，$a = 2^k$，则经过小波变换，$z(t)$ 可以被分解为

$$z(t) = \sum d_{k,n} \psi_{k,n}(t) \tag{9-3}$$

其中 $d_{k,n} = W_f[n, 2^k]$。在实际应用中，多分辨分析可以给出如下离散算法。

设基本小波函数 $\psi(t)$ 由两组系数 $\{h_n\}$ 和 $\{g_n\}$ 定义，$\Phi(t)$ 为一多分辨分析的生成元，则

$$\begin{aligned} \Phi(t) &= \sum h_n \Phi(2t - n) \\ \psi(t) &= \sum g_n \Phi(2t - n) \end{aligned} \tag{9-4}$$

其中 $g_n = (-1)^n h_{1-n}$。假定存在 $\{C_n^0\}$，满足 $z(t) = \sum_{n \in z} C_n^0 \varphi(t - n)$，同时定义

$$z(t) = z_0, \ \varphi_{k,n}(t) = 2^{k/2} \varphi(2^k t - n), \ \psi_{k,n}(t) = 2^{k/2} \psi(2^k t - n) \tag{9-5}$$

则 $z(t)$ 可以描述为

$$\begin{cases} z_0 = z_{-1} + s_{-1} \\ z_{-1} = z_{-2} + s_{-2} \\ \quad\quad \vdots \\ z_{-N+1} = z_{-N} + s_{-N} \end{cases} \tag{9-6}$$

其中

$$\begin{cases} z_{-k} = \sum_n C_n^k \varphi_{-k,n}(t) \\ s_{-k} = \sum_n d_n^k \psi_{-k,n}(t) \end{cases}, \ k = 1, 2, \cdots, N \tag{9-7}$$

$$\begin{cases} C_n^k = \dfrac{1}{\sqrt{2}} \sum_{j \in z} C_j^{k-1} \bar{h}_{j-2n} \\ d_n^k = \dfrac{1}{\sqrt{2}} \sum_{j \in z} C_j^{k-1} \bar{g}_{j-2n} \end{cases}, \ k = 1, 2, \cdots, n \tag{9-8}$$

这样 $z(t) = s_{-1} + s_{-2} + \cdots + s_{-N} + z_{-N}$，其中 $s_{-k}(k = 1, 2, \cdots, N)$ 为具有有限带宽的信号。显然，k 越小则 s_{-k} 的频率越高，s_{-N} 则是一低频信号。因此，$z(t)$ 可以分解为具有有限带宽的信号的组合。在合适的分解层次下，将信号分解为两组，并定义 $s_2(t) = s_{-1} + s_{-2} + \cdots + s_{-N}$；$s_1(t) = z_{-N}$，即 $z(t) = s_1(t) + s_2(t)$。若理解 $s_2(t)$ 为信号 $z(t)$ 的粗糙度成分，则 $s_1(t)$ 是信号 $z(t)$ 的形态误差和波纹度成分之和，后者往往被用来作为粗糙度参数计算的基准线。

综上所述，$z(t)$ 可以表示为

$$z(t) = \sum_m z_m(t), \quad m \in \{m_{\text{FormError}}, m_{\text{Waviness}}, m_{\text{Roughness}}\} \tag{9-9}$$

也就是说，表面形貌信号可以理解为不同的尺度或频率成分之和，即

$$z_{\text{Waviness}}(t) + z_{\text{Roughness}}(t) = z(t) - z_{\text{FormError}}(t) \tag{9-10}$$

在特定层次下进行分解，通过小波近似重构，容易获得 $z_{\text{FormError}}(t)$，则 $z_{\text{Waviness}}(t)$ + $z_{\text{Roughness}}(t)$ 可以通过式（9-10）用 $z(t)$ 减去 $z_{\text{FormError}}(t)$ 得到，然后用小波分解、近似重构的方法得到 $z_{\text{Waviness}}(t)$，最终可以获得表征粗糙度分布的 $z_{\text{Roughness}}(t)$。

在小波分析的工程应用中，一个十分重要的问题是小波基函数的选择。通常，在工程表面信号分析中，主要考虑小波基函数及其尺度函数对信号的转换特性，希望获得良好的线性幅值和相位转换特性。在众多的小波基函数中，可以考虑使用的小波基函数包括：具有线性滤波特性的正交 Haar 小波、具有非线性相位滤波特性的 Daubechies 小波（Bd 系列）、具有近似线性相位滤波特性的正交 Coiflet 小波（Coif 系列）及具有线性相位滤波特性的 Biorthogonal 小波（Bior 系列）。在实际应用中，可根据具体问题进行适当的选择。Shengyu Fu 和 J. Raja 分析了以上几种小波基函数的差异并提出在工程表面分析应用中的最佳选择是 Biorthogonal 小波（实际推荐的是 Bior 6.8 小波基函数）。Biorthogonal 小波的主要特性是具有线性相位转换特性，其广泛地应用于信号或图像的分解和重构。通常，Biorthogonal 小波变换采用一个函数进行分解，用另一个函数进行重构。

9.1.3　实验测试方法及计算结果分析

为了实现试件表面的微观结构特征分析，实验采用两种方法测量试件表面轮廓信号：一种是传统的接触式测量仪（陕西某公司生产的 SPR2000 粗糙度轮廓仪）；另一种是光学法，通过对反射光空间分布的分析实现表面的测量和评价。光学法的基本原理如图 9-1 所示，采用功率为 3 mW、波长为 650 nm 的二氧化碳激光光源，以小角度（10°或20°）照射被测试表面。由于反射光阴影的光强 $I(\varphi)$ 与表面漫反射率及倾角成比例关系，因此通过监测 $I(\varphi)$ 可以实现表面轮廓的测量。光强的变化通过 1090×1370 像素的 CCD 记录并转换为电信号。

金属试样的尺寸为 20 mm×20 mm×0.8 mm，材料为铝合金。表面分别用接触式测量仪和上述的光学法进行测量。试样表面被划分为 3 个区域，如图 9-2 所示，沿着与表面高度垂直的方向（图示的水平方向）进行测量。测量线分别距试样顶端 2、4、6 mm。

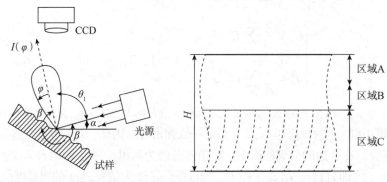

图 9-1　光学法的基本原理　　　图 9-2　试件表面测试区域的划分

图 9-3 所示为用接触式测量仪测得的试样表面信号的 PSD（功率谱密度）估计。图 9

-4 所示是区域 C 信号的 FFT 谱图。由图可知，经统计分析，获得形态误差和波纹度的频段为 0 ~ 1.7 mm^{-1}。

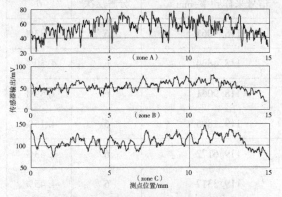

图9-3　用接触式测量仪测得的试样
表面信号的 PSD 估计

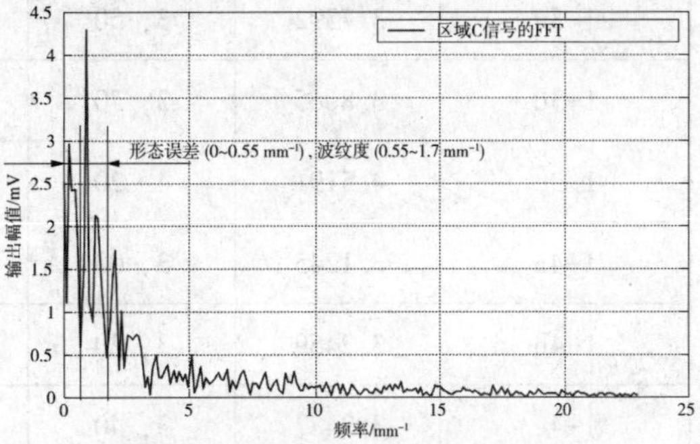

图9-4　区域 C 信号的 FFT 谱图

多分辨分析是利用小波分解滤波器不断地对表面信号进行滤波，以获得信号结构特征的合理的分解。选择 Biorthogonal 小波（Bior 6.8）为小波变换的基函数，对图9-3 所示的信号进行分解。小波分解层次 N 由信号的分界频率 f_0（或波距 w_0）以及信号采样频率 f_{sample}（或波距 w_{sample}）按式（9-11）进行估计，即

$$N = \log_2(\frac{f_{sample}}{f_0}) \text{ 或 } N = \log_2\left(\frac{w_0}{w_{sample}}\right) \tag{9-11}$$

如图9-4 所示，f_0 = 0.55 mm^{-1}（形态误差），1.7 mm^{-1}（波纹度），f_{sample} = 118.2 mm^{-1}（采样频率）。

因此，分解波纹度时 N = 6.1196（≈ 6），分解形态误差时 N = 7.7476（≈ 8）。通过小波分解、重构，分别获得了信号的粗糙度、波纹度及形态误差信号。图9-5、图9-6 和图9-7 分别显示了不同测试区域（A、B 和 C）的信号分析结果。其中，图9-5 为形态误差信号与原始信号的比较。表9-1 所示为粗糙度参数 Ra 的估计及其与仪器显示粗糙度参数 Ra^* 的比较。相对误差 δ 由式（9-12）计算：

$$\delta = \left| Ra - Ra^* \right| / Ra^* \tag{9-12}$$

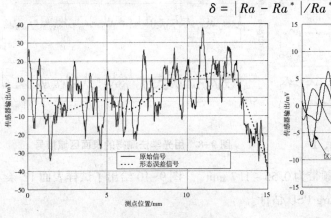

图9-5　小波（Bior 6.8）重构的区域
C 形态和区域 C 的波纹度信号

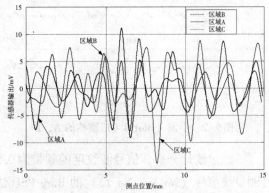

图9-6　小波（Bior 6.8）重构的区域 A、B
误差信号与原始信号的比较

表 9-1　粗糙度参数 Ra 的估计及其与 Ra^* 的比较

试样表面编号	$Ra/\mu m$	$Ra^*/\mu m$	信号采样频率/mm⁻¹	分解层次	δ
1-3a	3.7392	3, 50	118.9061	6	6.83%
1-3b	3.8665	3, 70	118.4834	6	4.50%
1-3c	4.5191	4, 20	118.9061	6	7.59%
1-4a	3.1245	3, 00	119.1895	6	4.15%
1-4b	3.2459	3, 20	119.6172	6	1.43%
1-4c	3.2487	3, 40	119.3317	6	4.45%
2-1a	6.9733	6, 70	118.9061	6	4.08%
2-1b	9.0665	9, 20	119.0476	6	1:45%
2-1c	10.3160	10, 30	118.9061	6	0.16%

　　通常，机械加工表面有比较明显的切削痕迹特征，以特定的空间频率分布在被加工的表面，形成该表面的主要结构特征。在图 9-2 中，这一特征在区域 C 较为明显。以切削痕迹为主的频率特征反映了工艺参数在该区域出现了较为明显的变化。为了详细研究机械加工表面这一特殊的拓扑结构特征，沿图 9-2 所示的水平方向设置了 12 条测量线（编号为 No.1～No.12），分别分布于 A、B 和 C 区域，用上述的光学方法进行表面的形貌变化测量。图 9-8 所示为用光学法测得的表面区域 A、B 和 C 的信号（No.1、No.5 和 No.12），图 9-9 所示为其中两个图像的 Burg PSD 估计（No.1 和 No.12）。

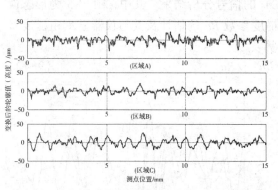

图 9-7　小波（Bior 6.8）重构的 A、B

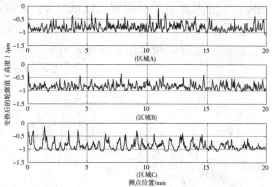

图 9-8　用光学法测得的表面区域信号

　　经过统计分析，信号波纹度的频带为 $0.55 \sim 1.7 \ mm^{-1}$。图 9-10 给出了试样表面 12 条测量线信号（No.1～No.12）的 Burg PSD 估计。

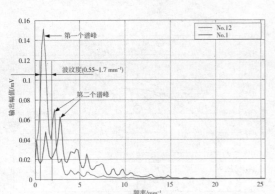

图9-9　不同区域信号的 Burg PSD 估计
（No. 1、No. 12）

图9-10　12 条测量线信号的 Burg PSD 估计

很明显，从区域 A、B 到 C，信号低频分量的能量不断增加，而且谱峰（见图9-9 和图9-10）对应的频率值不断减小。为了分离表面信号特征，通过小波分解、重构获得波纹度成分，根据式（9-11），小波分解层次确定为信号的形态误差 $N \approx 7$（估计值为 6.542 9）；信号的波纹度 $N \approx 5$（估计值为 4.914 8）。图9-11 所示为通过小波分解、重构获得的 12 条波纹度信号，图9-12 所示为 12 条波纹度信号的均方根值（RMS）变化。可以看出，在区域 A 测得的信号其低频成分较区域 B 略高，并随着测量线向区域 C 推移，信号波纹度的 RMS 不断地增加。这一现象基本上反映了表面的拓扑结构特征。另外，从图9-9 和图9-10 可以看出，图9-8 所示的信号在低频区域包含有两个主要成分，如图9-9 所示的两个谱峰，这两个低频成分主导了机械加工表面结构特征的主要方面。

图9-13 和图9-14 所示为对应于 12 条测量线（No. 1 ~ No. 12）的各波纹度信号中第一、二个谱峰对应波长的变化规律。从中可以得出如下结论：在区域 C，1.0 mm 和 0.5 mm 波长的波纹度信号是该表面轮廓结构的主要方面。

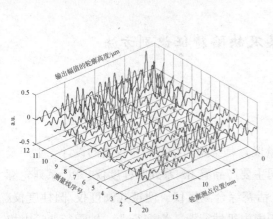

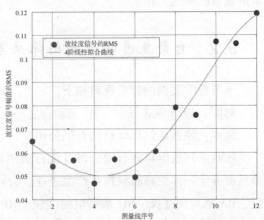

图9-11　通过小波分解、重构获得的 12 条波纹度信号　　图9-12　12 条波纹度信号的均方根值变化

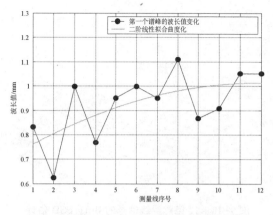

图9-13 第一个谱峰的波长及其拟合曲线
波长的变化规律

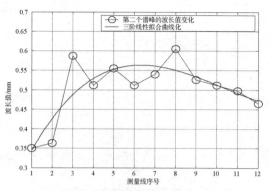

图9-14 第二个谱峰的波长及其拟合
曲线波长的变化规律

本案例采用小波分解和重构的方法对机械加工表面信号进行了一系列有效的实验研究。实验结果表明：从轮廓信号中提取的形态误差信号、波纹度信号和粗糙度信号是合理的，能够有效地描述工程表面的多尺度特征，并为表面质量评价、粗糙度计算提供有效的信息。另外，通过小波分解和重构，本案例详细地分析、描述了机加工表面光学信号的典型特征，不仅描述了波纹度信号的变化趋势，而且通过统计分析确定了该表面信号波纹度成分中主要波长的规律。对形成该表面的工艺过程分析提供了详实、具体的数值结果。

但要注意以下几个问题：

（1）在基于小波分解、重构和根据标准滤波器计算得到的粗糙度参数之间存在一定的误差；

（2）对于不同精度的工作表面，粗糙度与低频信号的分界波距、采样间距都是不同的，如何有效地确定 N 的取值，往往要视实际情况而定。因此，在这些方面还必须做进一步的细致的研究工作。

9.2 自聚焦透镜端面图像采集及缺陷特征识别方法

本节教学案例的背景资料如下。

时间：2018 年 3 月。

地点：陕西威尔机电科技有限公司。

陕西威尔机电科技有限公司（简称威尔量仪）是集超高精密测量仪器的设计、生产及售后服务于一体的高新科技生产型企业。公司主要产品有 RS 系列圆柱度仪、RC 系列轮廓仪、RA 系列圆度仪、RC 系列粗糙度仪、RP 活塞综合测量仪、便携式圆度仪/圆柱度仪/轮廓仪。威尔量仪的精密测量产品广泛应用于国内机械行业、汽配行业、轴承行业、电机行业及大专院校，为厂矿企业及大专院校提供专业化的精密测量方案。

问题如下。

企业在进行新的测试仪器产品开发时，需要自动检测自聚焦透镜端面的生产缺陷，并以此为依据进行产品质量检测及评价。自聚焦透镜是重要的光学通信器件，应用十分广泛。典型的自聚焦透镜是直径1.8 mm、高度4.75 mm的透明玻璃（二氧化硅）圆柱体，透镜两端面一面是圆截面，另一面是局部有小角度的斜切面（约8°）。在实际生产中，自聚焦透镜端面可能出现崩边、划痕等质量缺陷。由于其体积小、材质透明，因此对视觉检测环境的搭建要求十分严格。质量检测主要是依靠质检员的经验，在光学设备（高强度光源及放大镜）下完成，难度大、效率低，且容易出错，导致误检、漏检等问题。针对该问题，该企业开发部提出，研究一种适用于自聚焦透镜端面质量检测的自动化检测系统。

本案例为校企合作（横向科研项目）项目的主体部分，是校企合作进行技术攻关，解决生产实际问题的经典案例。

以下是本案例的主体部分，为校企合作进行的透镜端面图像采集实验、图像特征分析及提取的整个过程，包括自聚焦透镜基本概念、透镜端面图像采集系统设计、图像预处理、透镜端面缺陷图像特征提取的基本原理及计算结果分析。

9.2.1 自聚焦透镜基本概念

检测方案设计主要目的是对由图像采集系统获得的自聚焦透镜端面图像进行图像预处理、边缘提取、拟合理想边界、去除光晕、阈值分割、特征提取等处理，最终实现自聚焦透镜端面质量评定。

1. 自聚焦透镜简介

自聚焦透镜的结构如图9-15所示，其是直径$d=1.8$ mm、高度$h=4.75$ mm的透明圆柱体，其端面一面是圆截面，另一面局部有小角度的斜切面（$\theta=8°$），$a=0.5$ mm，节距为$P/4$。

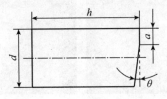

图9-15 自聚焦透镜的结构

2. 自聚焦透镜生产工艺

自聚焦透镜的折射率沿径向梯度变化，光在透镜的传播轨迹是正弦曲线，如图9-16所示，可实现出射光线能平滑且连续的汇聚。

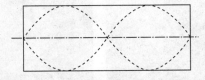

图9-16 光通过自聚焦透镜的路线示意

目前，制造自聚焦透镜的主要方法是离子交换技术，离子交换工艺可分为3步：基础玻璃熔制；拉丝；离子交换工艺。目前，在离子交换工艺的基础上又提出了二次离子交换方法生产自聚焦透镜，可以很好地修正自聚焦透镜的折射分布率，弥补离子交换工艺的不足。

用二次离子交换方法制作自聚焦透镜时，首先选用铊玻璃当作基础，其次把基础玻璃根据需求拉成不同直径的玻璃丝，然后把拉好的玻璃丝截成一定长度的玻璃柱，最后用乙醇乙醚的混合溶剂对玻璃柱进行清洗。在离子交换过程中若溶液浓度过高，则会产生很大的应力，可能导致自聚焦透镜表面产生裂纹。

3. 自聚焦透镜端面缺陷

经查询大量资料，在自聚焦透镜生产过程中，由于多种原因，会出现有缺陷的产品。自聚焦透镜端面的缺陷可分为 3 类：崩边；划痕；针孔、麻点。在自聚焦透镜生产过程中，出现的 3 类端面缺陷分别如图 9-17、图 9-18、图 9-19 所示。

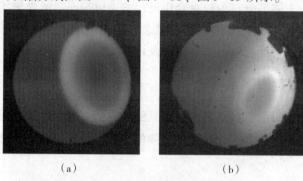

（a）　　　　　　　　　　（b）

图 9-17　自聚焦透镜端面崩边缺陷

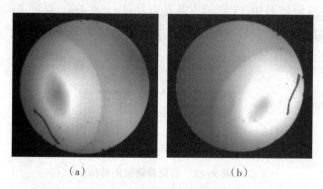

（a）　　　　　　　　　　（b）

图 9-18　自聚焦透镜端面划痕缺陷

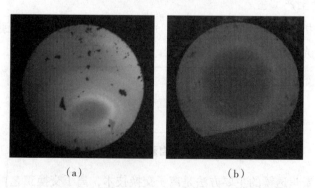

（a）　　　　　　　　　　（b）

图 9-19　自聚焦透镜端面针孔、麻点缺陷

4. 自聚焦透镜端面缺陷评定标准

根据飞秒光电科技有限公司的标准自聚焦透镜参数得知，自聚焦透镜端面质量指标如表 9-2 所示。

表 9-2 自聚焦透镜端面质量指标

缺陷名称	表面评定指标
崩边	不允许在透镜直径 90% 的同心圆范围内有崩边
划痕	不允许宽度超过 5 μm 的划痕
	允许宽度小于 2 μm 的划痕
	最多允许 3 个宽度不超过 5 μm、长度不超过 200 μm 的划痕
针孔、麻点	直径范围内不允许存在直径大于 30 μm 的瑕疵
	允许直径小于 10 μm 的瑕疵
	最多允许 3 个直径在 10 ~ 30 μm 之间的缺陷

9.2.2 透镜端面图像采集系统设计

图像采集硬件是检测方案中基础的部分，所需的信息均源于图像之中。只有合适的图像采集配置才能收集到最适合图像处理的图片，这样才能更精确、更快速地检测自聚焦透镜端面质量。

图 9-20 所示是检具中的端面图像采集部件，其主要作用是实现被放置好的自聚焦透镜端面的图像采集，并传输给后台进行图像处理。在图 9-20 中，由相机端调钮 1、支撑架 2、相机固定板 3 和相机滑块 14 组成的部分为控制工业相机 4 位置的组件，旋转相机端调钮带动相机滑块沿底座 9 水平运动，实现工业相机的水平位置调整；支撑架和相机固定板之间由螺栓连接，可通过调节螺栓高度实现工业相机的高度调整。远心镜头 5 和工业相机是固定在一起的，保持同步。光源滑块 10、光源端调钮 11 和光源支撑架 12 组成了控制光源位置的部分，转动光源端调钮带动光源滑块沿底座水平运动，实现 LED 环光源 6 的水平调整；光源支撑架和光源滑块之间由可调螺钉连接，通过旋转螺钉可调整光源的高度。调整位置后工业相机、远心镜头、光源和待测物要保证同轴度。在实际图像采集的过程中，自聚焦透镜 8、光源、工业相机和远心镜头形成了如图 9-20 所示的位置关系，工业相机和远心镜头在左侧，自聚焦透镜位于右侧，光源位于镜头和自聚焦透镜的中间位置，将光照射在自聚焦透镜端面上，工业相机和远心镜头共同完成图像采集。

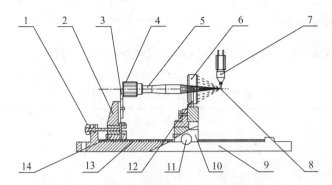

1—相机端调钮；2—支撑架；3—相机固定板；4—工业相机；5—远心镜头；6—LED环光源；7—机械手；
8—自聚焦透镜；9—底座；10—光源滑块；11—光源端调钮；12—光源支撑架；13—齿条；14—相机滑块。

图9-20 端面图像采集部件

1. 工业相机的选择

工业相机是图像采集的重要部件，最重要的功能就是将光信号转化为有序的电信号。相机直接决定所采集到的图像分辨率、图像质量等信息。根据不同的分类方法，工业相机分为多种。

（1）工业相机根据图像输出色彩不同分为黑白相机和彩色相机。黑白相机原理是直接将光信号转化成图像灰度值，形成灰度图像；彩色相机可获取被采集对象的红色、绿色、蓝色三个分量的光信号，形成彩色图像。彩色相机可获得更多图像信息，如果要处理的图像与颜色有关，应该选择彩色相机。如果处理的图像对颜色呈现度要求较低，同样分辨率的相机，黑白的比彩色的精度更高，尤其是看图像边缘的时候，黑白相机效果更好。

（2）工业相机根据芯片类型不同分为 CCD 和 CMOS 两种。CCD 工业相机和 CMOS 工业相机最主要的区别是光转化为电信号的方法不同。CCD 传感器：光照射到像素上，像素点会产生电荷，电荷经过少数的输出电极传输并形成电流、缓冲电荷以及信号输出。CMOS 传感器：每一个像素完成自己的电荷-电压的转换，并产生一个数字信号。CMOS 工业相机的特点是速度较快、耗电量较低；CCD 工业相机的特点是成像质量较好、灵敏度高、噪声较小。

（3）工业相机根据传感器的结构特性不同可分为线阵相机和面阵相机。线阵相机的传感器只有一行感光元素，其主要应用是检测连续的材料，要求待测物匀速运动，利用相机对其进行逐行连续扫描，实现检测物表面均匀检测；面阵相机通过采集二维图像信息，直观测量图像，但由于像元总数多，导致每行的像元数少于线阵相机，帧率受到限制。面阵相机适用于一维动态目标的测量，如面积、形状、尺寸、位置以及温度的测量。

综上所述以及多次对比，选择了黑白 CCD 工业相机，像素 200 万，型号是 MV-EM200M，其性能参数如表9-3所示。

表9-3 工业相机性能参数

型号	最高分辨率	光学尺寸	最大帧率	数据位置	曝光方式	功耗
MV-EM200M	1 600×1 200	1/1.8"	20 fps	8/14	帧曝光	2.5 W

2. 镜头的选择

镜头也是图像采集的重要组成部分，其作用是实现光束调制，将目标成像在图像传感器的光敏面上。选择合适的工业镜头也是图像采集系统的重要部分。根据工业镜头的参数不同，镜头也分为不同的类型。

（1）镜头根据焦距是否变化可以分为定焦和变焦两种。定焦镜头是指变焦比和变焦范围镜头的焦距固定且视场角不能变化的镜头；变焦镜头是指焦距可以连续改变的镜头。

（2）镜头根据光圈是否变化可以分为固定和可变两种。固定光圈没有光圈调整环，通光量只能通过改变光照强度来改变而不能通过调节光圈改变；可调光圈是可以在不同光照强度下，通过调节光圈大小改变通光量。

（3）镜头根据接口不同可以分为 C 型接口、CS 型接口和 F 型接口等。C 型接口的后截距为 17.526 mm；CS 型接口的后截距是 12.5 mm；而一般靶面尺寸大于一寸的通常要用到 F 型接口。

（4）镜头根据视场大小可以分为摄远镜头、普通镜头和广角镜头。摄远镜头的视角一般在 20°以内；普通镜头即标准镜头，视场角大约为 50°；而广角镜头的视场角在 90°以上。

（5）镜头根据用途不同可以分为显微镜头、微距镜头、远心镜头、紫外镜头及红外镜头。显微镜头一般是成像比大于 10∶1 的图像采集系统所用，但随着工业相机的发展，一般成像比大于 2∶1 时也可以选用显微镜头。微距镜头一般是成像比在 2∶1~1∶4 的范围内使用的镜头。远心镜头可以纠正传统镜头的视差，在一定的物距范围内，获取的图像放大倍率不会随着物距的变化而变化。紫外镜头和红外镜头的使用范围是针对紫外线和红外线环境，可消除由于不同波长光的折射率不同形成的色差。

综上所述，本案例选择了 TML 小型工业远心镜头，其性能参数如表 9-4 所示。该镜头远心度小，分辨率高、畸变小，能实现均匀的照明，无图像渐晕效应；同时在景深范围内，没有放大倍率的变化，目标图像尺寸不变。镜头是 C 型接口，可配合 $\frac{1'}{2}$ 及以下成像靶面的工业相机使用。

表 9-4　工业远心镜头性能参数

型号	光学倍率	物距	数值孔径（NA）	分辨率/μm	景深/mm	畸变/%	外形尺寸/mm
TML20×150S	2.0	150 mm	0.031	8.6	1.6	0.02	$\varphi16×107$

3. 光源的选择

图像采集过程中光源是影响图像质量的重要因素，直接影响输入数据的呈现效果，不同光源的选择呈现出的图像有一定差距。

不同的光源颜色对采集的图像有一定的影响，常用的光源颜色有白色（W）、蓝色（B）、红色（R）、绿色（G）、红外光（IR）、紫外光（UV）这 6 种颜色。其中，白色光源适用性最广。经过图像效果对比，最终选择白色环光源，这样采集的图像信息最全面、效果最好，也最利于图像处理。

9.2.3 图像预处理

自聚焦透镜的斜端面与圆柱侧面的共同作用，会导致采集到的图像出现光晕、光斑等现象；同时，图像采集的环境较复杂，或照明不均匀，甚至人为因素都会导致图像效果不够理想，有噪声等，这些都会影响到质量最终评定的准确性。

1. 图像去噪

在实际图像采集过程中，系统采集到的图像是不完美的，能够影响图像效果的因素有很多，如 A/D 转换、线路传输、光线均匀性和集中度、被检测物体自身特性等，所以图像预处理必须要提升采集图像的质量。

图像去噪是图像处理的基本步骤，减噪效果的程度直接影响到后续图像处理（边缘提取、图像分割等）效果。采集到的图像的噪声主要来自图像采集和传输过程，同时各种因素也影响着图像传感器的工作。例如，用 CCD 工业相机采集图像时，图像的传输过程、光照因素及传感器的温度等因素都会产生噪声。

本案例采用了均值滤波及中值滤波方法，取得了较好的效果。

（1）均值滤波。

均值滤波亦称线性滤波，是图像处理中一种常见的滤波算法，它主要应用于平滑噪声。它的原理是利用某像素点周边像素的平均值来达到平滑噪声的效果。在图像 $g(s, t)$ 中大小为 $m×n$ 的矩形窗口 S_{xy}（常选 3×3 模板或 5×5 模板），取其像素灰度的均值作为处理后图像 $f(x, y)$ 像素点的灰度值。用式（9-13）可以得到处理后的像素点的灰度值：

$$f(x, y) = \frac{1}{mn} \sum_{(s, t) \in S_{xy}} g(s, t) \tag{9-13}$$

图 9-21（a）所示是原始输入图像，9-21（b）所示是对应的灰度直方图；经 3×3 模板和 5×5 模板均值滤波后，对比灰度直方图 9-22（b）和 9-23（b）可看出，灰度中的杂点数目减少，同一灰度级的对应像素点更集中，5×5 模板的均值滤波后的灰度级更均衡。

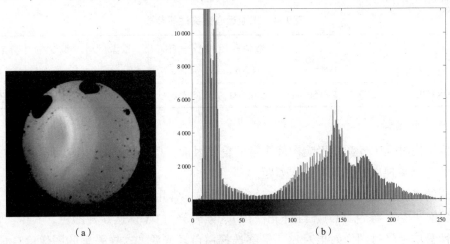

（a）　　　　　　　　　　　　（b）

图 9-21　原始输入图像及灰度直方图

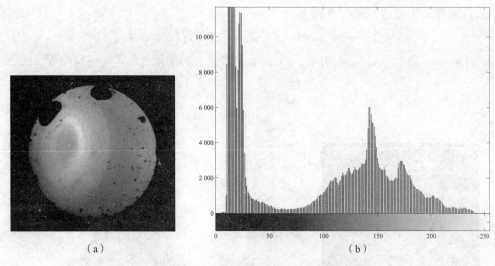

（a）   （b）

图9-22 3×3 模板均值滤波图像及灰度直方图

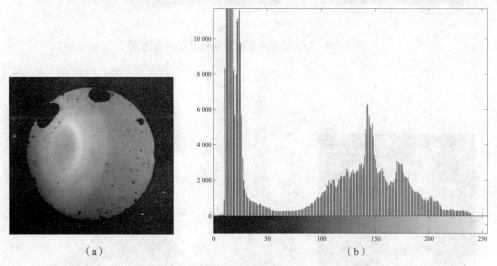

（a）   （b）

图9-23 5×5 模板均值滤波图像及灰度直方图

（2）中值滤波。

中值滤波是一种非线性平滑去噪的方法，其基本原理是图像中每一个像素点的灰度值被设定为该点一定邻域窗口范围内的所有像素点灰度值的中值。它能让周围的图像像素值与实际的像素值更接近，可以有效地去除孤立点，解决图像详细信息不明确的问题。在实际操作中，不同大小尺寸的模板（具有规定形状大小的邻域）的滤波效果是不同的，若模板过小，则滤波效果不理想；若模板过大，则去噪过程中会模糊图像的边缘，效果也不理想。中值滤波可以看作是一个沿着图像移动的窗口，窗口内把所有的像素值替换成所有像素值的中值，按一定的运动规律移动此窗口，依次完成中值替换。创建的移动窗口或模板常见到的是3×3模板（图9-24）、5×5模板（图9-25）等区域，也可根据需要设定不同形状、不同大小的窗口（环形的、圆形的、方形的、十字架形的等）。中值滤波对椒盐噪

声很有针对性。中值滤波的公式为

$$f(x，y) = \text{med}\{g(x-k，y-l)，(k，l \in A)\} \tag{9-14}$$

其中，$g(x，y)$ 表示原始图像；$f(x，y)$ 表示中值滤波后的图像；A 为窗口模板。

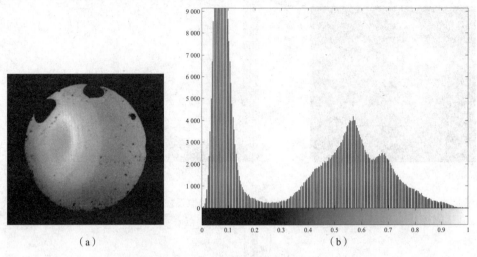

图 9-24　3×3 模板中值滤波图像及灰度直方图

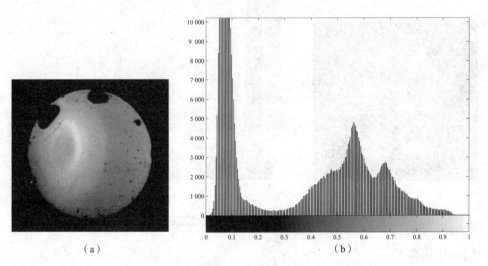

图 9-25　5×5 模板中值滤波图像及灰度直方图

与图 9-21 比较，3×3 模板中值滤波和 5×5 模板中值滤波的灰度直方图 9-24（b）和图 9-25（b）的灰度分布更连续、更集中。

2. 图像增强

图像增强的作用是提高图像的可懂度，改善图像视觉效果，衰减不需要的特征，将图中感兴趣的特征突出，让图像更利于后续的分析、处理。

本案例中，主要采用了直方图增强方法。直方图增强是指经过图像灰度变换后实现对比度调整的方法，其主要技术：将较窄的图像灰度范围根据一定的规律拉伸范围，最终得到整个灰度范围内均有分布的图像。图像的灰度直方图统计的是每个灰度值对应的像素点个数，其可表示图像中灰度值的频率，一般图像直方图增强技术是依据输入图像的灰度概率分布来确定对应的灰度分布输出值，通过拉伸图像灰度值范围改善图像对比度。普遍直方图中的横坐标表示为各个灰度值范围（0～255），纵坐标表示为该灰度值的像素数对总像素值的比率。直方图的定义为

$$P(r_k) = \frac{n_k}{N} \quad (k = 0, 1, 2, \cdots, L-1) \tag{9-15}$$

其中，L 表示灰度级数；N 表示输入图像的总像素值；n_k 表示为第 k 级灰度对应的像素值；r_k 表示第 k 个灰度级；$P(r_k)$ 表示 r_k 灰度级出现的相对频数。

直方图增强的核心是通过灰度级的概率密度函数计算出灰度变换函数。变换函数 $T(r)$ 与输入图像概率密度函数 $p_r(r)$ 之间的关系是

$$s = T(r) = \int_0^r p_r(r) \, d_r \quad (0 \leq r \leq 1) \tag{9-16}$$

其中，$T(r)$ 满足 $0 \leq T(r) \leq 1$，r 为积分变量；$\int_0^r p_r(r) dr$ 就是 r 的累积分布函数。

上式是连续随机变量的关系式，而应用于数字图像中离散形式的关系是

$$s_k = T(r_k) = \sum_{i=0}^k \frac{n_i}{N} = \sum_{i=0}^k p_r(r_j) \quad (0 \leq r_j \leq 1, \ k = 0, 1, 2, \cdots, L-1) \tag{9-17}$$

图像直方图增强图像及灰度直方图如图 9-26 所示。

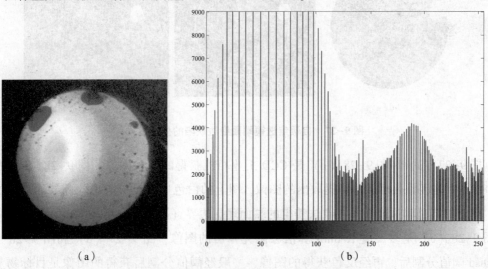

（a） （b）

图 9-26 图像直方图增强图像及灰度直方图

9.2.4 透镜端面缺陷图像特征提取的基本原理及计算结果分析

1. 崩边缺陷

自聚焦透镜端面的缺陷有很多种，占比最重的是崩边、划痕、针孔和麻点这 3 种。实

际生产中，透镜端面的检测标准中指出透镜端面崩边的质量评定标准为在中心区域的90%范围内不得有崩边，即以透镜端面圆心 O 为原点，90%的半径长度为新半径所画的圆，圆域内不出现崩边缺陷，就说明此产品没有崩边缺陷。

经过了图像的预处理，以及拟合理想边界、去除光晕和阈值分割等前期处理，在拟合理想边界中根据现存的边缘信息拟合出理想的完整边界信息。前期可得到透镜端面圆域的圆心 O 以及半径 R，所以很容易根据已知的理想边缘，得出中心区域的90%范围，从而判断自聚焦透镜端面是否存在崩边缺陷。

图 9-27 和图 9-28 所示分别是自聚焦透镜端面崩边缺陷的处理和提取过程，图 9-29 所示是崩边缺陷特征提取流程图。

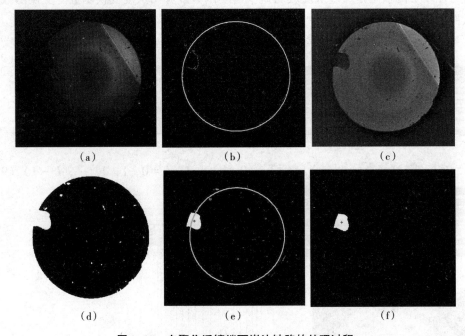

图 9-27　自聚焦透镜端面崩边缺陷的处理过程

图 9-27（a）和图 9-28（a）是 CCD 工业相机获得的原始图像；图 9-27（b）和图 9-28（b）是经预处理后边缘提取出的图像，图上的白色边界是提取出的此端面现存的边界，图上的圆是通过最佳外接圆法获得的端面理想边界（圆心 O，半径 R）；图 9-27（c）和图 9-28（c）是多尺度 Retinex 算法去除光晕后的图像；图 9-27（d）和图 9-28（d）是 Otsu 阈值分割后，再经反色获得的图像，一般经阈值分割后获得的图像是目标物灰度值为 255 呈白色，背景的灰度值为 0 呈黑色，再经反色后，目标物体呈黑色，背景和缺陷特征呈黑色；图 9-27（e）和图 9-28（e）是端面特征缺陷图，图中的白色区域是该端面提取出的缺陷信息呈现，图上的十字标记是缺陷特征区域的质心位置，图上圆是崩边质量评定标准中提到的中心区域的90%范围（圆心 O，半径 $R_1 = 0.9R$），只要在该圆域范围内不出现崩边缺陷，则此产品在崩边缺陷方面是合格的，显然图中两个自聚焦透镜端面都有

崩边缺陷且都不是合格产品；图9-27（f）和图9-28（f）是缺陷信息中面积最大的崩边区域，同样图中的红色十字符号是该最大面积缺陷的质心。

崩边缺陷特征信息如表9-5所示。

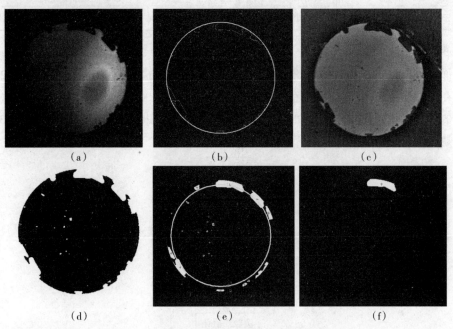

（a） （b） （c）

（d） （e） （f）

图9-28　自聚焦透镜端面崩边缺陷的提取过程

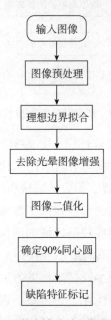

图9-29　崩边缺陷特征提取流程图

表9-5 崩边缺陷特征信息　　　　　　　　　　　　单位：像素

图例	理想圆域面积	特征缺陷面积总和	特征缺陷占比	最大缺陷面积	最大缺陷质心坐标
图9-27	$2.779\,8\times105$	7 245	0.026 1	5 817	(175.97　284.39)
图9-28	$2.820\,7\times105$	17 930	0.063 6	5 498	(423.30　106.79)

2. 划痕缺陷

端面划痕缺陷的质量评定标准：不允许宽度超过5 μm的划伤；允许宽度小于2 μm的划伤存在；最多允许3个宽度不超过5 μm、长度不超过200 μm的划痕。从评定标准可看出核心的判断因素是宽度，因此如何获得宽度是划痕特征提取的重要环节。图9-30所示是划痕缺陷特征提取流程图。

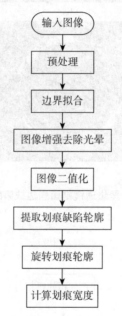

图9-30　划痕缺陷特征提取流程图

图9-31所示是划痕缺陷特征的提取过程。图9-31（a）是CCD工业相机获得的自聚焦透镜端面原始图像；图9-31（b）是图像边缘拟合，图上白色边界是从图9-31（a）中直接提取出的边界信息，圆是拟合出的边界，很显然圆域和白色边界基本重合；图9-31（c）是去除光晕后获得的图像，光晕明显减少，且保留图像细节信息；图9-31（d）是阈值分割后的图像；图9-31（e）是仅保留划痕缺陷区域的图像，图上呈现的白色区域就是该端面图像中的划痕；图9-31（f）是该缺陷的最小外接矩形，若通过最小外接矩形获得缺陷的宽度和实际宽度有偏差，则不能用最小外接矩形的方法计算缺陷宽度。

最小二乘法是使用数学方法进行优化，通过最小误差的平方和寻找数据的最佳函数匹配。直线拟合是许多研究中都需要的，对于给定的数据点，寻找一条最佳的拟合直线，这条直线尽可能地通过、靠近数据点。采用最小二乘法进行拟合，求解拟合参数，获得直线参数，即斜率和截距。

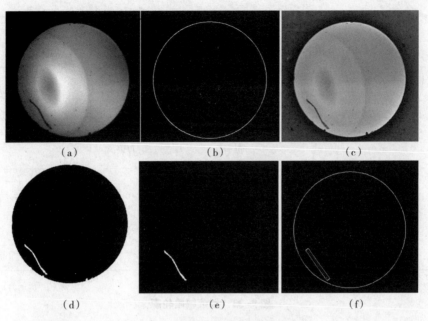

图 9-31 划痕缺陷特征的提取过程

图 9-32 所示是将图 9-31 中的划痕缺陷边界呈现在坐标系中，图上封闭曲线就是划痕边缘，线段是根据曲线利用最小二乘法拟合出的直线。这样获得的直线最贴近给定的边界曲线。通过此方法可以获得拟合出直线的斜率和截距，将图像以拟合的直线的斜率进行旋转，呈水平方向，如图 9-33 所示。

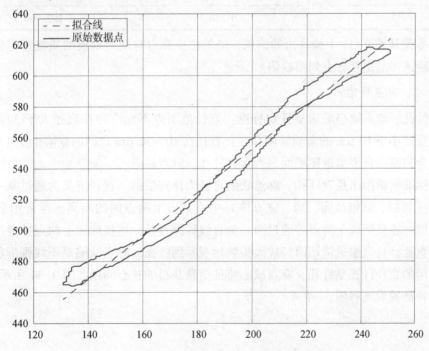

图 9-32 划痕缺陷直线拟合

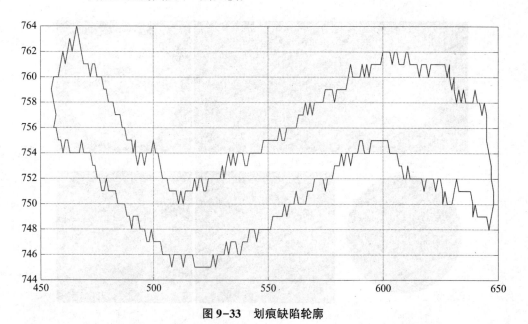

图 9-33　划痕缺陷轮廓

图 9-33 是经旋转后获得的图像，图中同一横坐标的点对应的纵坐标之差即划痕缺陷的宽度。

划痕缺陷特征信息如表 9-6 所示。

表 9-6　划痕缺陷特征信息　　　　　　　　　　　　　单位：像素

划痕缺陷最大宽度	划痕缺陷平均平均值	划痕缺陷长度
11	6.516 3	192.908 9

表 9-6 是从图 9-33 中统计出的信息，经单位换算后与端面划痕的质量评定标准进行对比，判断该产品是否含有划痕缺陷。

3. 针孔、麻点缺陷

端面针孔、麻点缺陷的质量评定标准：直径范围内不允许存在直径大于 30 μm 的缺陷；允许直径小于 10 μm 的杂质缺陷存在；直径在 10～30 μm 之间的缺陷少于 4 处。结合这 3 点综合判断出自聚焦透镜端面是否含有针孔、麻点缺陷。

评定标准明确指出是以针孔、麻点缺陷直径为评判依据。直径定义为通过某一平面图形或立体（如圆、圆锥截面、球、立方体）中心到边上两点间的距离，通常用字母"d"表示。一般，连接圆周上两点并通过圆心的直线称圆直径，连接球面上两点并通过球心的直线称球直径。自聚焦透镜端面经放大倍数后观察到针孔、麻点缺陷是不规则形状，不规则封闭图形的直径计算是针孔、麻点缺陷特征信息获得的核心问题。图 9-34 所示是针孔、麻点缺陷特征提取流程图。

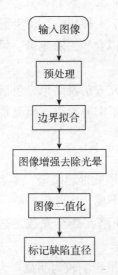

图9-34 针孔、麻点缺陷特征提取流程图

图9-35所示是针孔、麻点缺陷的处理过程。图9-35（a）是自聚焦透镜端面针孔、麻点图像采集系统获得的原始图像；图9-35（b）是经图像预处理后，理想边缘拟合的图像，其中白色边界是提取出的该端面实际边界，图上圆域是拟合出的边缘，与白色边界的重合度很高；图9-35（c）是去除光晕后的图像；图9-35（d）是阈值分割后的图像，端面圆域内缺陷呈白色，反之黑色；图9-35（e）是缺陷区域获取的最小外接矩形的图像，图中矩形就是针孔、麻点的最小外接矩形，图中的最小外接矩形的长的方向与缺陷的长轴方向同向，这样获取到的外接矩形的长为缺陷区域边界上距离最大的值。

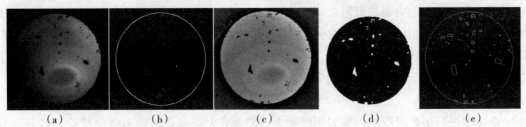

（a） （b） （c） （d） （e）

图9-35 针孔、麻点缺陷的处理过程

由图9-35（e）看到，一个矩形代表存在一个针孔、麻点缺陷，以矩形的长作为缺陷区域的直径，与质量评定标准进行比较，从而判断出该产品端面是否含有针孔、麻点缺陷，是否合格。

针孔、麻点缺陷特征信息如表9-7所示。和产品质量评定标准比较，就可以判断出该产品是否含有针孔、麻点缺陷。

表9-7 针孔、麻点缺陷特征信息　　　　　　　　　　　　　　　　　单位：像素

端面半径	缺陷直径1	缺陷直径2	缺陷直径3	缺陷直径4
298.149 1	63.123 5	41.112 6	32.000 0	27.195 6

本案例研究了基于图像处理的自聚焦透镜端面质量检测方法，针对生产实际中透镜端

面存在的崩边、划痕及针孔（麻点）3 种缺陷，初步实现了自聚焦透镜端面质量的自动化检测，涉及图像预处理、理想边缘拟合、去除光晕、阈值分割、缺陷特征提取及缺陷特征信息提取等基本的图像处理方法。

本案例仅给出了基本的实验研究方法及结果，包括一系列的具体算法。利用实验程序对 100 幅自聚焦透镜端面图像进行了实验检测，检测系统处理结果较好，质量评定正确率可达到 91%。

但要注意以下几个问题。

（1）采集图像的质量优劣直接影响处理结果。本案例进行的实验研究是将不同的自聚焦透镜放置在同一位置上进行图像采集，实际生产中，图像采集过程不可避免地存在各种影响因素，导致图像有边界虚晃缺陷，甚至光线的轻微偏差也会造成不好的图像采集效果。

（2）光源的改变对图像处理结果影响较为明显。为提高图像处理的效率和准确率，将光源的光强、角度规范化是必要的步骤。若光源不同，则会导致图像不清晰或光晕位置、大小不同，这些都会影响图像处理的效果。

9.3　高速铣刀切刃磨损状态检测及特征分析

本教学案例背景资料如下。

时间：2014 年 3 月。

地点：西安万钧航空动力科技有限公司。

西安万钧航空动力科技有限公司成立于 2011 年 6 月，位于西安市阎良国家航空高技术产业基地，项目用地 36 亩。该公司主要从事航空航天、燃气轮机、工业压缩机、流程压缩机、涡轮增压器、新能源设备、环保设备等的叶轮机械核心部件的高精密、高效率制造服务，为国内一流、国际先进水平的叶轮叶盘高效数字化加工应用中心。

问题如下。

企业在进行生产过程中，铣刀用量很大，需要开发自动化的铣刀磨损量检测设备，并以此作为铣刀使用质量检测及评价的依据。

本案例描述了所设计的基于机器视觉的铣刀磨损状态检测系统，介绍了系统的硬件构成及其选型，进行了铣刀夹持设备的设计及铣刀端面图像采集实验。为实现铣刀切刃磨损量的计算分析，进行了一系列的图像处理实验研究，总结出了铣刀切刃图像的特征提取算法。

9.3.1　铣刀磨损状态检测系统设计

基于机器视觉的铣刀磨损状态检测的依据是铣刀图像，基本原理是利用图像处理方法提取铣刀切刃（主要磨损区域）图像的基本特征，并据此计算铣刀磨损量，确定铣刀磨损状态。因此，首先需要设计基于机器视觉的铣刀磨损状态检测平台，实现铣刀切刃图像的采集。

图 9-36 所示为本案例设计的铣刀磨损状态检测系统的硬件构成，照明光源为图像采

集提供较为合适的光源环境，由工业相机、远心镜头实现被测铣刀的图像采集。图像传输给计算机进行相关的图像处理和特征提取计算，并完成磨损量的计算、分析。同时，计算机控制运动平台，实现铣刀输送、角度旋转及调整。

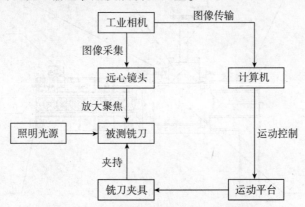

图9-36　铣刀磨损状态检测系统的硬件构成

铣刀检测需要铣刀夹持设备或铣刀夹具，将被测铣刀夹持住，并输送到相应的检测位置，完成各种检测动作，如精确定位、旋转或移动等。铣刀夹持设备的整体设计方案示意如图9-37所示，检测动作主要由运动平台完成。通过单片机控制步进电动机的运行，实现铣刀夹持设备在 x、y、z 及 r 轴方向的运动控制。铣刀夹持设备由铣刀输送装置、主机械手和副机械手构成，运动方式包括铣刀拾取、输送至指定位置、旋转等。控制部分包括单片机、电源输入及显示设备等，通过步进电动机实现对运动平台的控制。

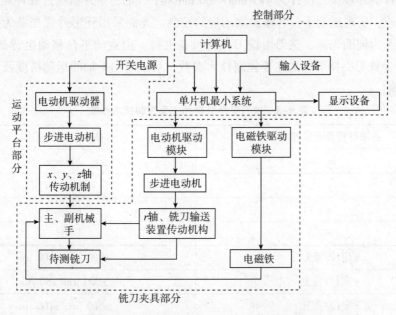

图9-37　铣刀夹持设备的整体设计方案示意

图9-38所示为本案例设计的铣刀夹持装置俯视图及运动平台运动方向示意，主要由主、副机械手1、3负责夹持铣刀，通过电磁铁4吸附铣刀，铣刀输送装置5及其传动机

构6实现待测铣刀7依次进入检测区域（LED光源8的照明区），并由机械手传动机构控制铣刀，完成铣刀不同部位、角度的图像采集。

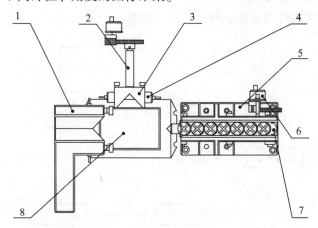

1—主机械手；2—副机械手传动机构；3—副机械手；4—电磁铁；5—铣刀输送装置；
6—铣刀输送装置传动机构；7—待测铣刀；8—LED光源。

图9-38　铣刀夹持装置俯视图及运动平台运动方向示意

副机械手传动机构2设计为齿轮传动，其具有精度高、运动平稳的特点。铣刀输送装置利用皮带传动，通过驱动轮控制皮带运动，将被测铣刀输送至检测区域。

为保证运动平台的运动精度及传输效率，x、y及z轴均采用无牙丝杆，r轴采用齿轮传动，传动比设置为$3:8$。

运动平台的外观尺寸设计为495 mm×300 mm×415 mm，单片机通过脉冲频率调频控制电动机的转速，实现运动平台各输出轴的进给控制。光源采用环形外置光源为正面光源及平面背景光源为辅助光源。铣刀由铣刀夹持设备夹持，由运动平台移动至背景光源中心。表9-8所示为铣刀夹持装置的主要控制技术参数，可以看出y轴的运动精度及其重复精度均高于其他轴。

表9-8　铣刀夹持装置的主要控制技术参数

各轴行程及定位控制	技术指标及精度
x	200 mm
y	120 mm
z	120 mm
r	90°
x定位/重复	±500 μm/±100 μm
y定位/重复	±200 μm/±50 μm
z定位/重复	±500 μm/±100 μm
r定位/重复	0.5°/0.1°

9.3.2 铣刀磨损图像处理方法及特征识别

铣刀图像处理包括以提高图像信噪比为目的的图像预处理和以计算磨损量为目的的图像特征提取两个部分。其中，图像预处理流程包括图像灰度化处理、滤波去除噪声、二值化及边缘提取，结果如图9-39所示。其中，图9-39（a）为灰度化处理的结果，图9-39（b）为滤波去除噪声后的图像，图9-39（c）、（d）分别为二值化及边缘提取后的结果。

| （a） | （b） | （c） | （d） |

图9-39 图像预处理结果

由图9-39的预处理结果可以看出，图像信噪比得到大大提高，铣刀切刃部分（图像中的高亮部分）及其边缘特征依次得到加强，不断变清晰。为实现铣刀切刃磨损量或磨损区域的精确定量计算，经过大量的图像处理实验，本案例总结出了切刃（目标）特征计算流程，如图9-40所示。

图9-40 切刃（目标）特征计算流程

通过切刃图像的边缘提取来确定铣刀在图像中的轮廓，通过坐标定位来寻找铣刀中心点及特征区域相对于水平方向的角度，从而实现图像特征区域的方向定位。通过图像裁剪实现切刃部分的区域分割，最后进行目标特征的定量计算，从而实现铣刀磨损状态的检测。

一般地，铣刀端面图像中圆形铣刀的实际圆心与图像中心并不重合，切刃部分的角度（相对于水平位置）也是未知数，因此要进行坐标定位计算，坐标定位包括图像特征区域的中心点定位及特征区域的方向定位。

实验使用的工业相机的分辨率为 $2\,048\times1\,536$ 像素，每像素占位面积为 $3.2\times3.2\ \mu m^2$，使用远心镜头的放大倍数为15。根据以上参数，可以很容易地计算出铣刀外圆的实际尺寸。实验统计计算了25幅铣刀图像，计算得到的铣刀外圆直径示值相对误差小于2%，表明通过图像处理进行铣刀外圆识别及直径计算的方法是可行的，并能够较准确地确定铣刀在图像中的具体位置。确定了铣刀的位置，即铣刀外圆圆心及其直径后，可以通过平移将铣刀的外圆圆心移到事先确定好的图像的中心位置。

将铣刀图像平移到图像的中心位置后，还要旋转铣刀图像使其切刃边缘与图像水平方向保持一致，即实现铣刀图像的周向定位。其方法是先识别出铣刀切刃的边缘线段，通过其边缘线（直线）方程求出线段的斜率，通过斜率计算切刃边缘线与图像水平方向的夹角，再进行图像旋转。在此过程中，采用有一定抗噪声干扰能力的 Sobel 算子进行边缘提取，经计算得到铣刀切刃的下边缘（实际加工中，下边缘不易磨损）的端点坐标，再建立直线方程，并根据直线方程进行图像的旋转。

完成铣刀图像的定位及旋转后，进行铣刀切刃部分的特征提取及磨损量的计算。

虽然经过图像预处理，滤除掉了大部分的噪声，但仍然有杂质干扰点。另外，由于铣刀切刃部分的宽度基本一致（同型号铣刀切刃部分的尺寸基本相同），可以采用图像剪切的方法将切刃部分（即目标区域）从整个图像中分割出来。实验采用图9-41（a）所示的矩形剪裁区对铣刀切刃部分的图像进行区域分割。矩形剪裁区的长为 L、宽为 H，其中 L 根据铣刀半径确定，（经过统计计算）近似等于半径的95%，H 由图像特征区域的最大宽度确定。图9-41（b）所示为初次剪裁出的特征区域，在此基础上计算该特征区域最大（Y 方向）宽度，再进行精确剪裁，如图9-41（c）所示。

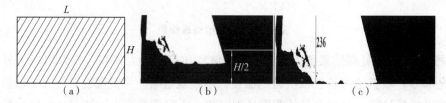

图9-41 图像剪裁过程及结果

经过上述分析及图像处理，得到了较为理想的特征区域分割结果。下面进行特征区域的面积计算，即切刃部分实际磨损（量）面积的计算。面积计算方法是统计特征区域像素点个数，再通过像素占比进行面积计算。实际面积的计算结果再与标准铣刀的切刃面积对比，可以得出铣刀实际的磨损量。由此，可以计算出铣刀一个切刃的磨损量（面积）。一般整把铣刀有4个切刃，要经过不断地90°旋转铣刀，裁剪出每个切刃的图像，依次计算每个切刃的磨损量（面积），以其中最大值作为该铣刀磨损量的最终结果。图像的逆时针旋转及其特征参数的检测如图9-42所示。

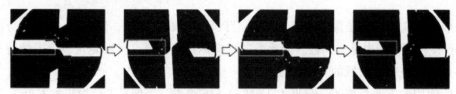

图9-42 图像的逆时针旋转及其特征参数的检测

实验分别对4种类型各20把样本铣刀进行了磨损量的统计计算，再利用工具显微镜进行人工检测。人工检测时，根据显微镜记录的铣刀切刃区域占标准坐标纸区域面积的统计计算结果，再与标准铣刀切刃面积进行比较，实现磨损量（面积）的计算。两种方法，即上述基于机器视觉的磨损量检测方法和人工检测方法的对比表明，两个指标即平均磨损量（面积）及最大磨损量（面积）一致性均较好，分别为平均磨损量90.2%，最大磨损量97.4%，反映了基于机器视觉利用图像处理进行铣刀磨损量计算的方法是可行的、准确的。

机器视觉检测系统有许多优点，自动化程度及检测效率更高。人工检测费力费时，需要将铣刀逐一放置在工具显微镜下，或通过简易的放大镜进行观察、测量、记录及分析。表 9-9 所示为两种检测方法的用时对比，可以看出，基于机器视觉的铣刀磨损检测方法有更高的检测效率。

表 9-9　两种检测方法的用时对比

铣刀类型	计算机检测/s	人工检测/s
类型 1	262	2 246
类型 2	247	2 431
类型 3	255	2 281
类型 4	258	2 365

复习思考题

9-1　表面轮廓的概念及相关的检测方法有哪些？

9-2　参阅相关国家标准，说明粗糙度、波纹度的主要参数有哪些，并说明一般如何检测并获得这些参数。

9-3　获取表面轮廓特征的一般方法是什么？

9-4　已知某机械加工表面轮廓数据（某次测试实验）$x(t_i)$，$i=1$，2，3，…，n；下面数据中左列为测点位置，右列为轮廓传感器输出电压值，请根据 $p(x)$ 的含义，求出 $x(t)$ 的概率密度函数 $p(x)$ 的直方图估计。

0.000	0.000	-9.829 83	11.620	0.000	-9.402 58
1.660	0.000	-9.829 83	13.280	0.000	-9.028 49
3.320	0.000	-9.830 01	14.940	0.000	-8.568 26
4.980	0.000	-9.823 91	16.600	0.000	-8.164 25
6.640	0.000	-9.801 29	18.260	0.000	-7.912 92
8.300	0.000	-9.744 68	19.920	0.000	-7.775 40
9.960	0.000	-9.627 15	21.580	0.000	-7.649 85
			23.240	0.000	-7.498 51
			24.900	0.000	-7.339 36

9-5　求出模拟信号 $S=2+3\cos\left(100\pi t-\dfrac{\pi}{6}\right)+1.5\cos\left(150\pi t+\dfrac{\pi}{2}\right)$ 的幅值谱密度函数。

要求：

（1）画出频谱图，并指出各频率分量的准确位置及其峰值；

（2）指出频率谱图中第一个峰值的位置，出现低频峰值的原因是什么？如何去除？

9-6　图像采集中环境条件对图像处理结果的影响有哪些？论述图像采集系统中光源、镜头及工业相机选型设计的原则。

9-7　图像预处理的主要目的是什么？在处理程序中，请论述中值滤波的概念及方法。

9-8　生产实际中，应用图像处理特征识别进行产品类型划分、计数及产品质量检验的例子还有哪些？解决这类问题的一般方法是什么？

9-9　试论述生产实践中应用的铣刀类型及其应用方法。

9-10　图像预处理的主要目的是什么？试说明处理程序中主要包含哪些步骤。

9-11　生产实际中，如何在机床上安装相应的检测装置？

参 考 文 献

[1] 潘宏侠，黄晋英. 机械工程测试技术[M]. 北京：国防工业出版社，2009.

[2] 孔德仁，朱蕴璞，狄长安. 工程测试与信号处理[M]. 北京：国防工业出版社，2003.

[3] 屈梁生，何正嘉. 机械故障诊断学[M]. 上海：上海科学技术文献出版社，1986.

[4] 吴松林. 传感器与检测技术基础[M]. 北京：北京理工大学出版社. 2009.

[5] 吴松林，赵冲. 机械工程测试技术[M]. 北京：北京理工大学出版社. 2019.

[6] 吴松林，陈恒. 机械故障诊断学[M]. 汕头：汕头大学出版社，2021.

[7] 韩建海，尚振东. 机械工程测试技术[M]. 2版. 北京：清华大学出版社，2018.

[8] 陈光军. 测试技术[M]. 北京：机械工业出版社，2014.

[9] 许同乐. 机械工程测试技术[M]. 北京：机械工业出版社，2016.

[10] 祝海林. 机械工程测试技术[M]. 北京：机械工业出版社，2012.

[11] 陈花玲. 机械工程测试技术[M]. 3版. 北京：机械工业出版社，2018.

[12] 姚敏. 检测系统数字化测试技术[M]. 北京：机械工业出版社，2013.

[13] 赵树忠. 机电测试技术[M]. 北京：机械工业出版社，2011.

[14] 曲云霞，邱瑛. 机械工程测试技术基础[M]. 北京：化学工业出版社，2015.

[15] 吴今培，肖建华. 智能故障诊断技术与专家系统[M]. 北京：科学出版社，1997.

[16] 何斌，戚佳杰，黎明和. 小波分析在滚动轴承故障诊断中的应用研究[J]. 浙江大学学报（工学版），2009，43（7）：4.

[17] 张辉，王淑娟，张青森，等. 基于小波包变换的滚动轴承故障诊断方法的研究[J]. 振动与冲击，2004，23（4）：4.

[18] 杜向阳，周渝斌. 机械工程测试技术基础[M]. 北京：清华大学出版社，2009.

[19] 梁森，王侃夫，黄抗美. 自动检测与转换技术[M]. 北京：机械工业出版社，2005.

[20] 王伯雄. 测试技术基础[M]. 2版. 北京：清华大学出版社，2012.

[21] 李俊卿. 轴承故障诊断技术及其工业运用[D]. 郑州：郑州大学，2010.

[22] 王万森. 人工智能原理及其应用[M]. 北京：电子工业出版社，2000.

[23] 王道平，张义忠. 故障智能诊断系统的理论与方法[M]. 北京：冶金工业出版社，2001.

[24] 吴明强，史慧. 故障诊断专家系统研究的现状与展望[J]. 计算机测量与控制，2005, 13 (12): 1301-1304.

[25] 夏松波，张礼勇. 旋转机械故障诊断技术的现状与展望[J]. 振动与冲击，1997, 16 (2): 1-5.